核磁共振中的电磁场问题

徐　征　吴嘉敏　郭　盼　著

科　学　出　版　社

北　京

内 容 简 介

本书系统地介绍了核磁共振设备研制中的电磁场问题，论述了核磁共振梯度线圈及匀场线圈、射频线圈的设计方法。针对梯度线圈及匀场线圈的设计，本书详细讨论了传统目标场方法、谐波系数法以及等效偶极子法；针对射频线圈的设计，本书讨论了低频射频线圈、鸟笼线圈以及横电磁模线圈的设计方法。全书共7章，第1章对核磁共振的发展历程及梯度线圈和射频线圈的设计方法进行了回顾；第2章介绍了核磁共振线圈设计所需要的数学物理理论基础；第3章介绍了梯度线圈及匀场线圈的传统设计方法；第4章介绍了梯度线圈及匀场线圈的逆问题设计方法；第5～7章介绍了射频线圈的设计原理。

本书可供高等院校电气工程、生物医学工程以及应用物理等领域的科研人员阅读参考，也可作为核磁共振设备设计人员的参考资料。

图书在版编目(CIP)数据

核磁共振中的电磁场问题/徐征，吴嘉敏，郭盼著. —北京：科学出版社，2018.11

ISBN 978-7-03-058891-3

Ⅰ.①核… Ⅱ.①徐… ②吴… ③郭… Ⅲ.①核磁共振-电磁场-研究 Ⅳ.①O482.53②O441.4

中国版本图书馆CIP数据核字(2018)第216480号

责任编辑：张海娜 赵微微 / 责任校对：何艳萍
责任印制：吴兆东 / 封面设计：蓝正设计

科学出版社出版
北京东黄城根北街16号
邮政编码：100717
http://www.sciencep.com
北京凌奇印刷有限责任公司印刷
科学出版社发行 各地新华书店经销
*
2018年11月第 一 版 开本：720×1000 B5
2023年 4 月第四次印刷 印张：13
字数：262 000

定价：90.00元

（如有印装质量问题，我社负责调换）

前　言

核磁共振技术广泛应用于材料分析、生物医学以及应用物理等领域，已经成为物质微观特性研究和医学图像诊断不可缺少的工具。自 1946 年斯坦福大学的 Bloch 和哈佛大学的 Purcell 发现核磁共振现象以来，人们对该技术的探索就没有停止过。特别是 1972 年美国的 Lauterbur 以及英国的 Mansfield 对核磁共振成像技术做出开创性研究之后，商用医学核磁共振成像设备从无到有取得了惊人的发展。时至今日，3T 的核磁共振成像系统已经成为医院的主流，7T 的核磁共振成像系统也在一些科研单位投入运行。获得这些成果离不开核磁共振硬件技术的研发，特别是磁体、梯度线圈以及射频线圈技术的进步。

在磁体结构方面，研究者面临的问题是在指定的目标区域内构建高均匀度、高稳定性的静态磁场，从最初的电磁体到永磁体再到超导磁体均是如此。在梯度线圈设计方面，Turner 提出的梯度线圈的逆问题设计理论（目标场方法）极大地改善了梯度线圈的设计并提高了梯度线圈的性能。在射频线圈设计方面，随着超导磁体场强的不断提升，阵列线圈、鸟笼线圈和横电磁模线圈得到了广泛的使用。本书主要研究上述磁体和线圈设计中的电磁场问题，介绍对应的设计方法，为核磁共振的硬件设备研发提供理论基础。本书各章节内容介绍如下。

第 1 章回顾核磁共振技术的发展概况，简要分析核磁共振硬件研发中所面临的电磁场问题，这些电磁场问题主要集中在主磁体设计、梯度线圈及匀场线圈设计，以及射频线圈设计。对于主磁体设计，可以参考中国科学院电工研究所王秋良研究员的专著，本书不做详细介绍。第 2 章介绍核磁共振磁体和线圈设计中需要用到的数学和电磁学基础知识，即电磁设计中的数学物理方法，这是后续章节的理论基础，重点介绍圆柱坐标系和球坐标系下无源区域内空间磁场的特殊函数分析方法。第 3 章和第 4 章介绍梯度线圈及匀场线圈的设计方法，其中第 3 章是传统设计方法，第 4 章是逆问题设计方法。传统设计方法以已知结构的线圈或者导线段为基础，通过适当的组合，建立需要的空间磁场分布。传统方法能够有效地设计结构对称、磁场分布规律简单的线圈结构，如一阶匀场线圈（$X/Y/Z$ 梯度线圈），但是对于更复杂的线圈结构则显得力不从心。而逆问题设计方法能设计出各种高性能的梯度线圈及匀场线圈。所谓逆问题是指，首先给定所需的目标磁场分布，再逆向推导出能产生这种目标磁场的线圈结构，是由场到源的逆向求解过程，故称为逆问题方法或目标场方法。根据具体使用理论的不同，逆问题方法又可以细分为谐波系数法、等效偶极子法等。第 5～7 章介绍射频线圈的设计理论。第 5 章主要介绍低频射频线圈设计方法，在低频情况下，线圈尺寸远小于电磁波的波长，可以将射频磁场视为准静态场，并以信噪比最优化作为其设计目标。当然，第 4 章中所述的目标场方法也能够应用于射频线圈的设计。第 6 章介绍适用于中高频的鸟笼线圈的设计理论：等效电路分析方法。第 7 章介绍更高频率下的横电磁模线圈（谐振器），由于工作频率高，此时的射频线圈和传统绕线式结构射频线圈完全不同，从结构特征上讲已经不再具有线圈形式，因此通常把这类射频线圈称为谐振器。分析方法以多导体传输线理论为基础，本书对同轴空腔谐振器、同轴电缆谐振器、耦合微带谐振器以及开放式谐振器等不同结构的谐振器进行了介绍。

本书从构思到付梓历时三年，在这三年中，作者得到众多的鼓励和帮助。这里特别感谢导师何为教授一直以来的指导和支持，感谢博士生贺玉成参与本书第 6 章的撰写，还要感谢作者的历届研究生在书稿绘图、文字输入等方面给予的帮助。本书的研究先后得到国家自然科学基金（51677008、51707028）、国家重点基础研究发展计划（973 项目，2014CB541602）以及输配电装备及系统安全与新技术国家重点实验室的资助，这里一并表示感谢。

由于作者学术水平有限，书中难免会有疏漏之处，恳请读者批评指正。

作　者

2018 年 6 月于重庆大学

目　　录

第1章　绪　　论

1.1　核磁共振概述

核磁共振(nuclear magnetic resonance,NMR)是物质原子核在外磁场作用下产生能级分裂,并在激励射频磁场的作用下产生能级跃迁的物理现象。泡利为了解释光谱线的超精细结构,在1924年提出了某些原子核具有自旋角动量和自旋磁矩的概念,并推算出核磁矩在外磁场中的塞曼能级间距具有特定的射频范围,用适当的射频磁场进行激励便可以得到共振吸收现象。此后,物理学家拉比发现在磁场中的原子核会沿磁场方向呈正向或反向有序平行排列,在施加无线电波之后,原子核的自旋方向发生翻转,这是人类关于原子核与磁场以及外加射频场相互作用的最早认识[1]。由于这项研究,拉比于1944年获得了诺贝尔物理学奖。

1946年,美国斯坦福大学Bloch小组[2]利用共振感应方法研究室温下水中氢原子核的核磁共振。同年,哈佛大学Purcell等[3]采用共振吸收方法研究了石蜡中氢原子核的核磁共振。这两次核磁共振实验的成功正式宣告了核磁共振技术的诞生,促进了核磁精密测量新方法的发展,为此,Bloch和Purcell分享了1952年的诺贝尔物理学奖。

在此之后的几年里,核磁共振主要应用于精密测量原子核的磁矩,随着"化学位移"的发现,核磁共振技术很快发展成为研究分子化学结构的新方法,一系列新的需求也促使了商用核磁共振的发展。美国Varian公司于1953年生产了第一台商用核磁共振谱仪。核磁共振谱仪的出现极大地推动了化学、生物学等方面的研究进展。1966年,瑞士科学家Ernst[4]拓展了脉冲傅里叶变换核磁共振测谱方法,通过核磁共振谱来确定各种分子的组成和结构,并发展出高度敏感和高分辨率的方法。这种方法的应用加快了核磁共振谱学的发展与应用。

1973年,纽约州立大学Lauterbur[5]将两支内径1mm的盛有水(H_2O)的薄壁毛细管放在直径4.2mm的盛有重水(D_2O)的玻璃管中,在60MHz射频场下,在静态磁场中施加线性梯度磁场对样品进行空间编码,采用反投影算法实现了氢原子核的核磁共振成像(magnetic resonance imaging,MRI),首次观察到了核磁共振图像。核磁共振成像方法的提出引起了广泛的关注,许多实验室开展进一步的实验、相关方法的改进以及临床医学应用。Ernst小组[6]提出多维核磁共振谱方法理论,采用二维傅里叶成像法重新做了Lauterbur的实验,并发展了傅里叶成像方法，这种方法相比于投影重建图像方法具有更高的分辨率、更快的成像时间。Mansfield[7]提出回波平面成像(echo planar imaging,EPI)方法，该方法允许一次射频脉冲激发而得到二维断层图像的全部数据，大大提高了成像的速度，EPI方法需依赖高性能梯度线圈，因此在临床上的应用一直到20世纪90年代中后期才得以实现。随着社会需求的增长，医学核磁共振成像发展非常迅速，20世纪80年代第一台商用全身核磁共振成像仪研制成功，从此人体核磁共振成像在医学诊断方面取得了连续的进展，核磁共振成像系统至今已发展成为医学诊断的重要工具。

核磁共振成像系统主要包括以磁体结构、梯度线圈、射频线圈及信号发射检测系统为主的硬件系统和以成像序列及成像算法等为研究对象的软件系统。在磁体结构方面，设计者面临的重要问题是在有效的目标区域范围内构建高均匀度、高稳定性的静态磁场，从起初的电磁体、稀土永磁体到超导磁体，均是如此；在梯度线圈设计方面，Turner提出的梯度线圈的逆问题设计理论(目标场方法)极大地提高了梯度线圈的性能；在射频线圈设计方面，随着超导磁体场强的不断提升，除了传统的马鞍形射频线圈之外，鸟笼线圈和横电磁模线圈得到了广泛的使用。为了进一步提高核磁共振信号的接收效率，相控阵列线圈也广泛应用于成像系统中。除此之外，还有空间谐波并行采集、灵敏度编码并行采集以及压缩感知等数据采集理论研究使得核磁共振成像系统不断取得突破。本书仅涉及核磁共振硬件系统，关于成像序列和算法方面的内容将不做介绍。

核磁共振成像在近几十年已经成为研究人体、心脏、大脑等结构及功能的重要方法，而且该方法已从传统的医学领域扩展到岩石、木材等工程应用领域，并逐渐成为这些领域强有力的研究手段。本书针对核磁共振成像系统设计中存在的电磁场问题进行阐述，主要包括主磁体、射频线圈、梯度线圈及匀场线圈设计中的电磁场问题。

1.2　核磁共振中的电磁场问题

1.2.1　主磁体设计的电磁场问题

在核磁共振设备中，目标区域内的主磁场强度和均匀度非常重要。根据核磁共振原理：主磁场强度越大，塞曼分裂不同能级的H质子数量差越大，宏观合成磁化矢量越强，检测到的核磁共振信号就越强，理论上希望主磁场强度越大越好，但是主磁场强度越大，磁体的成本也越高。更高的主磁场强度提供了更高的信噪比(SNR)和分辨率，当主磁场强度高到一定程度时，射频激励磁场的频率越高，电磁波长越短，对于人体组织这类具有一定电导率的样品，射频磁场感应的涡流也会越大，涡流感应的二次磁场对整个测量系统而言是一种噪声干扰。此外，如果波长和测量区域的尺寸相当，目标区域内射频场以及信号的相位不一致，会影响整个系统的信噪比，这也是在人体测量时需要着重考虑的问题。而对于超高场波谱分析系统，则不会受这种问题的限制，因为系统常用的样品体积都很小，远远小于激励波长，样品与射频之间的相互干扰也很小。

核磁共振主磁场来源主要有永磁体、电磁体、超导磁体以及地磁场。永磁核磁共振的磁体结构以永磁体为主，基本结构有双极型和圆环形，双极型采用的是上下两个磁极的方式(图1.2.1)，为了减少漏磁，一般通过增加铁轭的方式构建磁路。双极型永磁核磁共振系统的场强一般能够达到0.5T左右，若要建立更强的磁场，磁体质量将急剧增加，所以高场核磁共振磁体一般采用超导线圈结构。

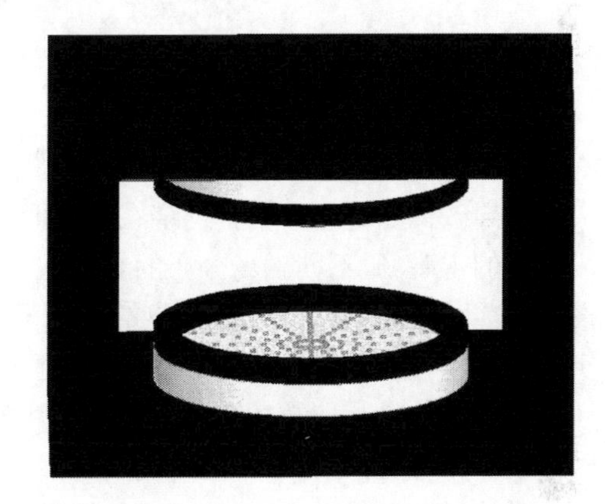

图1.2.1 双极型磁体结构示意图

圆环形磁体结构通过若干个均匀排列在圆周上的磁棒构成，其中最典型的是Halbach[8]提出的结构(图1.2.2)，理想的Halbach磁体结构是由磁化方向连续变化且无限长的永磁体构成的[9]。其中，磁化方向α和方位角ϕ之间的关系为

$$\alpha=(N+1)\phi+\alpha_0 \tag{1.2.1}$$

式中，α_0为$\phi=0$处的磁化方向；N为Halbach磁体的极对数。对于核磁共振，主磁场只需要单一均匀场，即$N=1$，此时，$\alpha_0=3\pi/2$。理想Halbach磁体能够在目标区域内产生绝对均匀磁场，但是在实际永磁体加工过程中，不可能将一整块永磁体按照式(1.2.1)进行连续变角度充磁，更不可能将其加工为轴向无限长。因此在实际设计加工过程中需要将理想Halbach结构离散，用有限长规则永磁体块组装成类似理想Halbach结构，但由此会造成漏磁、引入加工误差等，使得目标区域内的均匀度下降。与平板型的磁体结构一样，为了得到更均匀的目标磁场，需要采用匀场措施。

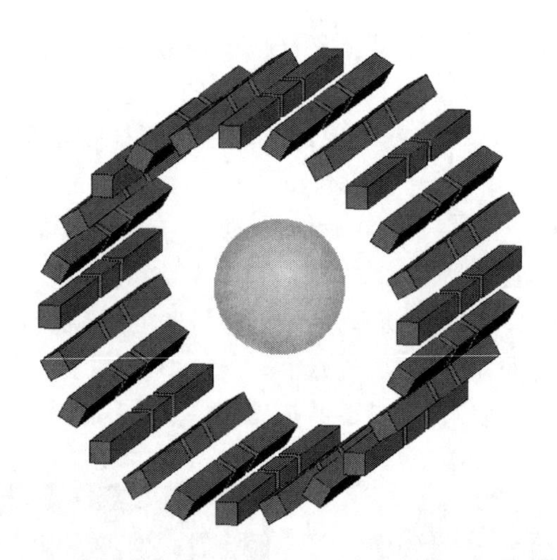

图 1.2.2　圆环形磁体结构示意图

超导磁体是将超导线材缠绕在圆柱形的骨架上，在线圈中通过强电流，从而形成更高的主磁场，不同磁场分布的超导磁体具有不同的电磁结构，在进行磁体结构设计之前，目标磁场需要给定，包括磁场强度和其空间分布规律、磁场均匀度等。实际上，分析这类问题必须采用电磁场逆问题的分析方法，即通过给定的磁场分布计算超导磁体的几何结构和运行电流。其中最常用的结构形状是螺线管线圈。在磁体设计中，通常是以目标磁场的均匀性及磁场强度作为优化目标。

在核磁共振系统中，超导核磁共振磁体包括主磁体和匀场线圈，通过特殊设计的超导线圈(主线圈)产生均匀分布的磁场，同时为了获得更高的均匀磁场，必须使用匀场线圈来进一步提高磁场的均匀度。主线圈通常使用不同厚度的超导线，最小线径的超导线放在最外圈，最大线径的超导线放在最内圈。为了满足线圈的磁场，通常使用内槽或外槽，以及内、外槽状线圈组合，有时为了获得较短的线圈结构，除了使用补偿线圈外，还需要增加反绕线圈结构以补偿高阶谐波分量[10]。

在高均匀度超导线圈设计方面，因为磁体结构由多个电流环组成，所以均匀密绕的螺线管线圈能够在中间的区域内产生较为均匀的磁场。实际上，大部分超导核磁设备中，磁体都不是完全采用这种螺线管线圈的形式，而是采用一对、两对和多对线圈。理论上，设计的变量越多，可以获得的磁场均匀度越高。最简单的四阶线圈是两对亥姆霍兹线圈，假定线圈半径为 a，则线圈之间的距离为 a，图 1.2.3(a)为一对亥姆霍兹线圈，在中间一定区域内形成相对均匀的磁场，图 1.2.3(b)为三个线圈组成的结构，图 1.2.3(c)为两对线圈组成的结构。图 1.2.3 中给出的仅是几种简单的线圈组合形式，在中间一定的区域内能够得到比较均匀的磁场，但是要获得更高的均匀度及磁场强度，通常需要对磁体结构进行优化设计，磁体优化方法包括遗传算法优化、模拟退火法优化、非线性二次优化等。

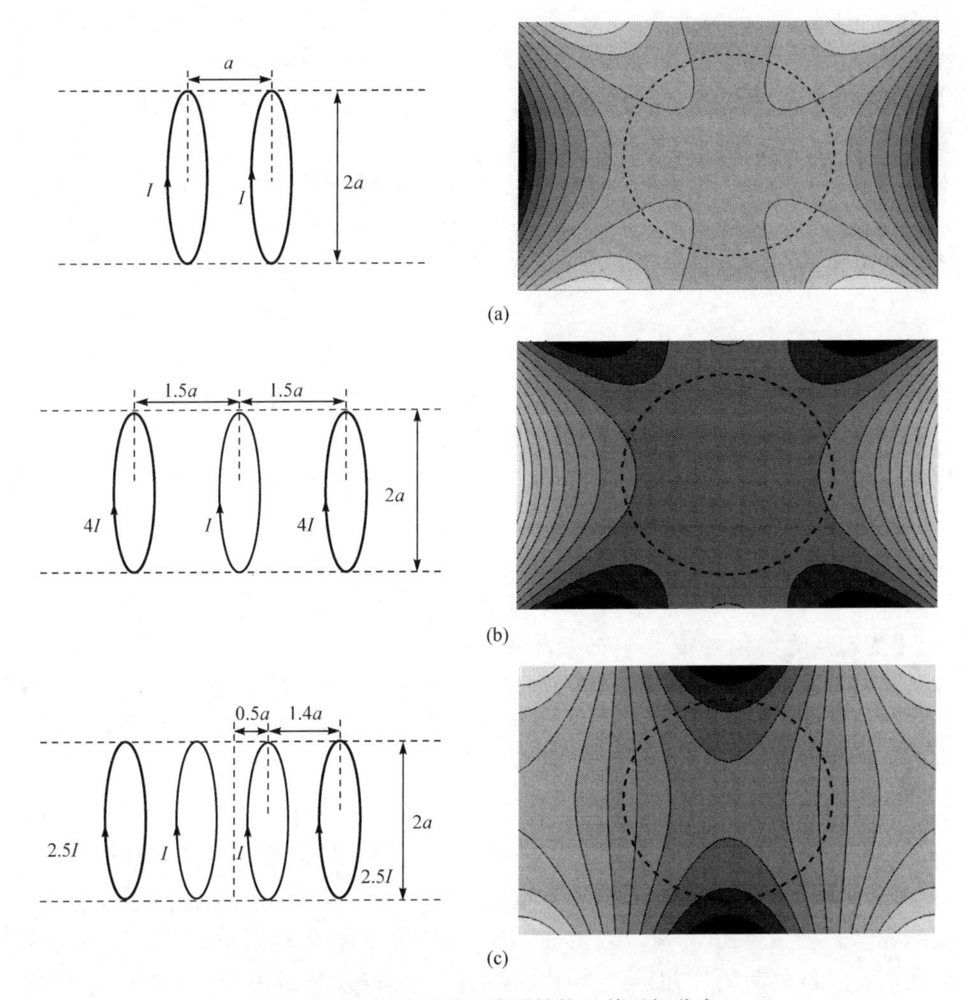

图 1.2.3 几种简单的线圈结构及其磁场分布

Pissanetzky[11]提出离散化线圈方法,假设超导线圈截面内电流密度是未知变量,将线圈截面离散化,构建目标函数与线圈电流的关系,通过构建优化目标优化函数,对线圈结构进行优化求解,但是这种优化方法中使用了非线性优化方法,目标函数是二次函数,求解过程较为复杂,时间不够快。Xu 等[12]提出线性优化方法,首先将超导线圈划分成多个电流片,每个电流片等效为理想的电流环,其位置在每个电流片的中心,目标区域内磁场的均匀性及屏蔽磁场作为限制条件形成优化问题。Crozier 等[13]采用模拟退火方法,使用偏差函数作为目标函数进行优化。Nakamura 等[14]应用传统高分辨率超导磁体使块状超导磁体达到 4.7T,通过使用一种单层薄线圈使得超导磁体中间宽 6.2mm、长 9.1mm 的圆柱形区域的磁场不均匀度仅有 6.9×10^{-6},并且可以通过一种多层薄线圈使得超导磁体中宽 1.3mm、长 4mm 的圆柱形区域的光谱分辨率达到 21Hz 或者磁场不均匀度达到 1×10^{-8}。林玉宝[15]介绍了 NbTi 和 Nb_3Sn 组合高均匀度超导磁体的设计方法，采用了优选法，在考虑工艺的情况下能得到较高的磁场均匀度，文中给出一个设计例子，磁体的内径、外径和高度分别为 90mm、221.58mm 和 320mm，中心场强为 10.57T，在直径为 10mm 的球体内可获得优于 4.0×10^{-7}的磁场均匀度。白质明等[16]根据六阶线圈原理对超导磁体进行了设计，给出了主线圈的结构参数，并利用有限元方法对设计磁场的场强进行了模拟仿真计算，得到的结果与场强的设计要求一致。

1.2.2 匀场线圈设计的电磁场问题

实际上，仅根据理论优化计算得到的超导线圈结构或者永磁体结构，与实际工程实施的结果相比会存在偏差。对于临床医学成像系统，主磁场均匀度在基本的成像体积需求(20～50cm 直径的球形区域)内一般需要达到百万分之几，对于高场波谱分析，其均匀度则需要达到十亿分之一的水平，不过其目标区域只有几毫米的直径。在任何情况下，很少可以直接由主磁体(如超导线圈、永磁体等)得到足够均匀的磁场。因此，为了弥补工程误差造成的磁场不均匀性，通常需要采用匀场技术，主要包括无源匀场技术[17,18]和有源匀场技术[19,20]。磁场均匀度校正的基本原理是把空间中的磁场分布分解成一组正交函数分量(通常采用球谐函数)，对于那些引起磁场不均匀的主要分量可以使用适当的校正单元(载流线圈或铁磁匀场片)进行补偿。

无源匀场技术是采用铁片或永磁体片补偿静态磁场的不均匀性，使用球谐函数级数展开获得静磁场的各级分量，选择合适的匀场片进行针对性的补偿。实际上，这种补偿方式需要通过多步重复迭代才能实现。匀场片放置在沿着圆柱形的低温容器的室温空孔内，有限数目的匀场片固定在圆柱的合适位置处。但是，这种方法需要大量的匀场片，而且匀场片的位置、大小以及数量等变化多样，它们对磁场均匀度的影响不相互独立，匀场操作难度相对较大。有源匀场是利用不均匀磁场的各个分量线性无关特性来设计相应的匀场线圈，在线圈中通过特定大小的电流，使其在目标区域内产生和静态磁场不均匀分量符号相反、大小相等的抵消项，叠加后抵消静态磁场的不均匀量，从而提高磁场均匀度。

永磁磁体的设计由于涉及非线性磁化材料的影响，无法用完全解析的算法计算，只能采用有限元的数值模拟计算，设计的精度比超导主磁体要低一些，成像区域均匀度一般在十几到几十 ppm($1ppm=1\times10^{-6}$)。而永磁磁体的磁钢规格本身存在一定的误差，充磁后磁化强度在不同磁钢块之间也存在微小不一致性，还有磁体装配过程中的偏差、磁钢块磕碰，都会使主磁场发生偏差，最后可能不均匀度达到一千到两千 ppm。永磁磁体的两极面上的铁极板本身能起到平滑的匀场作用，调磁极面平行度、调匀场螺栓进出属于机械匀场[21]。凭借匀场工人的经验或者通过对磁场的分析计算,往磁极上贴小磁片或者小铁片属于无源匀场[22,23],能进一步提高均匀度。一般的永磁核磁共振成像不用匀场线圈,而在要求比较高的永磁核磁共振成像磁体中,则需要用匀场线圈[24]。匀场线圈设计也必须达到高精度纯谐波的要求,满足线圈间电流互相独立调节的要求。

对于超导磁体来说,其超导线圈绕制和安装有一定公差,液氦降温导致的热胀冷缩以及充磁后超导线电流受到巨大的洛伦兹力都可能引起线圈发生轻微形变,和骨架的匹配有所改变,结果导致线圈偏离理论设计的位置,使主磁场均匀度可能改变 1~2 个数量级。为了补救这些偏差,匀场线圈是不可缺少的[25]。

不管是采用哪种匀场方式,首先要确定主磁场的分布情况,假设主磁场方向沿着轴向方向(超导磁体),将该方向定义为 z 轴。一般来说,分析时仅考虑主磁场 z 向分量(其他方向分量太小,忽略不计),通常需要分析的是该磁场分量中对应到三个坐标轴的各阶分量,常用的方法是将主磁场在直角坐标系下分解成泰勒级数形式。在实际计算时,根据其结构的对称性,为简化计算,将主磁场、匀场线圈产生的磁场在球坐标系或者柱坐标系下进行级数展开,最后再对应到直角坐标系下,具体实现方式将在第 3、4 章中详细介绍,这里仅给出磁场磁感应强度的泰勒级数形式:

$$\begin{aligned}B_z(x,y,z) &= a_0 + a_1 x + a_2 y + a_3 z + a_4 x^2 + a_5 y^2 + a_6 z^2 + a_7 xz + a_8 yz \\ &\quad + a_9 xy + a_{10} x^3 + a_{11} y^3 + a_{12} z^3 + \cdots = \sum_{n=0}^{\infty}\sum_{m=0}^{\infty}\sum_{l=0}^{\infty} k_{n,m,l} x^n y^m z^l\end{aligned} \tag{1.2.2}$$

式中包含 x、y、z 坐标的一阶、二阶和高阶分量,匀场的目的是尽量将包含空间坐标的各分量抵消,仅保留常数项(即均匀磁场分量),然而现实中不可能使用无穷多匀场线圈,所以对成像来说,一般匀场到坐标的三阶项就能够满足磁场均匀度的要求。

1.2.3 梯度线圈设计的电磁场问题

原子拉莫尔频率正比于静态主磁场强度,可以采用已知的不同大小的磁场强度实现回波信号的空间分辨。因此,可以在均匀的主磁场中叠加随着空间坐标线性变化的磁场(即梯度磁场),实现被测样品的三维空间分辨。一般来讲,都是通过在特定的梯度线圈中施加电流实现目标区域内磁场的三维梯度变化。为了能够成功地实现空间位置分辨,梯度磁场必须有足够的强度和线性度。对于需要强梯度的场合,所需电流很大,通常是采用预加重的方波脉冲激励,而线圈本身具有一定的自感,因此不能立即关断,在梯度脉冲激励的上升沿和下降沿均会有一定的时延,增加了梯度磁场建立的时间,为了提高梯度磁场的建立速度,要求梯度线圈的电感尽量小。

除了梯度线圈本身参数之外,由于梯度线圈周围有金属存在(如超导磁体的金属外壳)，梯度线圈与金属之间存在互感，这增加了梯度线圈输入端的等效电感，从而延长了建立稳定梯度磁场的时间，进而影响成像的速度。金属外壳中的涡流热效应使磁体区域的温度发生变化，进而影响超导磁体的温度稳定性。因此，减小或者消除涡流，有助于提高成像的质量。减小梯度感应的涡流所带来的不利影响通常有三类方法:梯度脉冲预加重方法、无源屏蔽方法以及有源屏蔽方法。

梯度脉冲预加重方法是通过梯度脉冲电路实现，即在实际所需梯度电流上升沿前便开始增加较大的电流，等梯度达到要求之后再减小电流至所需的电流大小。无源屏蔽方法则是采用无涡流复合极板或者高电阻率材料，如抗涡流板。有源屏蔽方法则是在梯度线圈的外面加一组电流方向相反的线圈，使成像区域的梯度磁场满足设计需要，而屏蔽线圈以外的区域梯度为零，这样一来，由于区域外的磁场为零，就不会在金属区域中感应涡流。但是，由于是采用两组线圈，且两组线圈中的电流相反，为了能够在目标区域内产生所需的磁场，则需要更大的电流，增加了功率损耗。

梯度线圈的设计方法可以分为两大类:分离绕线方法和分布绕线方法[26]。分离绕线方法为早期设计线圈时主要采用的方法，即用某些特定结构的分离导线电流产生近似的线性梯度场;分布绕线方法是后期乃至现在常采用的设计方法，是利用分布导线来逼近连续变化的电流密度而形成的线圈。

分离绕线方法是预先确定线圈形状，通过不断调节梯度线圈框架上的绕线位置，来满足给定的理想设计目标。这类方法可以对最终的线圈结构进行直接控制，因此设计有限长梯度线圈比较容易。最优绕线结构的选取通过数值优化方法计算得到，目前常用的算法主要有共轭梯度下降法[27,28]、Levenberg-Marquardt 算法[29]、模拟退火算法[30,31]、遗传算法[32]、混合优化算法[33]，以及神经网络算法[34]和模糊集算法[35]等。分布绕线方法并不预先确定线圈形状，而是根据预定的目标区域内所期望的磁场分布来计算所需要的电流密度分布，然后用导电铜板或分布绕线来模拟电流密度的分布，从而确定线圈绕线的具体形状与尺寸。这种方法可以获得电流密度的解析表达式，也容易引入电感、能耗最小及自屏蔽约束等条件。围绕着寻求最佳的分布绕线方式以得到性能优良的线圈发展出一系列设计方法，包括矩阵求逆法，它是在计算复杂的横向梯度线圈时，由 Compton[36] 提出的一种通过预先设定好误差的方式，再根据要求的梯度场经矩阵求逆计算得到分布式弧形线圈的设计方法，Schweikert 等[37]和 Wong 等[38]在此基础上做出了改进。1986年，Turner 提出了革命性的目标场法[39]，它将柱面上电流产生的磁场用 Fourier-Bessel 函数展开，建立了电流和磁场的关系。由此，可以通过目标区域期望的磁场倒推出柱面应有的电流密度分布，在此基础上延伸出了自屏蔽梯度线圈的设计理论[40]、最小电感及最小能耗[41]的设计方法等。流函数法[42]是 Schenck 等提出来的，该方法的关键是根据所需要的梯度场构造特定的流函数，来获得梯度线圈的电流密度分布，该理论在2001年被进一步完善[43]。磁偶极子等效法是Lopez等[44]在Lemdiasov等[45]的边界元法基础上完成的，并运用到了超导核磁共振成像和永磁核磁共振成像梯度线圈的设计中。2010年，Liu等[46]提出了直接建立场谐波系数与电流谐波系数之间的关系，认为只要指定目标区域内一个场谐波就可以直接计算出柱面上对应的电流密度。这种方法不再需要选择目标场点和设置目标场值，也不需要很长的计算时间以及复杂的正则化算法，且该方法特别适合于设计不同阶次的匀场线圈。实际上，这些设计方法会根据磁体结构不同而有所不同，针对特定的磁体结构采用的设计方法会稍有差异。

在设计梯度线圈时需要考虑的问题包括梯度大小、梯度磁场的非线性度、梯度线圈的效率以及梯度线圈的电感和电阻等。

1. 梯度大小

梯度大小指的是梯度磁场的磁感应强度随着空间某一方向的变化率，单位为T/m（或mT/m），通常可以表示为G_x、G_y、G_z。在核磁共振成像中，梯度大小决定了成像的空间分辨率，梯度越大，可以扫描的层面越薄，分辨率越高，其分辨率与梯度关系如下[47]：

$$\Delta X_{\min}=\frac{\Delta F}{\gamma G_{\max}N/(2\pi)} \tag{1.2.3}$$

式中，$\Delta X_{\min}$为分辨率；ΔF为图像的频宽，取决于整个成像系统的一个固定参数；γ为原子核的旋磁比；N为某个方向采集的信号个数；$G_{\max}$为最大梯度值。由式(1.2.3)可知，梯度越大，分辨率越好。

2. 梯度磁场的非线性度

关于梯度磁场非线性度的定义不止一种，可以将梯度线圈产生的磁场与目标磁场之间磁感应强度差异的百分比作为衡量梯度磁场非线性度的定义，也可以将磁感应强度变化率与中心区域磁感应强度变化率之间差异的百分比作为衡量磁场非线性度的定义，对于前者定义，可以写为

$$\varepsilon_1=\left|\frac{B(x,y,z)-B_{\text{desired}}}{B_{\text{desired}}}\right|\times 100\% \tag{1.2.4}$$

后者定义可以写为

$$\varepsilon_2=\left|\frac{G(x,y,z)-G_{\text{center}}}{G_{\text{center}}}\right|\times 100\% \tag{1.2.5}$$

式中，$B(x,y,z)$为目标区域内磁场的磁感应强度值；B_{desired}为所需的目标磁场的磁感应强度大小；$G(x,y,z)$为目标区域内磁场的磁感应强度变化率；G_{center}为中心区域磁场的磁感应强度变化率。非线性度是衡量梯度磁场的梯度稳定性的指标，非

线性度越小，说明梯度磁场的线性度越高，空间定位越准确，图像越清晰，得到的图像质量也就越高。

3. 梯度线圈的效率

梯度线圈的效率指的是在线圈一定功率和布线体积下产生的磁场强度，顾名思义，如果能够用较小功率和较小体积的线圈产生较大的磁场，那么就可以说明线圈具有比较高的效率。线圈效率 η 可以定义为[48,49]

$$\eta=\frac{H_0}{\sqrt{W\lambda/(\rho a_1)}} \tag{1.2.6}$$

式中，H_0 是线圈中心产生的磁场强度；W 是能耗；ρ 是线圈绕组的电阻率；a_1 是线圈的内径；λ 是导电线圈占据整个线圈结构的比例。当然线圈效率也可以定义为单位电流产生的梯度(单位：mT/(m · A))，即

$$\eta=\frac{G(x,y,z)}{I} \tag{1.2.7}$$

4. 梯度线圈的电感和电阻

要使梯度线圈具有较快的梯度切换速率，线圈必须具有较小的电感。根据基本电路理论，梯度线圈可以等效为由电感 L 和电阻 R 串联而成的电路模型，线圈的电压电流关系满足：

$$v(t)=L\frac{\mathrm{d}i(t)}{\mathrm{d}t}+i(t)R \tag{1.2.8}$$

假设 $t=0$ 时刻开关闭合，且在此之前线路中无电流。求解该一阶电路得到电流表达式 $i(t)=\frac{V}{R}[1-\mathrm{e}^{-(R/L)t}]$，线圈的时间常数 $\tau=L/R$。常用的第一项指标即电感，要求短的开关时间，即要求梯度线圈电感要尽可能小。小线圈符合电感较小的要求，然而成像体积一定时，其线性度就很差。其中线性度即第二项指标，但是电感和线性度这两个指标是冲突的，设计时需要根据实际情况适当选择。第三项指标要求线圈具有较高的效率，尽可能低能耗且线性梯度覆盖的体积要尽可能大。第四项指标要求线圈与附近设施相互作用最小，即产生的涡流要尽可能小。可以看出，上述指标中有一些相互冲突，如果增大线性梯度的体积范围就增大了储能，由储能公式

$$W_s=\frac{1}{2}I^2L \tag{1.2.9}$$

可知储能正比于电感，电感必然增大。如果增大线性梯度，就要增大电感 L，或者增大电流 I，结果不是减慢开关速度就是增大能耗。因此，在设计梯度线圈时，各个线圈指标要根据设计要求合理选择，适当牺牲一些指标而完成另外的指标。

1.2.4 射频线圈设计的电磁场问题

为了接收到所需要的核磁共振信号，必须通过电磁耦合方式进行测量，这样一种发射能量与检测信号的器件，称为射频线圈。射频线圈，或者说射频谐振器、射频探头等，只对样品拉莫尔进动频率带宽附近的信号有响应。为了高效地完成检测，希望射频线圈具有足够高的效率以及足够大的信噪比，即在特定线圈体积下具有较高的检测范围以及较好的抑制噪声的能力。

对低场核磁共振而言，磁场强度较低，对应的拉莫尔频率也比较低，通常是几兆赫兹或者几十兆赫兹，对应的电磁波波长远大于线圈尺寸或者样品尺寸，因此可以将射频线圈当作整个线圈考虑，即可以用一个电阻串联电感的模型来分析线圈的参数特点以及线圈所产生的空间磁场分布。而对于通常所用的人体成像系统，其主磁场强度往往达到几特斯拉，对应的频率也就高，这时电磁波的波长与样品尺寸或者线圈尺寸相当，便不能以简单的集总电路模型对其进行分析，则需要采用电磁波的形式进行讨论。

传统的低频射频线圈有马鞍形线圈、平面线圈、阵列线圈等。随着频率的增高，线圈的结构也越发多样化，如鸟笼线圈、横电磁模线圈、谐振腔等。从结构上讲，传统的线圈由于结构简单，等效模型单一，设计过程稍微简单。对于高频线圈，设计则较为复杂。以鸟笼线圈为例，线圈整体结构是由若干条均匀分布于柱面的条形导体构成，导体之间串接有特定大小的电容，该电容的大小需要根据所需的频率以及线圈尺寸进行计算。

此外，射频线圈在目标区域内产生的射频磁场 $\boldsymbol{B}_1$ 的均匀性也非常重要，因为样品宏观磁矩的翻转角度是射频磁场强度的函数。倘若一个线圈在目标区域内产生的磁场不均匀，那么它激励样品时对应的翻转角度不一致，接收到的信号幅度也不一致，这会使得到的图像产生畸变。尽管使用一些特定的射频脉冲序列、成像算法以及数学方法等能够解决一些由于射频磁场不均匀性带来的测量误差，但并不影响在设计射频线圈时追求高均匀度以及高信噪比。

为了提高线圈的效率，也会采用正交激励与检测的方式。从电磁场的角度来说，就是希望线圈能够产生并接收圆极化场，对于这种情况，线圈通常分为两部分，线圈这两部分的几何位置正交，而且每部分之间的激励相差 90°相位。在接收时，需要电路进行 90°相位滞后处理，使两路接收信号同相，以便进行相互组合得到叠加增强的信号。单一的射频线圈激励区域有限，且磁场均匀度不够理想，通常无法满足更大区域范围内的成像要求，因此研究者提出采用多个射频线圈按一定规律组合，形成线圈阵列的方式来增强成像质量，即相控阵列线圈[50]。实际上，前述正交激励线圈就是相控阵列线圈的特例。更一般地讲，相控阵列线圈是由多个小线圈按照一定规律分布的，其中每个线圈对特定的目标区域进行成像，这样不仅可以增加线圈的覆盖面积，提高线圈的信噪比和分辨率，而且不会增加成像时间。为了得到完整的图像，需要对每个线圈接收的信号通过相位加权重新组合。通常情况下，相控阵列线圈只是用来作为接收线圈，而可用于发射[51]或具备收发并用[52]的相控阵线圈也有学者在研究。相控阵线圈的一个缺点就是每个独立的线圈之间都有一定的耦合关系，可以采用线圈间的重叠和具有低输入阻抗的前置放大器来减小线圈间的耦合作用，但是并不能完全解决这种问题，因此很多研究工作都是致力于探索减小相控阵线圈耦合作用的设计方法。

1.3 本书内容概述

本书重点介绍核磁共振有源匀场线圈设计、梯度线圈设计及射频线圈设计中的电磁场问题。

第 2 章介绍全书电磁设计中的理论基础，主要是有源区域和无源区域磁场分析的基本理论，是后续电磁场逆问题设计的基础。

第 3 章以传统的梯度线圈及匀场线圈结构为主，着重阐述传统的导线结构设计方法，即以分析特定规则的导线所产生的空间磁场分布为基础，通过对不同结构(分离导线结构)进行组合来获得所需的目标磁场。

第 4 章重点阐述电磁场逆问题设计方法，以目标场方法为主。具体思路是将源电流预先设置为电流密度的形式，然后构建目标磁场与源电流密度的函数关系，通过增加其他约束条件，如最小能量损耗、绕线平滑度等，求解能够产生目标磁场的电流密度，最后将电流密度离散化，形成特定结构的线圈绕线结构。根据具体使用的理论不同，可以细分为谐波系数方法、等效偶极子法等。

第 5～7 章主要介绍射频线圈的设计理论。第 5 章介绍传统的表面射频线圈的设计方法以及多通道阵列线圈的分析。第 6 章介绍适用于中高频的鸟笼线圈的设计理论。第 7 章介绍更高频率下的横电磁模线圈(谐振腔)，分析方法以多导体传输线理论为基础，包括同轴空腔谐振器、同轴电缆谐振器、耦合微带谐振器以及开放式谐振器的分析。

参 考 文 献

[1] Rabi I I, Zacharias J R, Millman S, et al. A new method of measuring nuclear magnetic moment[J]. Physical Review, 1938, 53 (4): 318-327.

[2] Bloch F, Hansen W W, Packard M. Nuclear induction[J]. Physical Review, 1946, 69(3-4): 127.

[3] Purcell E M, Torrey H C, Pound R V. Resonance absorption by nuclear magnetic moments in a solid[J]. Physical Review, 1946, 69(1-2): 37-38.

[4] Ernst R R. Nuclear magnetic resonance Fourier transform spectroscopy[J]. Angewandte Chemie International(English Edition),1992,31(7):143-187.
[5] Lauterbur P C. Image formation by induced local interactions: Examples employing nuclear magnetic resonance[J]. Nature,1973,242(5394):190-191.
[6] Ernst R R. NMR Fourier zeumatography[J]. Journal of Magnetic Resonance,1975 ,18 (2) : 495-509.
[7] Mansfield P. Multi-planar image formation using NMR spin echoes[J]. Journal of Physics C: Solid State Physics,1977,10(3):L55-L58.
[8] Halbach K. Design of permanent multipole magnets with oriented rare earth cobalt material[J]. Nuclear Instruments and Methods,1980,169(80):1-10.
[9] Turek K,Liszkowski P. Magnetic field homogeneity perturbations in finite Halbach dipole magnets[J]. Journal of Magnetic Resonance,2014,238(7):52-62.
[10] 王秋良. 高磁场超导磁体科学[M]. 北京:科学出版社,2008:109,110.
[11] Pissanetzky S. Structured coils and nonlinear iron[J]. IEEE Transactions on Magnetics, 2002,29(2):1791-1794.
[12] Xu H,Conolly S M,Scott G C,et al. Homogeneous magnet design using linear programming[J]. IEEE Transactions on Magnetics,2002,36(2):476-483.
[13] Crozier S,Dodd S,Doddrell D M. A novel design methodology for Nth order,shielded longitudinal coils for NMR[J]. Measurement Science and Technology,1996,7(1):36-41.
[14] Nakamura T,Tamada D,Yanagi Y,et al. Development of a superconducting bulk magnet for NMR and MRI[J]. Journal of Magnetic Resonance,2015,259:68-75.
[15] 林玉宝. 高均匀度的高场超导磁体的设计[J]. 低温与超导,1990,(2):52-61.
[16] 白质明,杨海亮,吴春俐. 核磁共振超导磁体的设计[J]. 仪器仪表学报,2006,27(s3): 2525,2526.
[17] 武海澄,刘正敏,周荷琴. 磁共振成像永磁体的无源匀场方法[J]. 电工技术学报,2007, 22(11):7-11.
[18] Tang X,Hong L M,Zu D L. Active ferromagnetic shimming of the permanent magnet for magnetic resonance imaging scanner [J]. Chinese Physics B,2010,19(7):603-610.
[19] 胡格丽. 磁共振成像系统有源匀场线圈设计研究[D]. 北京:中国科学院大学,2014.
[20] 刘文韬. 临床 MRI 及便携 NMR 梯度和匀场线圈设计新方法研究[D]. 北京:北京大学,2011.
[21] 薛廷强,陈进军. 永磁 MRI 系统机械匀场方法及实现[J]. 中国医疗器械杂志,2015,39(3): 170-172.
[22] 赵微,刘志文,刘勇,等. 开放式低场永磁 MRI 磁体的匀场方法研究[J]. 电工电能新技术, 2007,26(3):29-32.
[23] 赵微,唐晓英,胡国军,等. 一种永磁磁共振成像磁体的被动匀场方法[J]. 北京生物医学工程,2006,25(5):493-497.
[24] Xu Y G,Chen Q Y,Zhang G C,et al. Shim coils design for Halbach magnet based on target

field method[J]. Applied Magnetic Resonance, 2015, 46(7): 1-14.

[25] Poole M S, Shah N J. Convex optimisation of gradient and shim coil winding patterns[J]. Journal of Magnetic Resonance, 2014, 244(7): 36-45.

[26] Turner R. Gradient coil design: A review of methods[J]. Magnetic Resonance Imaging, 1993, 11(7): 902-920.

[27] Lu H, Jesmanowica A, Li S J, et al. Momentum-weighted conjugate gradient descent algorithm for gradient coil optimization[J]. Magnetic Resonance in Medicine, 2004, 51(1): 158-164.

[28] Adamiak K, Rutt B K, Dabrowski W J. Design of gradient coils for magnetic resonance imaging[J]. IEEE Transactions on Magnetics, 1992, 28(5): 2403-2405.

[29] Villa M, Savini A, Mustarelli P. Design of optimized gradient systems for magnetic resonance imaging[C]. IEEE Engineering in Medicine & Biology Society 11th Annual International Conference, 1989.

[30] Crozier S, Moddrell D M. A design methodology for short, whole-body, shielded gradient coils for MRI[J]. Magnetic Resonance Imaging, 1995, 13(4): 615-620.

[31] Crozier S, Moddrell D M. Gradient-coil design by simulated annealing[J]. Journal of Magnetic Resonance, 1993, 103(3): 354-357.

[32] Fisher B J, Dillon N, Carpenter T A, et al. Design of a biplanar gradient coil using a genetic algorithm[J]. Magnetic Resonance Imaging, 1997, 15(3): 369-376.

[33] Adamiak K, Czaja A J. Optimizing strategy for MR imaging gradient coils[J]. IEEE Transactions on Magnetics, 1994, 30(6): 4311-4313.

[34] Marinova I, Panchev C, Katsakos D. A neural network inversion approach to electromagnetic device design[J]. IEEE Transactions on Magnetics, 2000, 36(4): 1080-1084.

[35] Sanchez H, Liu F, Trakic A, et al. Three-dimensional gradient coil structures for magneticresonance imaging designed using fuzzy membership functions [J]. IEEE Transactions on Magnetics, 2007, 43(9): 3558-3566.

[36] Compton R A. Gradient coil apparatus for a magnetic resonance system: US, US4456881[P]. 1984-6-26.

[37] Schweikert K H, Krieg R, Noack F. A high-field air-cored magnet coil design for fast-field-cycling NMR[J]. Journal of Magnetic Resonance, 1988, 78(1): 77-96.

[38] Wong E, Jesmanowicz A, Hyde J S. Coil optimization for MRI by conjugate gradient descent[J]. Magnetic Resonance in Medicine, 1991, 21(1): 39-48.

[39] Turner R. A target field approach to optimal coil design [J]. Journal of Physics D: Applied Phisics, 1986, 19(8): L147-L151.

[40] Turner R, Bowley R M. Passive screening of switched magnetic field gradients [J]. Journal of Physics E: Scientific Instruments, 1986, 19(10): 876-879.

[41] Turner R. Minimum inductance coils [J]. Journal of Physics E: Scientific Instruments, 1988, 21(10): 948-952.

[42] Schenck J F, Hussain M A, Edelstein W A. Transverse gradient field coils for nuclear magnetic resonance imaging: US, US4646024[P]. 1987-02-24.

[43] Brideson M A, Forbes L K, Crozier S. Determining complicated winding patterns for shim coils using stream functions and the target-field method [J]. Concepts in Magnetic Resonance, 2001, 14(1): 9-18.

[44] Lopez H S, Liu F, Poole M, et al. Equivalent magnetization current method applied to the design of gradient coils for magnetic resonance imaging[J]. IEEE Transactions on Magnetics, 2009, 45(2): 767-775.

[45] Lemdiasov R A, Ludwig R. A stream function method for gradient coil design [J]. Concepts in Magnetic Resonance Part B: Magnetic Resonance Engineering, 2005, 26B(1): 67-80.

[46] Liu W T, Zu D L, Tang X. A novel approach to designing cylindrical-surface shim coils for a superconducting magnet of magnetic resonance imaging [J]. Chinese Physical B, 2010, 19(1): 1-12.

[47] 李霞. 全开放永磁 MRI 系统梯度线圈设计研究[D]. 沈阳:沈阳工业大学, 2008.

[48] Turner R. Gradient coil design: A review of methods [J]. Magnetic Resonance Imaging, 1993, 11(7): 903-920.

[49] 俎栋林. 核磁共振成像仪——构造原理和物理设计[M]. 北京:科学出版社, 2014.

[50] Wright S M, Wald L L. Theory and application of array coils in MR spectroscopy[J]. NMR in Biomedicine, 1997, 10(8): 394-410.

[51] Kurpad K N, Wright S M, Boskamp E B. RF current element design for independent control of current amplitude and phase in transmit phased arrays[J]. Concepts in Magnetic Resonance Part B: Magnetic Resonance Engineering, 2010, 29B(2): 75-83.

[52] Pinkerton R G, Barberi E A, Menon R S. Transceive surface coil array for magnetic resonance imaging of the human brain at 4T[J]. Magnetic Resonance in Medicine, 2005, 54(2): 499-503.

第 2 章　核磁共振系统电磁设计中的数学物理方程

要了解核磁共振系统中磁体结构、梯度线圈结构以及射频线圈结构设计中的电磁场问题，首先需要掌握一些相关的基本电磁场理论，以及解释这些电磁场问题所需要的数学基础。因此，本章将介绍有源区域和无源区域磁场分析的基本理论，探讨核磁共振系统电磁设计中的数学物理方程。

2.1　有源区域磁场

超导磁体的静态磁场由恒定直流产生，考虑恒定电流存在时，空间中的静态磁场磁感应强度 $\boldsymbol{B}$ 满足[1]

$$\int_S \boldsymbol{B} \cdot \mathrm{d}\boldsymbol{S} = 0 \tag{2.1.1}$$

$$\int_C \boldsymbol{B} \cdot \mathrm{d}\boldsymbol{l} = \mu_0 I \tag{2.1.2}$$

其微分形式为

$$\nabla \cdot \boldsymbol{B} = 0 \tag{2.1.3}$$

$$\nabla \times \boldsymbol{B} = \mu_0 \boldsymbol{J} \tag{2.1.4}$$

式中，$\boldsymbol{J}$ 为电流密度($\mathrm{A/m^2}$)，对式(2.1.4)两边同时求散度可得

$$\nabla \cdot \boldsymbol{J} = 0$$

上式表明静态磁场问题中电流的连续性。

为了方便求解式(2.1.3)和式(2.1.4)，引入矢量磁位 $\boldsymbol{A}$，满足

$$\boldsymbol{B} = \nabla \times \boldsymbol{A} \tag{2.1.5}$$

代入式(2.1.4)得

$$\nabla \times \nabla \times \boldsymbol{A} = \mu_0 \boldsymbol{J} \tag{2.1.6}$$

将式(2.1.6)改写成

$$\nabla\nabla \cdot \boldsymbol{A} - \nabla^2 \boldsymbol{A} = \mu_0 \boldsymbol{J} \tag{2.1.7}$$

根据亥姆霍兹定律，要确定一个矢量场，必须知道它的旋度和散度。由式(2.1.5)可知，矢量磁位 $\boldsymbol{A}$ 的旋度规定为磁感应强度 $\boldsymbol{B}$，它的散度没加限制。为了唯一确定 $\boldsymbol{A}$，还应该确定其散度，对于恒定磁场，通常选择库仑规范：

$$\nabla \cdot \boldsymbol{A} = 0 \tag{2.1.8}$$

因此，式(2.1.7)简化为

$$\nabla^2 \mathbf{A} = -\mu_0 \boldsymbol{J} \tag{2.1.9}$$

上述方程为熟知的泊松方程，其物理解为

$$\boldsymbol{A}(\boldsymbol{r}) = \frac{\mu_0}{4\pi}\iiint_V \frac{\boldsymbol{J}(\boldsymbol{r}')}{R}\mathrm{d}V' \tag{2.1.10}$$

式中，$R=|\boldsymbol{r}-\boldsymbol{r}'|$为场点与源点的距离，在核磁共振系统中，更关心的是建立期望的磁场分布的特定线圈绕线结构，例如，在设计梯度线圈时，提出期望的磁场梯度大小以及梯度磁场分布范围，反过来确定梯度线圈的绕线方式，本质上来说这是电磁场的逆问题，具体的思路将在后续章节进行介绍。如果能把绕线中电流等效为I，线圈路径为C，那么式(2.1.10)也可以写成下述形式[2]：

$$\boldsymbol{A}(\boldsymbol{r}) = \frac{\mu_0 I}{4\pi}\int_C \frac{\mathrm{d}\boldsymbol{l}'}{R} \tag{2.1.11}$$

磁感应强度为

$$\boldsymbol{B}(\boldsymbol{r}) = \frac{\mu_0}{4\pi}\iiint_V \nabla\times\frac{\boldsymbol{J}(\boldsymbol{r}')}{R}\mathrm{d}V' = \frac{\mu_0 I}{4\pi}\int_C \nabla\times\frac{\mathrm{d}\boldsymbol{l}'}{R} \tag{2.1.12}$$

将式(2.1.12)化简可得

$$\boldsymbol{B}(\boldsymbol{r}) = \frac{\mu_0 I}{4\pi}\int_C \frac{\mathrm{d}\boldsymbol{l}'\times\boldsymbol{R}}{R^3} \tag{2.1.13}$$

2.2　无源区域磁场

当只关心成像区域时，例如，在进行梯度线圈和匀场线圈设计时，关注的目标区域是没有永磁体和超导线圈的无源区域，式(2.1.3)和式(2.1.4)可以写为[2]

$$\nabla\cdot\boldsymbol{B}=0 \tag{2.2.1}$$

$$\nabla\times\boldsymbol{B}=0 \tag{2.2.2}$$

为了求解上述方程组，引入标量磁位Φ，满足

$$\boldsymbol{B}=-\nabla\Phi$$

根据式(2.2.1)和式(2.2.2)得

$$\nabla^2\Phi=0 \tag{2.2.3}$$

式(2.2.3)为拉普拉斯方程。拉普拉斯方程在不同坐标系下解的形式是不同的。在核磁共振设备的电磁设计中，通常会出现线圈结构(源)分布在圆柱面或平面上，而目标磁场(场)分布在球面或圆柱面上，因此在求解上述拉普拉斯方程时需要根据实际场的分布类型建立合适的求解坐标系，对于后续的分析更便利。对此，着重讨论两种情形，即在球坐标系和柱坐标系下求解拉普拉斯方程[3]。

1. 球坐标系

拉普拉斯方程在球坐标系中的表达式可以写成[4,5]

$$\frac{1}{r^2}\frac{\partial}{\partial r}\left(r^2\frac{\partial \Phi}{\partial r}\right)+\frac{1}{r^2\sin\theta}\frac{\partial}{\partial\theta}\left(\sin\theta\frac{\partial\Phi}{\partial\theta}\right)+\frac{1}{r^2\sin^2\theta}\frac{\partial^2\Phi}{\partial\varphi^2}=0 \tag{2.2.4}$$

首先，把表示距离的变量 r 与表示角度的变量 θ 和 φ 分离：

$$\Phi(r,\theta,\varphi)=R(r)\mathrm{Y}(\theta,\varphi)$$

将上式代入式(2.2.4)，其中 $\mathrm{Y}(\theta,\varphi)$ 为球函数，得

$$\frac{\mathrm{Y}}{r^2}\frac{\mathrm{d}}{\mathrm{d}r}\left(r^2\frac{\mathrm{d}R}{\mathrm{d}r}\right)+\frac{R}{r^2\sin\theta}\frac{\partial}{\partial\theta}\left(\sin\theta\frac{\partial\mathrm{Y}}{\partial\theta}\right)+\frac{R}{r^2\sin^2\theta}\frac{\partial^2\mathrm{Y}}{\partial\varphi^2}=0$$

等式两边同时乘以 $r^2/(R\mathrm{Y})$，并适当移项，可得

$$\frac{1}{R}\frac{\mathrm{d}}{\mathrm{d}r}\left(r^2\frac{\mathrm{d}R}{\mathrm{d}r}\right)=-\frac{1}{\sin\theta\mathrm{Y}}\frac{\partial}{\partial\theta}\left(\sin\theta\frac{\partial\mathrm{Y}}{\partial\theta}\right)-\frac{1}{\mathrm{Y}}\frac{1}{\sin^2\theta}\frac{\partial^2\mathrm{Y}}{\partial\varphi^2}$$

左边是 r 的函数，与 θ 和 φ 无关；右边是 θ 和 φ 的函数，与 r 无关。两边相等显然是不可能的，除非两边实际上是同一个常数。通常把这个常数记作 $l(l+1)$，有

$$\frac{1}{R}\frac{\mathrm{d}}{\mathrm{d}r}\left(r^2\frac{\mathrm{d}R}{\mathrm{d}r}\right)=-\frac{1}{\mathrm{Y}\sin\theta}\frac{\partial}{\partial\theta}\left(\sin\theta\frac{\partial\mathrm{Y}}{\partial\theta}\right)-\frac{1}{\mathrm{Y}\sin^2\theta}\frac{\partial^2\mathrm{Y}}{\partial\varphi^2}=l(l+1)$$

将上式分解为两个方程：

$$\frac{\mathrm{d}}{\mathrm{d}r}\left(r^2\frac{\mathrm{d}R}{\mathrm{d}r}\right)-l(l+1)R=0 \tag{2.2.5}$$

$$\frac{1}{\sin\theta}\frac{\partial}{\partial\theta}\left(\sin\theta\frac{\partial\mathrm{Y}}{\partial\theta}\right)+\frac{1}{\sin^2\theta}\frac{\partial^2\mathrm{Y}}{\partial\varphi^2}+l(l+1)\mathrm{Y}=0 \tag{2.2.6}$$

常微分方程(2.2.5)是欧拉型常微分方程，它的解是

$$R(r)=Cr^l+D\frac{1}{r^{l+1}} \tag{2.2.7}$$

偏微分方程(2.2.6)称为球函数方程。

进一步分离变数：

$$\mathrm{Y}(\theta,\varphi)=\Theta(\theta)F(\varphi)$$

将上式代入球函数方程(2.2.6)，得

$$\frac{F}{\sin\theta}\frac{\mathrm{d}}{\mathrm{d}\theta}\left(\sin\theta\frac{\mathrm{d}\Theta}{\mathrm{d}\theta}\right)+\frac{\Theta}{\sin^2\theta}\frac{\mathrm{d}^2F}{\mathrm{d}\varphi^2}+l(l+1)\Theta F=0$$

等式两边同时乘以 $\sin^2\theta/(\Theta F)$，并适当移项，可得

$$\frac{\sin\theta}{\Theta}\frac{\mathrm{d}}{\mathrm{d}\theta}\left(\sin\theta\frac{\mathrm{d}\Theta}{\mathrm{d}\theta}\right)+l(l+1)\sin^2\theta=-\frac{1}{F}\frac{\mathrm{d}^2F}{\mathrm{d}\varphi^2}$$

左边是 θ 的函数，与 φ 无关；右边是 φ 的函数，与 θ 无关。两边相等显然是不可能的，除非两边实际上是同一个常数。把这个常数记作 λ：

$$\frac{\sin\theta}{\Theta}\frac{\mathrm{d}}{\mathrm{d}\theta}\left(\sin\theta\frac{\mathrm{d}\Theta}{\mathrm{d}\theta}\right)+l(l+1)\sin^2\theta=-\frac{1}{F}\frac{\mathrm{d}^2F}{\mathrm{d}\varphi^2}=\lambda$$

这就分解为两个常微分方程：

$$F''+\lambda F=0 \tag{2.2.8}$$

$$\sin\theta\frac{\mathrm{d}}{\mathrm{d}\theta}\left(\sin\theta\frac{\mathrm{d}\Theta}{\mathrm{d}\theta}\right)+[l(l+1)\sin^2\theta-\lambda]\Theta=0 \tag{2.2.9}$$

常微分方程(2.2.8)往往还有一个没有写出来的“自然的周期条件” $F(\varphi+2\pi)=F(\varphi)$。常微分方程(2.2.8)和自然的周期条件构成本征值问题。本征值是

$$\lambda=m^2,\quad m=0,1,2,\cdots \tag{2.2.10}$$

本征函数是

$$F(\varphi)=A\cos(m\varphi)+B\sin(m\varphi) \tag{2.2.11}$$

再看常微分方程(2.2.9)。根据方程(2.2.10),应把方程(2.2.9)改写为

$$\frac{1}{\sin\theta}\frac{\mathrm{d}}{\mathrm{d}\theta}\left(\sin\theta\frac{\mathrm{d}\Theta}{\mathrm{d}\theta}\right)+\left[l(l+1)-\frac{m^2}{\sin^2\theta}\right]\Theta=0 \tag{2.2.12}$$

通常用 $\theta=\arccos x$,即 $x=\cos\theta$ 将自变量 θ 替换为 x(x 只是代表 $\cos\theta$,并不是直角坐标),则

$$\frac{\mathrm{d}\Theta}{\mathrm{d}\theta}=\frac{\mathrm{d}\Theta}{\mathrm{d}x}\frac{\mathrm{d}x}{\mathrm{d}\theta}=-\sin\theta\frac{\mathrm{d}\Theta}{\mathrm{d}x}$$

$$\frac{1}{\sin\theta}\frac{\mathrm{d}}{\mathrm{d}\theta}\left(\sin\theta\frac{\mathrm{d}\Theta}{\mathrm{d}\theta}\right)=\frac{1}{\sin\theta}\frac{\mathrm{d}x}{\mathrm{d}\theta}\frac{\mathrm{d}}{\mathrm{d}x}\left(-\sin^2\theta\frac{\mathrm{d}\Theta}{\mathrm{d}\theta}\right)$$

$$=\frac{\mathrm{d}}{\mathrm{d}x}\left[(1-x^2)\frac{\mathrm{d}\Theta}{\mathrm{d}\theta}\right]$$

方程(2.2.12)化为

$$\frac{\mathrm{d}}{\mathrm{d}x}\left[(1-x^2)\frac{\mathrm{d}\Theta}{\mathrm{d}\theta}\right]+\left[l(l+1)-\frac{m^2}{1-x^2}\right]\Theta=0 \tag{2.2.13}$$

亦即

$$(1-x^2)\frac{\mathrm{d}^2\Theta}{\mathrm{d}x^2}-2x\frac{\mathrm{d}\Theta}{\mathrm{d}x}+\left[l(l+1)-\frac{m^2}{1-x^2}\right]\Theta=0 \tag{2.2.14}$$

该式称为一阶连带勒让德方程。其中 $m=0$ 的特例,即

$$(1-x^2)\frac{\mathrm{d}^2\Theta}{\mathrm{d}x^2}-2x\frac{\mathrm{d}\Theta}{\mathrm{d}x}+l(l+1)\Theta=0 \tag{2.2.15}$$

称为一阶勒让德方程。

1) 轴对称球函数

当 $m=0$ 时,方程满足周期条件的解是 $\Phi(\varphi)=$常数,与 φ 无关,从而球函数以球坐标系的极轴为对称轴。而 $\Theta(\theta)$ 遵从的连带勒让德方程则简化为勒让德方程[6]:

$$(1-x^2)\frac{\mathrm{d}^2\Theta}{\mathrm{d}x^2}-2x\frac{\mathrm{d}\Theta}{\mathrm{d}x}+l(l+1)\Theta=0$$

$m=0$ 时,$F(\varphi)=$常数,它是轴对称的。轴对称函数 $Y(\theta,\varphi)$ 简化为 $P_l(x)$。对于球坐标系下轴对称拉普拉斯方程的解为

$$\Phi(r,\theta)=\sum_{l=0}^{\infty}\left(A_l r^l+\frac{B_l}{r^{l+1}}\right)P_l(\cos\theta) \tag{2.2.16}$$

2) 一般球函数

一般情况下,球函数方程的分离变量的解是

$$Y_l^m(\theta,\varphi)=P_l^m(\cos\theta)\begin{Bmatrix}\sin(m\varphi)\\ \cos(m\varphi)\end{Bmatrix},\quad m=0,1,2,\cdots,l;l=0,1,2,\cdots \tag{2.2.17}$$

记号{ }表示其中列举的函数是线性独立的,可任取其一,l 称为球函数的阶。

此时,拉普拉斯方程在非轴对称情况下的一般解为

$$\Phi(r,\theta,\varphi)=\sum_{m=0}^{\infty}\sum_{l=m}^{\infty}r^l[A_l^m\cos(m\varphi)+B_l^m\sin(m\varphi)]P_l^m(\cos\theta)$$
$$+\sum_{m=0}^{\infty}\sum_{l=m}^{\infty}\frac{1}{r^{l+1}}[C_l^m\cos(m\varphi)+D_l^m\sin(m\varphi)]P_l^m(\cos\theta) \tag{2.2.18}$$

上述对称球函数与非对称球函数情况下,解的正交基分别为勒让德函数与连带勒让德函数。关于这两种函数的基本性质描述如下。

l 阶勒让德多项式的表达式:

$$P_l(x)=\sum_{k=0}^{[l/2]}(-1)^k\frac{(2l-2k)!}{2^l k!(l-k)!(l-2k)!}\cdot x^{l-2k}$$

式中,$[l/2]$表示不超过 $l/2$ 的最大整数,即

$$[l/2]=\begin{cases}\dfrac{l}{2}, & l\text{ 为偶数}\\[2mm] \dfrac{l-1}{2}, & l\text{ 为奇数}\end{cases}$$

实际上,在实际设计磁体、梯度线圈以及射频线圈的结构时,为了更直观地分析它们所产生的空间磁场分布规律,通常将其表示成直角坐标系下的函数表达式。但是,在实际计算时,为了方便建立源与场的关系,需要根据源的分布形式(球对称、柱对称等),建立相应的坐标系进行求解,得到场的分布规律后,再将其转化为直角坐标系下的表达式。在后续章节中关于梯度线圈、匀场线圈和射频线圈的设计中需要用到勒让德函数的相关性质,下面对此进行简单的介绍。

前几项勒让德多项式是(下列各表达式中 x 并非表示坐标,仅表示一个变量,等效为 $\cos\theta$)

$$P_0(x)=1 \tag{2.2.19a}$$

$$P_1(x)=x=\cos\theta \tag{2.2.19b}$$

$$P_2(x)=\frac{1}{2}(3x^2-1)=\frac{1}{4}(3\cos^2\theta-1) \tag{2.2.19c}$$

$$P_3(x)=\frac{1}{2}(5x^3-3x)=\frac{1}{8}(5\cos^3\theta-3\cos\theta) \tag{2.2.19d}$$

$$P_4(x)=\frac{1}{8}(35x^4-30x^2+3)=\frac{1}{8}(35\cos^4\theta-30\cos^2\theta+3) \tag{2.2.19e}$$

$$P_5(x)=\frac{1}{8}(63x^5-70x^3+15x)=\frac{1}{8}(63\cos^5\theta-70\cos^3\theta+15\cos\theta) \tag{2.2.19f}$$

勒让德多项式性质：

$$P_n(1)=1$$

$$P_n(-1)=(-1)^n$$

$$P_{2n-1}(0)=0$$

$$P_{2n}(0)=(-1)^n\frac{(2n)!}{2^{2n}\cdot(n!)^2}$$

$$P_{2n}(x)=P_{2n}(-x)$$

$$P_{2n-1}(x)=-P_{2n-1}(-x)$$

正交性：

$$\int_{-1}^{1}P_m(x)P_n(x)\mathrm{d}x=0,\quad m\neq n$$

连带勒让德函数：

$$P_l^m(x)=(1-x^2)^{\frac{m}{2}}P_l^{[m]}(x)$$

式中，$P_l^m(x)$表示 l 阶连带勒让德多项式；$P_l^{[m]}(x)$表示 $P_l(x)$的 m 阶导数。

连带勒让德函数微分表达式：

$$P_l^m(x)=\frac{(1-x^2)^{\frac{m}{2}}}{2^l l!}\frac{\mathrm{d}^{l+m}}{\mathrm{d}x^{l+m}}(x^2-1)l$$

$$P_l^{-m}(x)=\frac{(l-m)!}{(l+m)!}P_l^m(x)$$

前几项连带勒让德多项式：

$$P_1^1(x)=(1-x^2)^{\frac{1}{2}}=\sin\theta$$

$$P_2^1(x)=3\,(1-x^2)^{\frac{1}{2}}x=\frac{3}{2}\sin(2\theta)=3\sin\theta\cos\theta$$

$$P_2^2(x)=3(1-x^2)=\frac{3}{2}[1-\cos(2\theta)]=3\sin^2\theta$$

$$P_3^1(x)=\frac{3}{2}(1-x^2)^{\frac{1}{2}}(5x^2-1)=\frac{3}{8}[\sin\theta+5\sin(3\theta)]=6\sin\theta-\frac{15}{2}\sin^3\theta$$

$$P_3^2(x)=15(1-x^2)x=\frac{15}{4}[\cos\theta-\cos(3\theta)]=15\sin^2\theta\cos\theta$$

$$P_3^3(x)=15\,(1-x^2)^{\frac{3}{2}}=\frac{15}{4}[3\sin\theta-\sin(3\theta)]=15\sin^3\theta$$

$$P_4^1(x)=\frac{5}{2}(1-x^2)^{\frac{1}{2}}(7x^3-3x)=\frac{5}{16}[2\sin(2\theta)+7\sin(4\theta)]=10\sin\theta\cos\theta-\frac{15}{2}\sin^3\theta\cos\theta$$

$$P_4^2(x)=\frac{15}{2}(1-x^2)(7x^2-1)=\frac{15}{16}[3+4\cos(2\theta)-7\cos(4\theta)]=45\sin^2\theta-\frac{105}{2}\sin^4\theta$$

$$P_4^3(x)=105\,(1-x^2)^{\frac{3}{2}}x=\frac{105}{8}[2\sin(2\theta)-\sin(4\theta)]=105\sin^3\theta\cos\theta$$

$$P_4^4(x)=105\,(1-x^2)^2=\frac{105}{8}[3-4\cos(2\theta)+\cos(4\theta)]=105\sin^4\theta$$

连带勒让德函数正交性：

$$\int_{-1}^{+1}P_k^m(x)P_l^m(x)\mathrm{d}x=0,\quad k\neq l$$

2. 柱坐标系

对于超导磁体的匀场线圈、梯度线圈的设计，线圈在柱面上的分布，采用柱坐标系求解则会相对简单些，因此对在柱坐标系下的拉普拉斯方程求解进行简要的介绍。

拉普拉斯方程在柱坐标系中表达式：

$$\frac{1}{\rho}\frac{\partial}{\partial\rho}\left(\rho\frac{\partial\Phi}{\partial\rho}\right)+\frac{1}{\rho^2}\frac{\partial^2\Phi}{\partial\varphi^2}+\frac{\partial^2\Phi}{\partial z^2}=0 \tag{2.2.20}$$

同样，采用分离变量法，将 Φ 分解为

$$\Phi(\rho,\varphi,z)=R(\rho)F(\varphi)Z(z)$$

代入式(2.2.20)，得

$$FZ\frac{\mathrm{d}^2R}{\mathrm{d}\rho^2}+\frac{ZF}{\rho}\frac{\mathrm{d}R}{\mathrm{d}\rho}+\frac{RZ}{\rho^2}F''+RFZ''=0$$

等式两边同时乘以 $\rho^2/(RFZ)$，并适当移项，可得

$$\frac{\rho^2}{R}\frac{\mathrm{d}^2R}{\mathrm{d}\rho^2}+\frac{\rho}{R}\frac{\mathrm{d}R}{\mathrm{d}\rho}+\rho^2\frac{Z''}{Z}=-\frac{F''}{F}$$

左边是 ρ 和 z 的函数，与 φ 无关；右边是 φ 的函数，与 ρ 和 z 无关。两边相等显然是不可能的，除非两边实际上是同一个常数。把这个常数记作 λ，即

$$\frac{\rho^2}{R}\frac{\mathrm{d}^2R}{\mathrm{d}\rho^2}+\frac{\rho}{R}\frac{\mathrm{d}R}{\mathrm{d}\rho}+\rho^2\frac{Z''}{Z}=-\frac{F''}{F}=\lambda$$

上式则分解为两个方程：

$$F''+\lambda F=0 \tag{2.2.21}$$

$$\frac{\rho^2}{R}\frac{\mathrm{d}^2 R}{\mathrm{d}\rho^2}+\frac{\rho}{R}\frac{\mathrm{d}R}{\mathrm{d}\rho}+\rho^2\frac{Z''}{Z}=\lambda \tag{2.2.22}$$

常微分方程(2.2.21)和没有写出来的自然的周期条件构成本征值问题。本征值和本征函数是

$$\lambda=m^2,\quad m=0,1,2,\cdots \tag{2.2.23}$$

$$F(\varphi)=A\cos(m\varphi)+B\sin(m\varphi)$$

将方程(2.2.23)代入方程(2.2.22),等式两边同时乘以 $1/\rho^2$,并适当移项,可得

$$\frac{1}{R}\frac{\mathrm{d}^2 R}{\mathrm{d}\rho^2}+\frac{1}{\rho R}\frac{\mathrm{d}R}{\mathrm{d}\rho}-\frac{m^2}{\rho^2}=-\frac{Z''}{Z}$$

左边是 ρ 的函数,与 z 无关;右边是 z 的函数,与 ρ 无关。两边相等显然是不可能的,除非两边实际上是同一个常数。把这个常数记作 $-\mu$,即

$$\frac{1}{R}\frac{\mathrm{d}^2 R}{\mathrm{d}\rho^2}+\frac{1}{\rho R}\frac{\mathrm{d}R}{\mathrm{d}\rho}-\frac{m^2}{\rho^2}=-\frac{Z''}{Z}=-\mu$$

因此,上式可以分解为两个常微分方程:

$$Z''-\mu Z=0 \tag{2.2.24}$$

$$\frac{\mathrm{d}^2 R}{\mathrm{d}\rho^2}+\frac{1}{\rho}\frac{\mathrm{d}R}{\mathrm{d}\rho}+\left(\mu-\frac{m^2}{\rho^2}\right)R=0 \tag{2.2.25}$$

下面会看到由于圆柱形区域上、下底面齐次边界条件或圆柱侧面齐次边界条件,分别与式(2.2.24)和式(2.2.25)构成本征值问题,只需考虑常数 μ 为实数。下面就 $\mu=0$、$\mu>0$ 和 $\mu<0$ 三种情况来讨论。

(1) $\mu=0$。方程(2.2.25)是欧拉方程,方程(2.2.24)和方程(2.2.25)的解是

$$Z(z)=C+Dz \tag{2.2.26}$$

$$R(\rho)=\begin{cases}E+F\ln\rho, & m=0\\ E\rho^m+F/\rho^m, & m=1,2,\cdots\end{cases} \tag{2.2.27}$$

(2) $\mu>0$。对于方程(2.2.25),通常做代换:

$$x=\sqrt{\mu}\rho$$

将自变量 ρ 替换为 x(注意 x 只是代表 $\sqrt{\mu}\rho$,并非直角坐标系),则

$$\frac{\mathrm{d}R}{\mathrm{d}\rho}=\frac{\mathrm{d}R}{\mathrm{d}x}\frac{\mathrm{d}x}{\mathrm{d}\rho}=\sqrt{\mu}\frac{\mathrm{d}R}{\mathrm{d}x}$$

$$\frac{\mathrm{d}^2 R}{\mathrm{d}\rho^2}=\frac{\mathrm{d}}{\mathrm{d}\rho}\left(\sqrt{\mu}\frac{\mathrm{d}R}{\mathrm{d}x}\right)=\frac{\mathrm{d}}{\mathrm{d}x}\left(\sqrt{\mu}\frac{\mathrm{d}R}{\mathrm{d}x}\right)\frac{\mathrm{d}x}{\mathrm{d}\rho}=\mu\frac{\mathrm{d}^2 R}{\mathrm{d}x^2}$$

方程化为

$$\frac{\mathrm{d}^2 R}{\mathrm{d}x^2}=\frac{1}{x}\frac{\mathrm{d}R}{\mathrm{d}x}+\left(1-\frac{m^2}{x^2}\right)R=0 \tag{2.2.28}$$

即

$$x^2\frac{\mathrm{d}^2R}{\mathrm{d}x^2}+x\frac{\mathrm{d}R}{\mathrm{d}x}+(x^2-m^2)R=0$$

上述方程称为 m 阶贝塞尔方程[7]。

贝塞尔方程附加上 $\rho=\rho_0$ 处(即半径为 ρ_0 的圆柱的侧面)的齐次边界条件构成本征值问题,决定 μ 的可能数值(本征值),这时方程(2.2.24)的解是

$$Z(z)=C\mathrm{e}^{\sqrt{\mu}z}+D\mathrm{e}^{-\sqrt{\mu}z} \tag{2.2.29}$$

(3) $\mu<0$。记 $v^2=-\mu>0$,则方程(2.2.24)成为 $Z''+v^2Z=0$,其解为

$$Z(z)=C\cos(vz)+D\sin(vz) \tag{2.2.30}$$

若对此附加上 $z=z_1$ 和 $z=z_2$ 处(即圆柱的上下底面)的齐次边界条件,便构成本征值问题,决定 v 的可能数值,从而决定本征值 v^2 的数值,至于方程(2.2.25),以 $\mu=-v^2$ 代入,并做代换:

$$x=v\rho$$

则方程化为

$$\frac{\mathrm{d}^2R}{\mathrm{d}x^2}+\frac{1}{x}\frac{\mathrm{d}R}{\mathrm{d}x}-\left(1+\frac{m^2}{x^2}\right)R=0 \tag{2.2.31}$$

即

$$x^2\frac{\mathrm{d}^2R}{\mathrm{d}x^2}+x\frac{\mathrm{d}R}{\mathrm{d}x}-(x^2+m^2)R=0 \tag{2.2.32}$$

式(2.2.32)称为虚宗量贝塞尔方程。事实上,如果把贝塞尔方程(2.2.28)的宗量 x 改成虚数 $\mathrm{i}x$,就成了方程(2.2.31)。

当侧面为齐次边界条件时,得到贝塞尔方程,通解为

$$R(x)=C_1\mathrm{J}_v(x)+C_2\mathrm{J}_{-v}(x),\quad m\neq 整数$$

或

$$R(x)=C_1\mathrm{J}_v(x)+C_2\mathrm{N}_v(x)$$

或

$$R(x)=C_1\mathrm{H}_v^{(1)}(x)+C_2\mathrm{H}_v^{(2)}(x)$$

式中,$\mathrm{J}_v(x)$称为 v 阶贝塞尔函数; $\mathrm{N}_v(x)$称为 v 阶诺伊曼函数;$\mathrm{H}_v^{(1)}(x)$、$\mathrm{H}_v^{(2)}(x)$称为 v 阶第一种和第二种汉克尔函数。三者又分别称为第一类、第二类、第三类柱函数。

当侧面为非齐次边界条件时,得到虚宗量贝塞尔方程,通解为

$$R(x)=C_1\mathrm{I}_m(x)+C_2\mathrm{K}_m(x)$$

式中,$\mathrm{I}_m(x)$称为 m 阶虚宗量贝塞尔函数;$\mathrm{K}_m(x)$称为 m 阶虚宗量汉克尔函数。当 $x\to0$ 时,$\mathrm{K}_m(x)\to\infty$。即在圆柱内,通解为 $R(x)=C_1\mathrm{I}_m(x)$;当 $x\to\infty$时,$\mathrm{I}_m(x)\to\infty$。即在圆柱外,通解为 $R(x)=C_2\mathrm{K}_m(x)$。然后由 $\boldsymbol{B}=-\boldsymbol{\nabla}\Phi$ 便可以计算得到空间磁

场分布。

对核磁共振磁体(超导磁体、C 形永磁体)而言,磁体结构由若干个圆环线圈构成(永磁体采用上下两个圆盘结构,可以等效为电流密度形式),每个圆环可以认为在某个球面上,当然也可以看成在某个柱面上。假设线圈在球面上分布,则可以建立球坐标系求解目标域内磁场的分布规律,并以此为基础计算匀场线圈以及梯度线圈的结构。实际上,也可以建立柱坐标系进行分析,本节只是介绍分析与设计的一般思路,因此就球坐标系下求解方法展开讨论。根据上述计算标量磁位的方法以及矢量运算法则$\nabla\times(\nabla\times\boldsymbol{B})=\nabla(\nabla\cdot\boldsymbol{B})-\nabla^2\boldsymbol{B}$,将式(2.2.4)代入其中可知:无源区域的静磁场磁感应强度 $\boldsymbol{B}$ 同样满足拉普拉斯方程$\nabla^2\boldsymbol{B}=0$,那么 $\boldsymbol{B}$ 的三个直角分量 B_x、B_y、B_z 也分别满足拉普拉斯方程。在核磁共振成像中通常将主磁场方向定义为 z 方向,且 x 和 y 方向的磁场分量相对很小,可以忽略不计,因此下面仅就 z 方向磁感应强度 B_z 及其补偿问题进行讨论,在球坐标系下任意场点(r,θ,φ)的 z 方向磁感应强度 B_z 的拉普拉斯方程为

$$\frac{1}{r^2}\frac{\partial}{\partial r}\left(r^2\frac{\partial B_z}{\partial r}\right)+\frac{1}{r^2\sin\theta}\frac{\partial}{\partial\theta}\left(\sin\theta\frac{\partial B_z}{\partial\theta}\right)+\frac{1}{r^2\sin^2\theta}\frac{\partial^2 B_z}{\partial\theta^2}=0 \tag{2.2.33}$$

式(2.2.33)与标量磁位的方程一样,因此根据式(2.2.18)可得该方程的解为

$$B_z(r,\theta,\varphi)=\sum_{n=0}^{\infty}C_{nm}(C_1r^n+C_2r^{-n-1})[A_1\cos(m\varphi)+A_2\sin(m\varphi)]\mathrm{P}_n^m(\cos\theta) \tag{2.2.34}$$

磁场在 $r=0$ 处有限,因此式(2.2.34)可化为

$$B_z(r,\theta,\varphi)=\sum_{n=0}^{\infty}Cr^n[A_1\cos(m\varphi)+A_2\sin(m\varphi)]\mathrm{P}_n^m(\cos\theta) \tag{2.2.35}$$

式(2.2.35)是球坐标系下的级数表达式,该表达式不能很直观地展示磁场在三维方向上的高阶分量。实际中,在匀场或者设计梯度线圈的过程中,均是以直角坐标系下的各个分量的分布规律进行讨论,选择球坐标系或者柱坐标系都只是方便前期的求解,最后都需要将计算结果一一对应到直角坐标系下。因此,将式(2.2.35)转换成直角坐标系下的形式为

$$\begin{aligned}B_z(x,y,z)&=a_0+a_1x+a_2y+a_3z+a_4x^2+a_5y^2+a_6z^2+a_7xz+a_8yz\\&\quad+a_9xy+a_{10}x^3+a_{11}y^3+a_{12}z^3+\cdots\\&=\sum_{n=0}^{\infty}\sum_{m=0}^{\infty}\sum_{l=0}^{\infty}k_{n,m,l}x^ny^mz^l\end{aligned} \tag{2.2.36}$$

式(2.2.36)中每项的待定系数是需要根据实际结构求解的,这里只给出一般的规律。对于任意源所产生的静态磁场,均可以对应到式(2.2.36)的结果,获得其空间磁场的各阶函数分布规律。式(2.2.36)中只有第一项为均匀场,对核磁共振主磁场而言,自然是希望所设计的磁场为均匀磁场,而实际上往往还有其他各阶分

量。因此，若能设计线圈使之产生的磁场分别按 $x^m y^n z^l$ 形式分布，并且与式(2.2.36)中对应的各项大小相等、方向相反，叠加后就可抵消相应的不均匀分量，这种方法称为有源匀场。有源匀场的思路是通过构造匀场线圈，使匀场线圈产生的磁场特征是按 $x^m y^n z^l$ 形式分布，通过在主磁场方向上叠加与主磁场不均匀分量等量相反的匀场分量，使主磁场趋于均匀分布。因此，在构造匀场线圈之前，先要了解静态磁场的分布规律，然后根据相应的不均匀分量，设计能够产生对应阶数分量的匀场线圈，具体的设计分析理论将在第 3、4 章展开详细的介绍。

参考文献

[1] Jackson J D. Classical Electrodynamics[M]. 3rd ed. New York: Wiley, 1998.
[2] 汪泉第，张淮清. 电磁场[M]. 北京：科学出版社，2013.
[3] 梁昆淼. 数学物理方法[M]. 4 版. 北京：高等教育出版社，2010.
[4] 吴崇试. 数学物理方法(修订版)[M]. 北京：高等教育出版社，2015.
[5] 臧涛成，马春兰，潘涛. 数学物理方法[M]. 北京：高等教育出版社，2014.
[6] 李明奇，田太心. 数学物理方程[M]. 2 版. 成都：电子科技大学出版社，2014.
[7] 王竹溪，郭敦仁. 特殊函数概论[M]. 北京：北京大学出版社，2012.

第3章　梯度线圈及匀场线圈传统设计方法

在进行核磁共振信号测量时，梯度线圈通过低频的脉冲电流，在目标区域建立梯度磁场。匀场线圈中通过恒定直流电流，在目标区域建立按一定规律分布的静态磁场，用来抵消永磁体磁场和超导线圈磁场中的不均匀分量。针对梯度磁场，由于频率低，一般为几千赫兹到几万赫兹，且梯度激励电流的有效部分是其处于平坦区域的部分，因此在设计梯度线圈和匀场线圈时，可以直接采用静态磁场的分析方法。本章将梯度线圈和各阶匀场线圈的设计视为静态磁场问题，介绍传统的设计方法，即分离绕线方法。

3.1　简单线圈结构的磁场分析

3.1.1　圆环线圈磁场计算

构成梯度线圈和匀场线圈的基本单元是圆环线圈或圆弧线段，特别是当线圈的布线区域是圆柱形时更是如此。首先，考虑简单的圆环线圈，圆环线圈具有高度对称性，因此对圆环线圈的磁场进行分析时，有效利用其对称特性，将使结果大大简化，如图3.1.1所示。

图3.1.1中，圆环线圈平行于 xoy 平面放置，距离 xoy 平面的高度为 z_0，圆环中心点在直角坐标系下的坐标为 $(0,0,z_0)$，线圈半径为 a，线圈中通恒定电流 I。

考虑到所研究的线圈是圆环形，其产生的磁场是关于线圈中心轴（z 轴）成柱对称的，根据式(2.2.18)，当 $r=0$（即线圈中心轴上）时，磁位为有限值，标量磁位可以简化为

$$\Phi(r,\theta,\varphi)=\sum_{n=0}^{\infty}C_n r^n\cos[m(\varphi-\psi)]\mathrm{P}_n^m(\cos\theta) \tag{3.1.1}$$

式中，C_n 为待定系数。

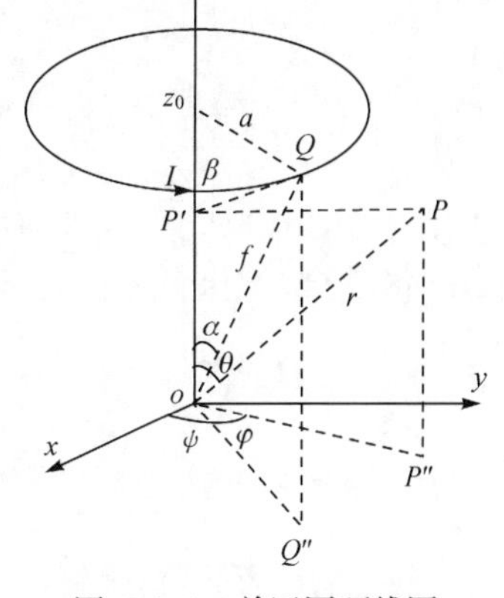

图3.1.1　单匝圆环线圈

下面先考虑对磁场强度的求解，由式(3.1.1)及梯度公式可得

$$\boldsymbol{H}=-\nabla\Phi=-\frac{\partial\Phi}{\partial x}\boldsymbol{e}_x-\frac{\partial\Phi}{\partial y}\boldsymbol{e}_y-\frac{\partial\Phi}{\partial z}\boldsymbol{e}_z \tag{3.1.2}$$

令

$$\mathrm{T}_n^m=r^n\cos[m(\varphi-\psi)]\mathrm{P}_n^m(\cos\theta)$$

则由附录A的推导[1]可得

$$\begin{aligned}\frac{\partial \mathrm{T}_n^m}{\partial x}=&\frac{r^{n-1}}{2}\{-\mathrm{P}_{n-1}^{m+1}(\cos\theta)\cos[(m+1)\varphi-m\psi]\\&+(n+m)(n+m-1)\mathrm{P}_{n-1}^{m-1}(\cos\theta)\cos[(m-1)\varphi-m\psi]\}\end{aligned} \tag{3.1.3}$$

$$\begin{aligned}\frac{\partial \mathrm{T}_n^m}{\partial y}=&\frac{r^{n-1}}{2}\{-\mathrm{P}_{n-1}^{m+1}(\cos\theta)\sin[(m+1)\varphi-m\psi]\\&-(n+m)(n+m-1)\mathrm{P}_{n-1}^{m-1}(\cos\theta)\sin[(m-1)\varphi-m\psi]\}\end{aligned} \tag{3.1.4}$$

$$\frac{\partial \mathrm{T}_n^m}{\partial z}=r^{n-1}(n+m)\mathrm{P}_{n-1}^m(\cos\theta)\cos[m(\varphi-\psi)] \tag{3.1.5}$$

根据式(3.1.1)，目前只有 C_n 为未知变量，对于待定系数的求解，采用比较系数法，即使用下面的另一种方法求解磁标量位，然后与式(3.1.1)进行比较，最终求出待定系数 C_n。

线圈具有对称性，因此可以考虑线圈对称轴上的磁标量位，这里采用毕奥-萨伐尔定律求解，如图3.1.1所示，圆环线圈上的微元电流段 Q 可表示为

$$I\mathrm{d}\boldsymbol{l}=Ia\mathrm{d}\varphi\boldsymbol{e}_\varphi \tag{3.1.6}$$

场点到微元电流段的距离是

$$\boldsymbol{R}=\boldsymbol{r}-\boldsymbol{r}'=(z-z_0)\boldsymbol{e}_z-a\boldsymbol{e}_\rho \tag{3.1.7}$$

根据毕奥-萨伐尔定律，由式(3.1.6)在场点处建立的磁场强度可表示为

$$\begin{aligned}\mathrm{d}\boldsymbol{H}&=\frac{Ia}{4\pi}\frac{\mathrm{d}\varphi\boldsymbol{e}_\varphi\times[(z-z_0)\boldsymbol{e}_z-a\boldsymbol{e}_\rho]}{[(z-z_0)^2+a^2]^{\frac{3}{2}}}\\&=\frac{Ia}{4\pi}\frac{[(z-z_0)\boldsymbol{e}_\rho+a\boldsymbol{e}_z]}{[(z-z_0)^2+a^2]^{\frac{3}{2}}}\mathrm{d}\varphi\end{aligned} \tag{3.1.8}$$

因为线圈相对于 z 轴对称分布，所以 z 轴上的磁场强度 $\boldsymbol{H}$ 只有 z 向分量。故 $\boldsymbol{e}_\rho$ 方向分量为0，因此有

$$\boldsymbol{H}=\frac{Ia}{4\pi}\int_0^{2\pi}\frac{a\boldsymbol{e}_z}{[(z-z_0)^2+a^2]^{\frac{3}{2}}}\mathrm{d}\varphi=\frac{Ia^2\boldsymbol{e}_z}{2[(z-z_0)^2+a^2]^{\frac{3}{2}}} \tag{3.1.9}$$

选取 $z\to\infty$ 处作为标量磁位为0的参考点，点 $P(0,0,z)$ 处的标量磁位为

$$\begin{aligned}\Phi&=\int_{z_p}^{\infty}\boldsymbol{H}\cdot\mathrm{d}\boldsymbol{l}=\int_{z_p}^{\infty}\frac{-Ia^2\mathrm{d}z}{2[(z-z_0)^2+a^2]^{\frac{3}{2}}}=\left.\frac{-I(z-z_0)}{2\sqrt{(z-z_0)^2+a^2}}\right|_{z_p}^{\infty}\\&=\frac{I(z-z_0)}{2\sqrt{(z-z_0)^2+a^2}}-\frac{I}{2}=\frac{I}{2}(\cos\beta-1)\end{aligned} \tag{3.1.10}$$

令 $t=\frac{z}{f}$，则由三角形余弦定理得

$$\begin{aligned}R^2&=z^2+f^2-2zf\cos\alpha\\ f^2&=R^2+z^2+2zR\cos\beta\end{aligned}\tag{3.1.11}$$

式中，α 为 oQ 与 z 轴的夹角；β 为 $P'Q$ 与 z 轴的夹角（P'为 P 在 z 轴上的投影），那么有

$$\begin{aligned}-\cos\beta&=\frac{z^2+R^2-f^2}{2zR}=\frac{z^2+(z^2+f^2-2zf\cos\alpha)-f^2}{2z\sqrt{z^2+f^2-2zf\cos\alpha}}\\&=\frac{z-f\cos\alpha}{\sqrt{z^2+f^2-2zf\cos\alpha}}=\frac{\frac{z}{f}-\cos\alpha}{\sqrt{\frac{z^2}{f^2}+1-2\frac{z}{f}\cos\alpha}}\\&=\frac{t-\cos\alpha}{\sqrt{t^2+1-2t\cos\alpha}}\end{aligned}\tag{3.1.12}$$

于是式(3.1.10)转化为

$$\Phi=-\frac{I}{2}\left(1+\frac{t-\cos\alpha}{\sqrt{t^2+1-2t\cos\alpha}}\right)\tag{3.1.13}$$

由勒让德母函数公式[2]得

$$\frac{1}{\sqrt{t^2+1-2t\cos\alpha}}=\sum_{n=0}^{\infty}t^n\mathrm{P}_n(\cos\alpha),\qquad |t|\leqslant 1$$

$$\frac{1}{\sqrt{t^2+1-2t\cos\alpha}}=\sum_{n=0}^{\infty}t^{-(n+1)}\mathrm{P}_n(\cos\alpha),\qquad |t|>1$$

$|t|\leqslant 1$ 表示圆环线圈所在球面内部，$|t|>1$ 表示线圈所在球面外部，目标区域在线圈所在球面内部，故只考虑前者，因此式(3.1.13)简化为

$$\Phi=-\frac{I}{2}\left[1+(t-\cos\alpha)\sum_{n=0}^{\infty}t^n\mathrm{P}_n(\cos\alpha)\right]\tag{3.1.14}$$

根据圆环线圈的对称特性可知，磁位与 ψ 无关，即 $m=0$，则等式(3.1.1)简化为

$$\Phi=\sum_{n=0}^{\infty}C_nr^n\mathrm{P}_n(\cos\theta)$$

在 z 轴上时，$\cos\theta=1$，且 $\mathrm{P}_n(1)=1$，因此 z 轴上的 Φ 为

$$\Phi=\sum_{n=0}^{\infty}C_nz^n\tag{3.1.15}$$

观察式(3.1.14)和式(3.1.15)，并将式(3.1.14)进行拆分得

$$\Phi=-\frac{I}{2}\left[1+\sum_{n=0}^{\infty}t^{n+1}\mathrm{P}_n(\cos\alpha)-\cos\alpha\sum_{n=0}^{\infty}t^n\mathrm{P}_n(\cos\alpha)\right]$$

$$=-\frac{I}{2}\left[1-\cos\alpha+\sum_{n=0}^{\infty}\frac{z^{n+1}}{f^{n+1}}\mathrm{P}_n(\cos\alpha)-\cos\alpha\sum_{n=0}^{\infty}\frac{z^n}{f^n}\mathrm{P}_n(\cos\alpha)\right]$$

$$=-\frac{I}{2}\left[1-\cos\alpha+\sum_{n=1}^{\infty}\frac{z^n}{f^n}\mathrm{P}_{n-1}(\cos\alpha)-\cos\alpha\sum_{n=0}^{\infty}\frac{z^n}{f^n}\mathrm{P}_n(\cos\alpha)\right]$$

$$=-\frac{I}{2}\left\{1-\cos\alpha+\sum_{n=1}^{\infty}\frac{z^n}{f^n}[\mathrm{P}_{n-1}(\cos\alpha)-\cos\alpha\mathrm{P}_n(\cos\alpha)]\right\} \tag{3.1.16}$$

比较式(3.1.16)与式(3.1.15)可得

$$C_0=-\frac{I}{2}(1-\cos\alpha)$$

$$C_n=-\frac{I}{2f^n}[\mathrm{P}_{n-1}(\cos\alpha)-\cos\alpha\mathrm{P}_n(\cos\alpha)],\quad n=1,2,\cdots$$

因此，Φ 的完整表达式为

$$\Phi=-\frac{I}{2}\left\{1-\cos\alpha+\sum_{n=1}^{\infty}\frac{r^n}{f^n}[\mathrm{P}_{n-1}(\cos\alpha)-\cos\alpha\mathrm{P}_n(\cos\alpha)]\mathrm{P}_n(\cos\alpha)\right\} \tag{3.1.17}$$

根据式(3.1.17)所示的标量磁位，可以得到空间中的磁场强度，首先考虑 z 方向的磁场强度，于是根据等式(3.1.10)及 $m=0$ 可得

$$\frac{\partial T_n}{\partial z}=nr^n\mathrm{P}_{n-1}(\cos\theta)$$

将其代入 $H_z=-\dfrac{\partial\Phi}{\partial z}$ 中得

$$H_z=\frac{I}{2f}\sum_{n=0}^{\infty}(n+1)\frac{r^n}{f^n}[\mathrm{P}_n(\cos\alpha)-\cos\alpha\mathrm{P}_{n+1}(\cos\alpha)]\mathrm{P}_n(\cos\alpha) \tag{3.1.18}$$

x 方向和 y 方向的磁场强度，表达式如下：

$$\begin{aligned}H_x=&\sum_{n=0}^{\infty}\frac{Ir^n}{2f^{n+1}}[\mathrm{P}_n(\cos\alpha)-\cos\alpha\mathrm{P}_{n+1}(\cos\alpha)]\\&\times[-\mathrm{P}_n^1(\cos\theta)\cos\varphi+n(n+1)\mathrm{P}_n^{-1}(\cos\theta)\cos\varphi]\end{aligned} \tag{3.1.19}$$

$$\begin{aligned}H_y=&\sum_{n=0}^{\infty}\frac{Ir^n}{2f^{n+1}}[\mathrm{P}_n(\cos\alpha)-\cos\alpha\mathrm{P}_{n+1}(\cos\alpha)]\\&\times[-\mathrm{P}_n^1(\cos\theta)\sin\varphi-n(n+1)\mathrm{P}_n^{-1}(\cos\theta)\sin\varphi]\end{aligned} \tag{3.1.20}$$

3.1.2 圆弧线圈磁场计算

计算圆弧线圈磁场分布所使用的结构图如图 3.1.2 所示，图 3.1.2(a)为三维结构示意图，图 3.1.2(b)为线圈在 xoy 平面上的投影，其中 θ_1 为圆弧起始点与 x 轴的夹角，θ_2 为圆弧积分终点与 x 轴夹角，$P(x,y,z)$为目标场点。

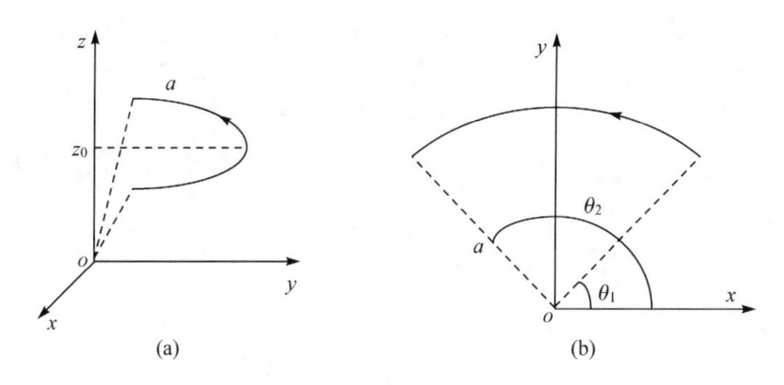

图 3.1.2　圆弧线圈结构图

同样应用毕奥-萨伐尔定理，可以得到圆弧线圈磁感应强度表达式：

$$\begin{aligned}\boldsymbol{B}=&\frac{\mu_0 I}{4\pi}\int_{\theta_1}^{\theta_2}\frac{(z-z_0)a\cos\theta\mathrm{d}\theta\boldsymbol{e}_x}{[a^2+x^2+y^2+(z-z_0)^2-2a(x\cos\theta+y\sin\theta)]^{\frac{3}{2}}}\\&+\frac{\mu_0 I}{4\pi}\int_{\theta_1}^{\theta_2}\frac{(z-z_0)a\sin\theta\mathrm{d}\theta\boldsymbol{e}_y}{[a^2+x^2+y^2+(z-z_0)^2-2a(x\cos\theta+y\sin\theta)]^{\frac{3}{2}}}\\&+\frac{\mu_0 I}{4\pi}\int_{\theta_1}^{\theta_2}\frac{a(a-y\sin\varphi-x\cos\theta)\mathrm{d}\theta\boldsymbol{e}_z}{[a^2+x^2+y^2+(z-z_0)^2-2a(x\cos\theta+y\sin\theta)]^{\frac{3}{2}}}\end{aligned}\tag{3.1.21}$$

同样关注 z 轴分量：

$$B_z(x,y,z)=\frac{\mu_0 I}{4\pi}\int_{\theta_1}^{\theta_2}\frac{a(a-y\sin\theta-x\cos\theta)\mathrm{d}\theta}{[a^2+x^2+y^2+(z-z_0)^2-2a(x\cos\theta+y\sin\theta)]^{\frac{3}{2}}}\tag{3.1.22}$$

由于此时的 $B_z(x,y,z)$ 不具有轴线上的对称性，积分式也难以写出原函数。为了解决这个问题可以采用泰勒级数分解的方式，将式(3.1.22)表示为坐标变量的多项式函数关系，该方法将在 3.2.2 节径向梯度线圈及匀场线圈的设计中展开详细阐述。

3.2　超导磁体中梯度线圈及匀场线圈传统设计方法

超导磁体一般使用缠绕在圆柱腔体上的圆环线圈实现，所以其主磁场方向沿着柱坐标系的 z 轴方向。把磁场按照 z 的一次方变化的梯度线圈称为轴向梯度线圈，磁场按照 x 和 y 方向线性变化的线圈称为径向梯度线圈。

3.2.1　轴向梯度线圈及匀场线圈设计方法

由于轴向梯度线圈产生的梯度磁场幅值为 z 的线性函数，同时梯度线圈布线

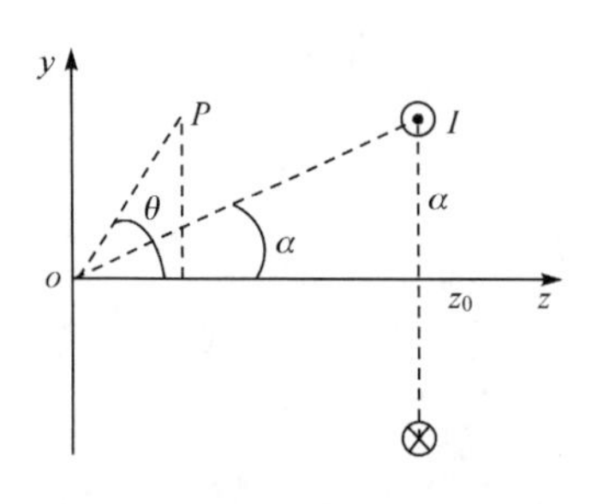

图 3.2.1 圆线圈 *yoz* 截面投影

在圆柱侧面，通常选取呈轴对称的圆线圈进行构建，其横截面结构如图 3.2.1 所示。

根据式(3.1.18)，可以通过连带勒让德多项式写出所求点 $P(r,\theta,\varphi)$ 的磁感应强度表达式：

$$B_z = \frac{\mu_0 I}{2f}\sum_{n=0}^{\infty}(n+1)[\mathrm{P}_n(\cos\alpha) - \cos\alpha\mathrm{P}_{n+1}(\cos\alpha)]\frac{r^n}{f^n}\mathrm{P}_n(\cos\theta) \tag{3.2.1}$$

令

$$h_n = \frac{\mu_0 I}{2f^{n+1}}(n+1)[\mathrm{P}_n(\cos\alpha) - \cos\alpha\mathrm{P}_{n+1}(\cos\alpha)] \tag{3.2.2}$$

观察式(3.2.2)，可以发现决定其大小的因素只有激励电流幅值、线圈与轴线相对角度 α(由线圈尺寸和线圈高度决定)，所以式(3.2.2) 只与电流源有关的项可以称为“场源项”。式(3.2.2) 中除“场源项”以外的项只与目标场点坐标有关，可以将其称为“场点项”。对于多个圆线圈组成的梯度线圈结构，根据矢量叠加，可以将其写成 $\sum B_z$。为了使得 $\sum B_z$ 达到目标需求的线性变化，需要将不必要的高次项消除，这里可以针对 $\sum h_n$ 进行分析。

考虑到线圈对称特性对磁场的影响，这里将相对于 *xoy* 平面对称的两个线圈组成一组进行分析。

1. 轴向梯度线圈或轴向一阶匀场线圈的设计

对于一组线圈，如图 3.2.2 所示，当两圆线圈电流方向相反时，对式(3.2.1)利用叠加原理可得

$$\begin{aligned} B_z = &\frac{\mu_0 I}{2f}\sum_{n=0}^{\infty}(n+1)[\mathrm{P}_n(\cos\alpha) - \cos\alpha\mathrm{P}_{n+1}(\cos\alpha)]\frac{r^n}{f^n}\mathrm{P}_n(\cos\theta) \\ &+ \frac{\mu_0(-I)}{2f}\sum_{n=0}^{\infty}(n+1)[\mathrm{P}_n(-\cos\alpha) + \cos\alpha\mathrm{P}_{n+1}(-\cos\alpha)]\frac{r^n}{f^n}\mathrm{P}_n(\cos\theta) \end{aligned} \tag{3.2.3}$$

这时，对 $\sum h_n$ 进行分析：

$$\begin{aligned} \sum h_n = &\frac{\mu_0 I}{2f^{n+1}}(n+1)[\mathrm{P}_n(\cos\alpha) - \cos\alpha\mathrm{P}_{n+1}(\cos\alpha)] \\ &- \frac{\mu_0 I}{2f^{n+1}}(n+1)[\mathrm{P}_n(-\cos\alpha) + \cos\alpha\mathrm{P}_{n+1}(-\cos\alpha)] \end{aligned} \tag{3.2.4}$$

从式(3.2.4)可以看出，如果 P_n 是奇函数或者偶函数，可以对 $\sum h_n$ 进行一定程度的化简，而 n 次勒让德多项式的表达式如下：

$$P_n(x)=\sum_{k=0}^{[n/2]}(-1)^k\frac{(2n-2k)!}{2^n k!(n-k)!(n-2k)!}x^{n-2k} \tag{3.2.5}$$

式(3.2.5)中，$[n/2]$为不超过 $n/2$ 的最大整数。观察式(3.2.4)，容易得到当 n 为偶数时：

$$P_n(\cos\alpha)-P_n(-\cos\alpha)=0 \tag{3.2.6}$$

$$P_{n+1}(\cos\alpha)+P_{n+1}(-\cos\alpha)=0 \tag{3.2.7}$$

可以看出，当 n 为偶数时，$\sum h_n$ 为零。一组关于 xoy 平面对称的圆环线圈对，当两个线圈中流过方向相反的电流时，线圈建立的磁场表达式中 $\sum h_n$ 只含有奇数项，即只剩下 $n=1,3,5,\cdots$ 对应的值。因此，为了得到轴向梯度线圈或者一阶轴向匀场线圈，希望只保留式(3.2.4)中 $n=1$ 的项，使 $n=3,5,\cdots$ 的项均为零。这里先考虑令 h_3 为零的情况：

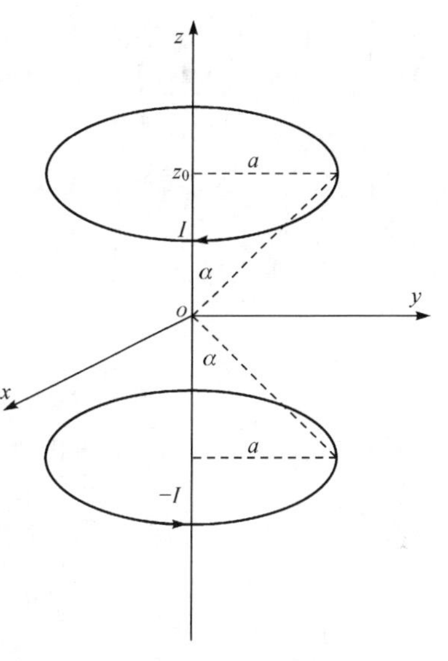

图 3.2.2　z 方向梯度线圈或 z 方向一阶匀场线圈结构图

$$\frac{\mu_0 I}{2f^{3+1}}(3+1)\{P_3(\cos\alpha)-P_3(-\cos\alpha)-\cos\alpha[P_{3+1}(\cos\alpha)+P_{3+1}(-\cos\alpha)]\}=0 \tag{3.2.8}$$

可以对式(3.2.8)进行化简：

$$2P_3(\cos\alpha)-2\cos\alpha P_4(\cos\alpha)=0 \tag{3.2.9}$$

将式(2.2.19d)和式(2.2.19e)代入式(3.2.9)进行求解：

$$5\cos^3\alpha-3\cos\alpha-\frac{1}{4}\cos\alpha(35\cos^4\alpha-30\cos^2\alpha+3)=0 \tag{3.2.10}$$

根据线圈结构可以知道，两对称线圈不能重合，也不可能具有无限大的半径，所以有 $0<\alpha<\pi/2$，可以对式(3.2.10)进一步化简并进行因式分解整理得到：

$$(7\cos^2\alpha-3)(\cos^2\alpha-1)=0 \tag{3.2.11}$$

将式(3.2.11)再次化简：

$$7\cos^2\alpha-3=0 \tag{3.2.12}$$

解得 $\cos\alpha=\sqrt{3/7}$，于是 $\tan\alpha=a/z_0=2/\sqrt{3}$，这与 Maxwell 线圈的要求相同，也就是，当线圈直径与两线圈之间的间距比值等于 $2/\sqrt{3}$ 时，$\sum h_n$ 仅剩 $n=1,5,7,\cdots$ 的项，由于高次项数值较小，对原点附近分布的 h_1 影响较小，可以认为此时该组线圈产生的磁场在圆点附近的目标区域内近似按照 z 轴坐标线性分布，如图 3.2.3 所示。

以半径 55mm 的圆柱为例，将线圈绕制在圆柱表面，根据前面计算，构成 z 向梯度线圈的两线圈距离为 95. 26mm。电流激励大小选定为 $I=1\mathrm{A}$，实际计算时以此参数为基准。

图 3. 2. 3 为 yoz 平面上 B_z 等值线图。从图中可知，目标区域内磁场轴向分量基本为线性分布。

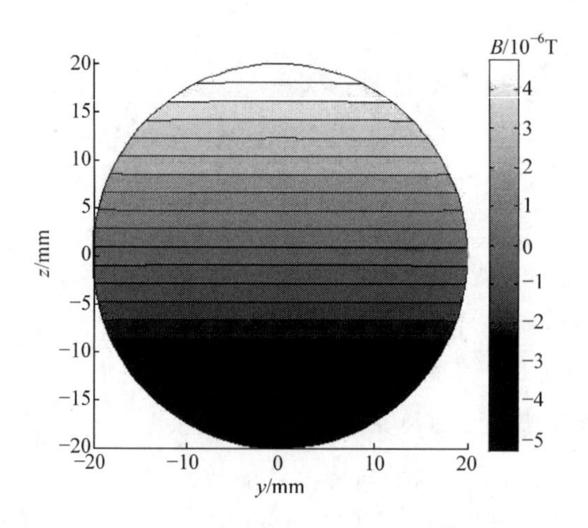

图 3. 2. 3　轴向梯度线圈梯度面等位线图（yoz 平面）

为方便分析其线性度，选取了 $x=0\mathrm{mm}$ 处沿 z 轴的线段上磁场进行分析，线段范围为[－20,20]mm，在这条线段上磁场分布如图 3. 2. 4 所示。在原点附近半径 20mm 的目标区域内梯度大小约为 $2.64\times10^{-4}\,\mathrm{T/m}$，线性度为 0. 25%，可以认为这种结构的线圈能够提供较好的轴向梯度及一阶轴向匀场磁场，不过对高均匀度的匀场而言，这种线性度还远不能满足要求，需要采用多对线圈组共同作用。

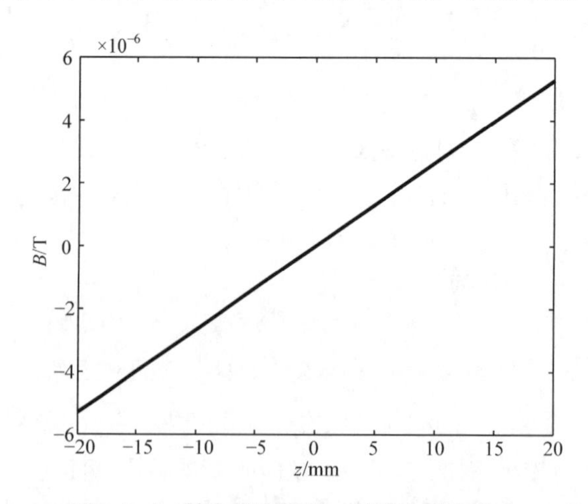

图 3. 2. 4　轴向梯度线圈 z 轴线上磁场分布

2. 轴向高阶匀场线圈设计

当组内两边电流方向相反且采用两组时，如图3.2.5所示，与上面所述相同，$\sum h_n$ 中偶数项为零，同理可以求得，当两组圆环线圈的位置及线圈中流过的电流满足关系式：$z_{01}=1.489a$，$z_{02}=0.531a$，$I_1=-3.56I_2$ 时，即两组线圈电流反向，$\sum h_1$、$\sum h_5$ 为零，这时只剩下 $\sum h_3$，此时的磁场则是近似按 z^3 分布的。

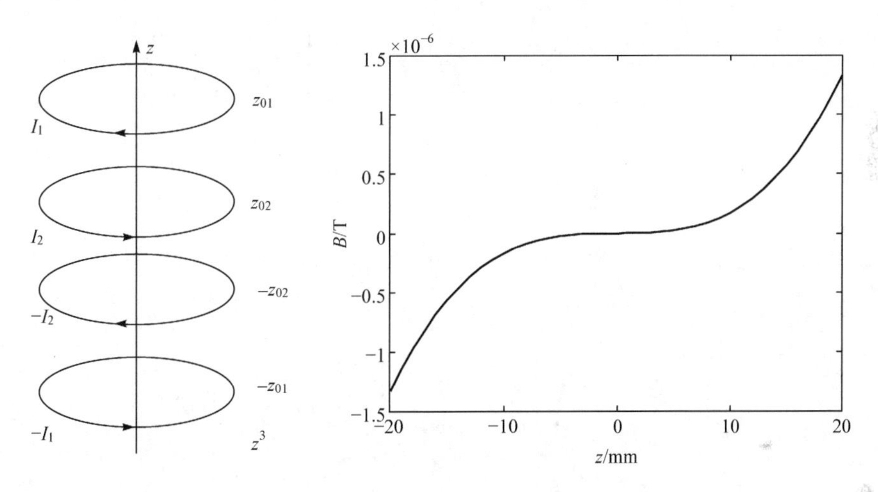

图3.2.5 磁场按 z^3 分布的轴向匀场线圈结构及磁场结果

当组内两边电流方向相同且采用两组时，如图3.2.6所示。同理可得，当两组圆环线圈的位置及线圈中流过的电流满足关系式：$z_{01}=1.2a$，$z_{02}=0.3a$，$I_1=-3.3I_2$ 时，即两组线圈电流反向，磁场近似按 z^2 分布。

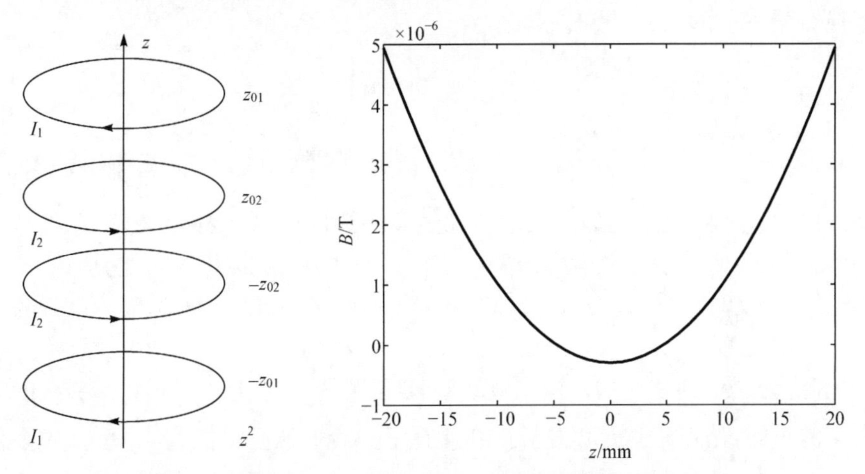

图3.2.6 磁场按 z^2 分布的轴向匀场线圈结构及磁场结果

3.2.2 径向梯度线圈及匀场线圈设计方法

针对圆柱形结构特征，径向匀场线圈的基本单元为圆弧线圈，结构如图 3.2.7 所示。

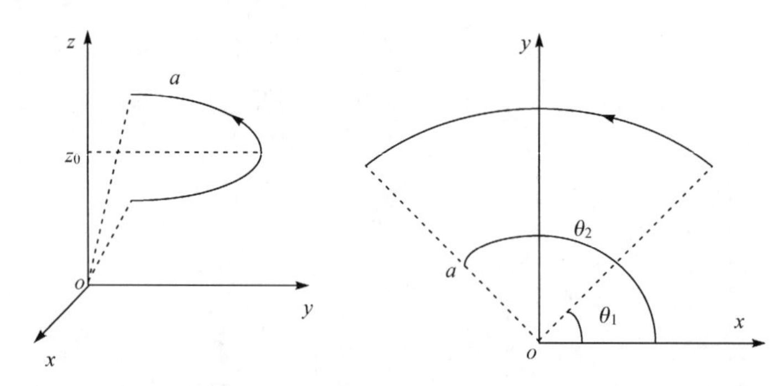

图 3.2.7 径向匀场线圈基本单元

根据前面所介绍的圆弧线圈磁场的计算(式(3.1.22))可知，在场点 $P(x,y,z)$ 处，磁感应强度 B 的 z 轴分量为

$$B_z(x,y,z)=\frac{\mu_0 I}{4\pi}\int_{\theta_1}^{\theta_2}\frac{a(a-y\sin\theta-x\cos\theta)\mathrm{d}\theta}{[a^2+x^2+y^2+(z-z_0)^2-2a(x\cos\theta+y\sin\theta)]^{\frac{3}{2}}}\tag{3.2.13}$$

3.2.1 节中为了得到不同阶数的轴向匀场线圈和抵消主磁场中其他不均匀项(B_z 与 x、y、z 相关的分量)，需要了解径向线圈产生的磁场各阶分量情况。单由式(3.2.13)无法直观地看到磁场 z 轴分量与各坐标轴高阶分量的关系。因此，需要将其分解成坐标级数和的形式，即将 B_z 写成 x、y、z、x^2、y^2、z^2、xy、yz、xz、xyz 等各阶分量和的形式：

$$B_z=\sum_{n=0}^{\infty}\sum_{m=0}^{\infty}\sum_{l=0}^{\infty}b_{n,m,l}x^n y^m z^l\tag{3.2.14}$$

式中，$b_{n,m,l}=\left.\frac{\partial^{n+m+l}B_z(x,y,z)}{\partial x^n\partial y^m\partial z^l}\right|_{(0,0,0)}$，因为它是在原点(0,0,0)处的偏导数，所以表达式中仅包含圆弧线圈的几何参数和线圈中激励电流的参数，由于它只与激励源的参数相关，称该表达式为“场源项”，于是 B_z 同样可以分解成“场点项”$x^n y^m z^l$ 与“场源项” $b_{n,m,l}$的乘积。式(3.2.14)中，当 $n=1,m=0,l=1$ 时，表示该阶数分量为 x 的一阶函数；当 $n=2,m=0,l=1$ 时，表示该阶数分量为 x 的二阶函数。

因此，为了得到相应的径向匀场线圈，需要在圆柱面上适当布置圆弧线圈并进行一定的组合，然后根据 $b_{n,m,l}$ 进行相应的优化调整，就可以抵消 $\sum h_{n,m,l}$ 中多余的项，从而得到所需要的各种匀场线圈。简便起见，本书只分析前面若干低阶项。

首先，求解 $n=m=0$ 的情况，这时 $b_{0,0,l}=\left.\dfrac{\partial^l B_z(x,y,z)}{\partial x^0 \partial y^0 \partial z^l}\right|_{(0,0,0)}$，求导过程与 x、y 无关，因此可以先将 $x=0$、$y=0$ 代入等式(3.2.13)中得

$$b_{0,0,l}=\frac{\partial^l}{\partial z^l}\frac{\mu_0 I}{4\pi}\int_{\theta_1}^{\theta_2}\frac{a^2}{[a^2+(z-z_0)^2]^{\frac{3}{2}}}\mathrm{d}\theta \tag{3.2.15}$$

先求 $l=0$ 时，$b_{0,0,0}$ 为 $B_z(0,0,0)$，即磁场展开式中的常数项，因此有

$$b_{0,0,0}=\frac{\partial}{\partial z}\frac{\mu_0 I}{4\pi}\int_{\theta_1}^{\theta_2}\frac{a^2}{[a^2+(0-z_0)^2]^{\frac{3}{2}}}\mathrm{d}\theta=\frac{\mu_0 I}{4\pi}\frac{a^2(\theta_2-\theta_1)}{(a^2+z_0^2)^{\frac{3}{2}}} \tag{3.2.16}$$

再求 $l=1$ 时，该分量为 z 的一次项，求导与积分可以互换顺序，因此先对积分函数求偏导，再对其求积分：

$$b_{0,0,1}=\left.\frac{\mu_0 I}{4\pi}\int_{\theta_1}^{\theta_2}\frac{\partial}{\partial z}\frac{a^2}{[a^2+(z-z_0)^2]^{\frac{3}{2}}}\mathrm{d}\theta\right|_{(0,0,0)}=\frac{\mu_0 I}{4\pi}\frac{3a^2 z_0(\theta_2-\theta_1)}{(a^2+z_0^2)^{\frac{3}{2}}} \tag{3.2.17}$$

同理可求得 $l=2,3,4,\cdots;n=1,2,3,4,\cdots;m=1,2,3,4,\cdots$ 等值对应的 $b_{n,m,l}$ 值，具体求解过程见附录B。

对磁场 z 向分量而言，x 与 y 是对称的，因此本书选择以 x 轴方向的梯度线圈和匀场线圈为例来讨论其结构设计，根据所求的 $b_{n,m,l}$ 值，当 $\theta_1=-\varphi,\theta_2=\varphi$ 时，电流方向为逆时针方向，这时 $b_{n,m,l}$ 中 $(\cos\theta_2-\cos\theta_1)$ 项的值为零，而且当圆弧线圈(AB 圆弧)绕 z 轴旋转 180°后(如图3.2.8中的 CD 圆弧)，$b_{n,m,l}$ 中 $(\cos\theta_2-\cos\theta_1)$ 项的值也为零，于是可以将这两个位置的圆弧线圈作为一组，如图3.2.8所示。

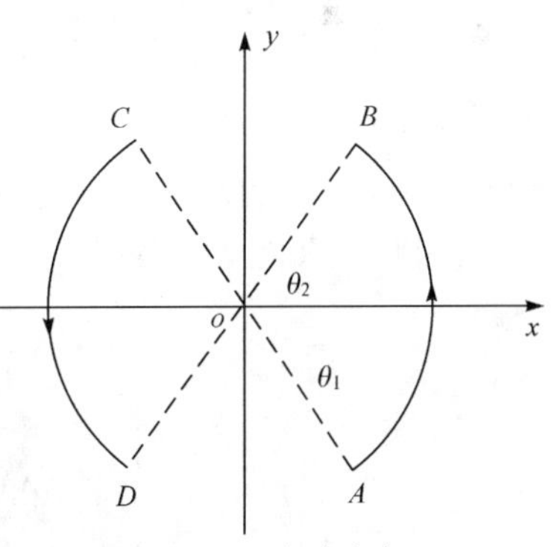

图3.2.8　径向匀场线圈圆弧单元

对不同类型的线圈组合形式的磁场分布的具体描述如下。

(1) 当这对同一平面内的圆弧电流方向相反时，叠加后附表B1中第1部分和第5部分为零，然后将这对圆弧在 $z=0$ 平面的另一边对称位置上设置另一对圆弧组成一组，如图3.2.9所示。当上下两对线圈中的电流方向相同时，叠加后附表B1第2部分中乘有因子 z_0 的项被抵消为零，此时这组圆弧所产生的磁场 z 向分量的泰勒级数展开式中仅含 $b_{1,0,0}$、$b_{1,0,2}$、$b_{3,0,0}$、$b_{3,0,2}$ 等项。将其进一步优化，采用两组圆弧线圈，如图3.2.10所示，圆弧角 $2\varphi=120°$，第一组圆弧线圈的位置 $z_{01}=\pm0.389a$，第二组圆弧线圈的位置 $z_{02}=\pm2.569a$，这时可以使低阶的两项 $b_{1,0,2}$、

$b_{3,0,0}$为零，于是由这组圆弧所产生的磁场近似地按 x 分布，即 x 梯度线圈或 x 一阶匀场线圈。

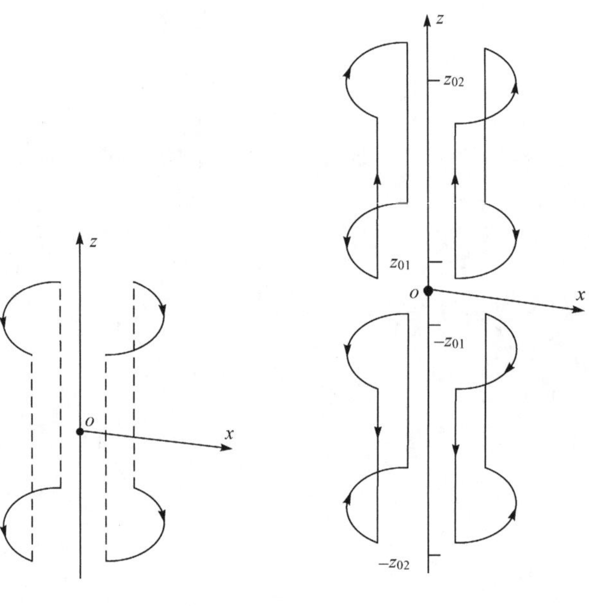

图 3.2.9　上下两对电流相同的圆弧线圈模型

图 3.2.10　x 分布的径向匀场线圈

如前所述，以半径为 55mm 的圆柱形布线表面为例进行探讨。对图 3.2.10 所示的 x 梯度线圈结构进行计算，得到 xoz 平面上该线圈结构的磁场分布如图 3.2.11 所示。

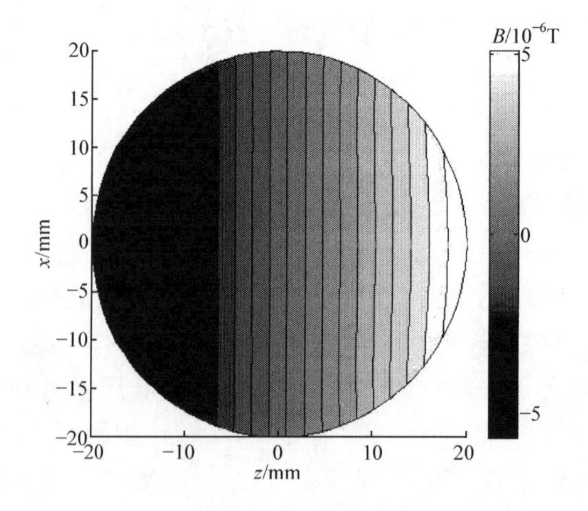

图 3.2.11　径向梯度线圈磁场分布图（xoz 平面）

观察图 3.2.11 可以看出,梯度线圈轴线上(如 x 梯度线圈的 x 轴)梯度分布比较均匀。选取 x 轴上的[$-20,20$]mm,分析线段上磁场的分布规律,如图 3.2.12 所示。

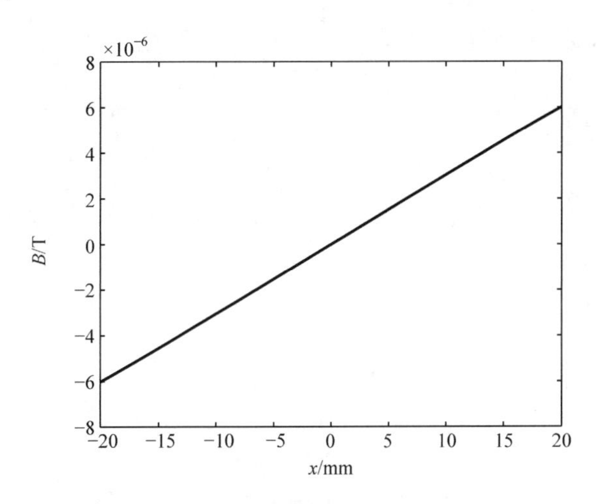

图 3.2.12　径向梯度线圈 x 轴线磁场分布图

径向梯度线圈在对称中心($x=0$)附近有一定的线性磁场,但远离对称中心磁场强度曲线会发生畸变。该结构的线圈作为径向梯度线圈在一定范围内能够满足线性度的要求,不过作为一阶径向匀场线圈而言便显得不够了。为了提高匀场的均匀度,还需要采用更高阶的匀场线圈结构。

(2) 当上下两对线圈中的电流方向相反时,如图 3.2.13 所示,叠加后 $b_{n,m,l}$ 中没有乘因子 z_0 的项抵消为零,此时磁场级数展开式中仅含有 $b_{1,0,1}$,$b_{1,0,3}$,$b_{3,0,1}$ 等项,同样采用两组圆弧线圈,如图 3.2.14 所示,圆弧角 $2\varphi=120°$,第一组圆弧线圈的位置 $z_{01}=\pm0.678a$,第二组圆弧线圈的位置 $z_{02}=\pm3.129a$,由这组圆弧所产生的磁场就近似地按 xz 分布。图 3.2.15 为目标区域内的磁场分布。

(3) 当这对同一平面内的圆弧电流方向相同时,如图 3.2.16(a)所示,叠加后附表 B1 中第 2 部分抵消为零,根据对称性将这对圆弧绕 z 轴旋转 90°后磁场泰勒级数展开式中仍然只剩下附表 B1 第 1 部分和第 4 部分,如果将这对圆弧线圈电流反向并与前一对线圈叠加,如图 3.2.16(b)所示,则此时叠加后的磁场表达式中含有($\theta_2-\theta_1$)的项被抵消。如果在 $z=0$ 平面的另一侧对称位置上放置同样的线圈,则可以消除含有 z_0 的项,通过对圆弧角 2φ 和线圈位置的优化可知:如果 $2\varphi=90°$,第一组线圈位置 $z_{01}=\pm0.335a$,第二组线圈位置 $z_{02}=\pm1.93a$,那么此时圆弧线圈组所产生的磁场近似按 x^2-y^2 分布,其磁场分布如图 3.2.17 所示。

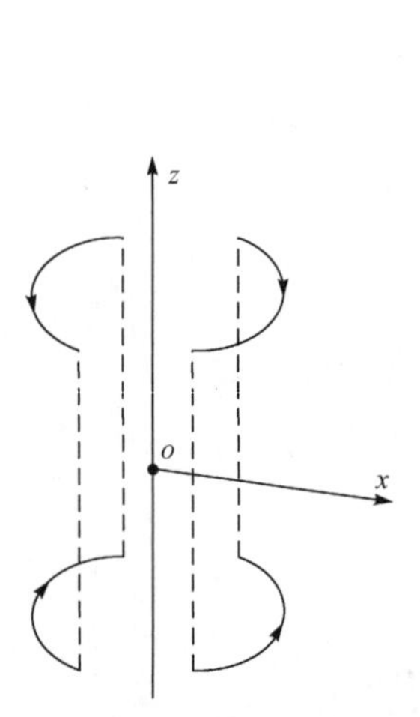

图 3.2.13　上下两对电流相反的圆弧线圈模型

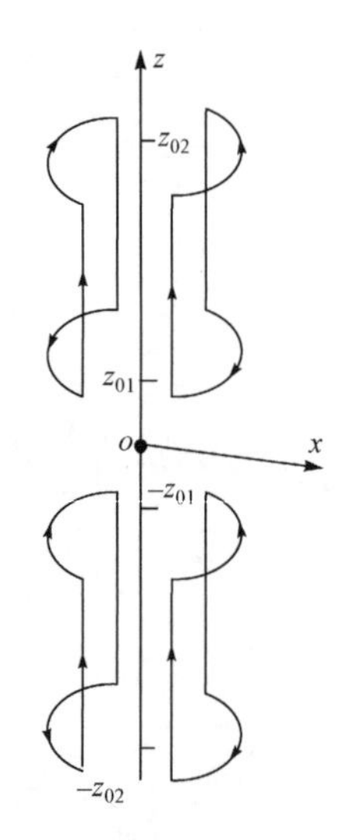

图 3.2.14　xz 分布的径向匀场线圈

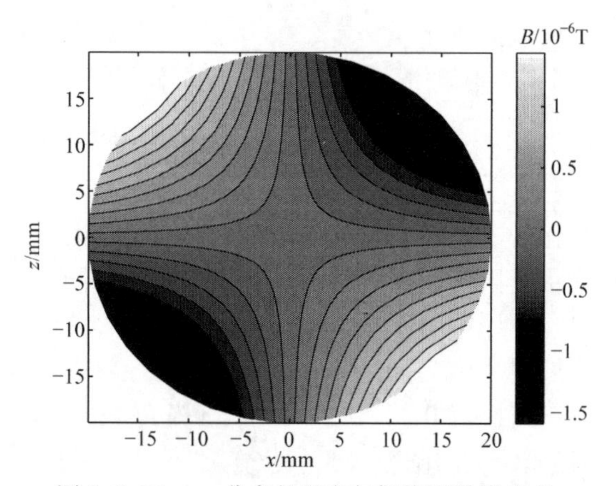

图 3.2.15　xz 分布的径向匀场线圈磁场分布

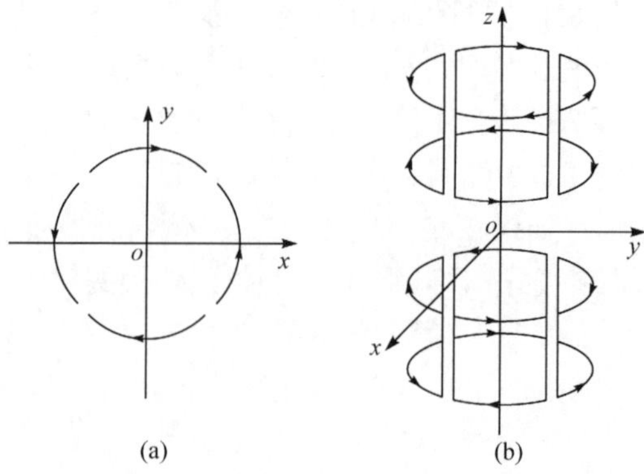

图 3.2.16　x^2-y^2 分布的径向匀场线圈示意图及 xoy 平面投影图

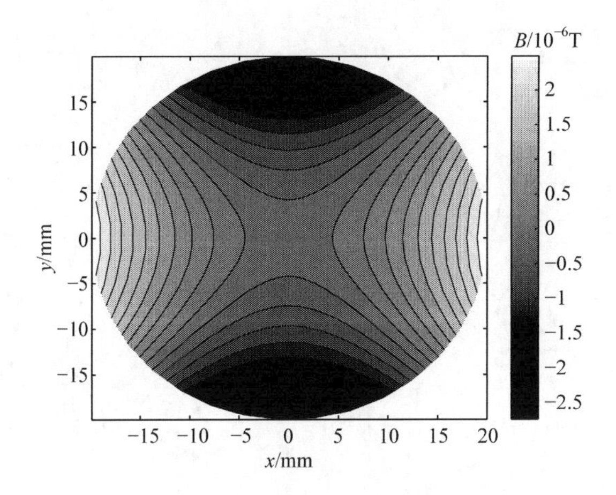

图 3.2.17　x^2-y^2 分布的径向匀场线圈磁场分布图

3.3　永磁磁体梯度线圈及匀场线圈传统设计方法

3.3.1　Halbach 磁体梯度线圈及匀场线圈的传统设计方法

1980 年，Klaus Halbach 设计了 Halbach 磁体结构，是一种封闭结构的永磁体，通过将不同充磁方向的永磁体按照一定规律排列，能够在中心目标区域内产生比较均匀的磁场。最初这种永磁结构只是作为一种静磁场产生装置应用于大型粒子加速器，现在应用范围扩大到了如核磁共振、电动磁悬浮、永磁电机等各个领域。与传统的双极性永磁体系统相比，Halbach 磁体结构是有优势的，不需要铁轭，体积小，质量轻，便携性很好，具有较大的工程应用价值。

Halbach 磁体的梯度线圈为柱面结构，线圈放置在体腔的内壁形成圆柱侧面，如图 3.3.1 所示。Halbach 磁体与超导核磁共振成像磁体结构类似，最大的区别在于主磁场沿径向（图 3.3.1 中 y 轴方向），而后者主磁场沿轴向（图 3.3.1 中 z 轴方向）。在进行 Halbach 磁体的梯度线圈（匀场线圈）设计时，要求产生的磁场与主磁场的方向一致，即沿着 y 轴方向，因此，3.2 节介绍的设计超导核磁共振成像梯度线圈或者匀场线圈的方法不能直接应用于 Halbach 磁体结构，主要是因为沿着柱面分布的直线段也会产生 y 轴方向磁场。所以，在设计 Halbach 磁体结构的梯度线圈和匀场线圈时，需要同时考虑直线段与弧线段的磁场影响。

Halbach 磁体主磁场方向为 y 轴方向，因此着重考虑梯度磁场及匀场线圈磁场的 y 轴方向分量，线圈的基本单元结构如图 3.3.2 所示。根据毕奥-萨伐尔定律可得弧线圈（图 3.3.2 中弧线 l_1）产生磁感应强度的 B_y 分量为

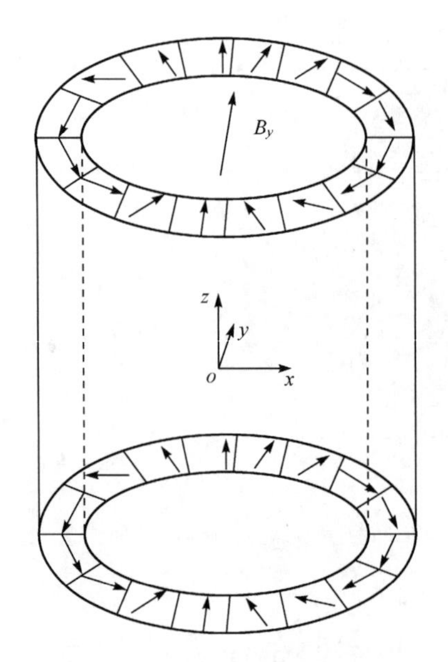

图 3.3.1　Halbach 磁体基本结构

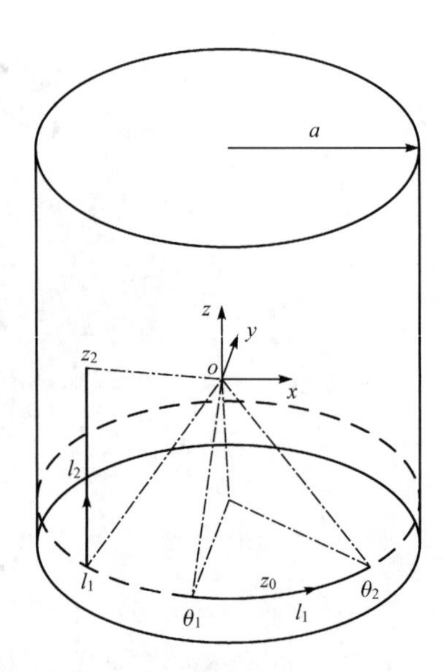

图 3.3.2　Halbach 磁体梯度及匀场线圈基本单元

$$B_y=\frac{\mu_0 I}{4\pi}\int_{\theta_1}^{\theta_2}\frac{(z-z_0)a\sin\theta\mathrm{d}\theta}{[a^2+x^2+y^2+(z-z_0)^2-2a(x\cos\theta+y\sin\theta)]^{\frac{3}{2}}}\tag{3.3.1}$$

与前面的分析方法类似，采用泰勒级数展开法，将其表示为 $x^n y^m z^l$ 形式的表达式：

$$B_y=\frac{\mu_0 I}{4\pi}\sum_{n=0}^{\infty}\sum_{m=0}^{\infty}\sum_{l=0}^{\infty}f_{n,m,l}x^n y^m z^l\tag{3.3.2}$$

式中，$f_{n,m,l}=\left.\frac{\partial^{n+m+l}f}{\partial x^n\partial y^m\partial z^l}\right|_{(0,0,0)}$，$f$ 为式(3.3.1)中的被积函数，区别于 3.2.2 节中线圈结构设计中表达式的系数 $b_{n,m,l}$，于是 B_y 同样可以分解成“场点项” $x^n y^m z^l$ 与“场源项” $f_{n,m,l}$ 的乘积。

为了得到不同阶次的匀场线圈及三个方向的梯度线圈，需要构造不同的线圈结构，使级数项中其他多余的阶次被抵消。将式(3.3.2)中的各阶系数按照 $n+m+l$ 的大小进行分类，如表 3.3.1 所示。

$$f_{n,m,l}=\left.\frac{\partial^{n+m+l}}{\partial x^n\partial y^m\partial z^l}\int_{\theta_1}^{\theta_2}f\mathrm{d}\theta\right|_{(0,0,0)}\tag{3.3.3}$$

式中

$$f=\frac{(z-z_0)\sin\theta}{[x^2+y^2+(z-z_0)^2+a^2-2a(x\cos\theta+y\sin\theta)]^{3/2}}\tag{3.3.4}$$

表 3.3.1 泰勒级数各阶系数(部分)

n	m	l	系数 $f_{n,m,l}$
0	0	0	$[z_0(-\cos\theta_1+\cos\theta_2)](a^2+z_0^2)^{-3/2}$
1	0	0	$-3az_0[\cos(2\theta_1)-\cos(2\theta_2)][4(a^2+z_0^2)^{5/2}]^{-1}$
0	1	0	$-3az_0[\sin(2\theta_1)-\sin(2\theta_2)-2\theta_1+2\theta_2][4(a^2+z_0^2)^{5/2}]^{-1}$
0	0	1	$-(a^2-2z_0^2)(\cos\theta_1-\cos\theta_2)(a^2+z_0^2)^{-5/2}$
2	0	0	$z_0[3(a^2+z_0^2)(\cos\theta_1-\cos\theta_2)+5a^2(-\cos^3\theta_1+\cos^3\theta_2)](a^2+z_0^2)^{-7/2}$
0	2	0	$\{12(a^2+z_0^2)(\cos\theta_1-\cos\theta_2)+5a^2[-9\cos\theta_1+\cos(3\theta_1)+9\cos\theta_2-\cos(3\theta_2)]\}$ $\cdot z_0[4(a^2+z_0^2)^{7/2}]^{-1}$
0	0	2	$3z_0(3a^2-2z_0^2)(\cos\theta_1-\cos\theta_2)(a^2+z_0^2)^{-7/2}$
1	1	0	$5a^2z_0(\sin^3\theta_1-\sin^3\theta_2)(a^2+z_0^2)^{-7/2}$
1	0	1	$3a(a^2+z^2-2zz_0-4z_0^2)[\cos(2\theta_1)-\cos(2\theta_2)]\{4[a^2+(z-z_0)^2]^{7/2}\}^{-1}$
0	1	1	$3a(a^2-4z_0^2)[\sin(2\theta_1)-\sin(2\theta_2)-2\theta_1+2\theta_2][4(a^2+z_0^2)^{7/2}]^{-1}$
3	0	0	$15az_0[\cos(2\theta_1)-\cos(2\theta_2)]\{2a^2-12z_0^2+7a^2[\cos(2\theta_1)+\cos(2\theta_2)]\}$ $\cdot[16(a^2+z_0^2)^{9/2}]^{-1}$
0	3	0	$-\{105a^3z_0[-8\sin(2\theta_1)+\sin(4\theta_1)+8\sin(2\theta_2)-\sin(4\theta_2)+12\theta_1-12\theta_2]$ $+24(a^2+z_0^2)[\sin(2\theta_1)-\sin(2\theta_2)-2\theta_1+2\theta_2]\}[32(a^2+z_0^2)^{9/2}]^{-1}$
0	0	3	$-3(3a^4-24a^2z_0^2+8z_0^4)(\cos\theta_1-\cos\theta_2)(a^2+z_0^2)^{-9/2}$
2	1	0	$\{105a^3z_0[-\sin(4\theta_1)+\sin(4\theta_2)+4\theta_1-4\theta_2]+8(a^2+z_0^2)$ $\cdot[\sin(2\theta_1)-\sin(2\theta_2)-2\theta_1+2\theta_2]\}[32(a^2+z_0^2)^{9/2}]^{-1}$
2	0	1	$[-3(a^2-4z_0^2)(a^2+z_0^2)(\cos\theta_1-\cos\theta_2)$ $+5a^2(a^2-6z_0^2)(\cos^3\theta_1-\cos^3\theta_2)](a^2+z_0^2)^{-9/2}$
0	2	1	$\{3(11a^4-78a^2z_0^2+16z_0^4)(\cos\theta_1-\cos\theta_2)$ $-5a^2(a^2-6z_0^2)[\cos(3\theta_1)-\cos(3\theta_2)]\}[4(a^2+z_0^2)^{9/2}]^{-1}$
1	2	0	$15az_0[\cos(2\theta_1)-\cos(2\theta_2)]\{-10a^2+4z_0^2+7a^2[\cos(2\theta_1)+\cos(2\theta_2)]\}$ $\cdot[16(a^2+z_0^2)^{9/2}]^{-1}$
1	0	2	$15az_0(3a^2-4z_0^2)[\cos(2\theta_1)-\cos(2\theta_2)][4(a^2+z_0^2)^{9/2}]^{-1}$
0	1	2	$15az_0(3a^2-4z_0^2)[\sin(2\theta_1)-\sin(2\theta_2)-2\theta_1+2\theta_2][4(a^2+z_0^2)^{9/2}]^{-1}$
1	1	1	$5a^2(a^2-6z_0^2)(\sin^3\theta_1-\sin^3\theta_2)[(a^2+z_0^2)^{9/2}]^{-1}$
4	0	0	$3z_0[-15(a^2+z_0^2)^2(\cos\theta_1-\cos\theta_2)+70a^2(a^2+z_0^2)(\cos^3\theta_1-\cos^3\theta_2)$ $+63a^4(-\cos^5\theta_1+\cos^5\theta_2)][4(a^2+z_0^2)^{11/2}]^{-1}$
0	4	0	$z_0\{1055[-9\cos\theta_1-\cos3\theta_1-9\cos\theta_2+\cos(3\theta_2)][2(a^2+z_0^2)^{9/2}]^{-1}$ $+45(-\cos\theta_1+\cos\theta_2)[(a^2+z_0^2)^{7/2}]^{-1}\}$
0	0	4	$-15z_0(15a^4-40a^2z_0^2+8z_0^4)(\cos\theta_1-\cos\theta_2)[(a^2+z_0^2)^{11/2}]^{-1}$

续表

n	m	l	系数 $f_{n,m,l}$
3	0	1	$15a[2(a^4-26a^2z_0^2+36z_0^4)+7a^2(a^2-8z_0^2)(\cos2\theta_1+\cos2\theta_2)]$ $\cdot[\cos(2\theta_1)-\cos(2\theta_2)][16(a^2+z_0^2)^{11/2}]^{-1}$
3	1	0	$21a^2z_0\{[11a^2-10z_0^2+9a^2\cos(2\theta_1)]\sin^3\theta_1+[-11a^2+10z_0^2-9a^2\cos(2\theta_2)]$ $\cdot\sin^3\theta_2\}[2(a^2+z_0^2)^{11/2}]^{-1}$
0	1	3	$-45a(a^4-12a^2z_0^2+8z_0^4)[\sin(2\theta_1)-\sin(2\theta_2)-2\theta_1+2\theta_2][2(a^2+z_0^2)^{11/2}]^{-1}$
0	3	1	$\frac{15a}{16(a^2+z_0^2)^{11/2}}\{\{8(4a^4-41a^2z_0^2+18z_0^4)\cos(\theta_1+\theta_2)-7a^2(a^2-8z_0^2)$ $\cdot[\cos(3\theta_1+\theta_2)+\cos(\theta_1+3\theta_2)]\}\cdot\sin(\theta_1-\theta_2)-18(a^4-12a^2z_0^2+8z_0^4)(\theta_1-\theta_2)\}$
1	0	3	$45a(a^4-12a^2z_0^2+8z_0^4)[\cos(2\theta_1)-\cos(2\theta_2)][4(a^2+z_0^2)^{11/2}]^{-1}$
1	1	2	$-105a^2z_0(a^2-2z_0^2)(\sin^3\theta_1-\sin^3\theta_2)[(a^2+z_0^2)^{11/2}]^{-1}$
1	2	1	$15a\{-10a^4+92a^2z_0^2-24z_0^4+7a^2(a^2-8z_0^2)[\cos(2\theta_1)+\cos(2\theta_2)]\}$ $\cdot[\cos(2\theta_1)-\cos(2\theta_2)][16(a^2+z_0^2)^{11/2}]^{-1}$
2	1	1	$\frac{15a}{16(a^2+z_0^2)^{11/2}}[-8(a^2-6z_0^2)(a^2+z_0^2)\sin(2\theta_1)+7a^2(a^2-8z_0^2)\sin(4\theta_1)$ $+8(a^2-6z_0^2)(a^2+z_0^2)\sin(2\theta_2)-7a^2(a^2-8z_0^2)\sin(4\theta_2)$ $+12(a^4-12a^2z_0^2+8z_0^4)(-\theta_1+\theta_2)]$

根据表 3.3.1 中的表达式，可以构造不同阶次的匀场线圈结构。

1. z 项一阶匀场线圈设计

当 n 为偶数时，$f_{0,0,n}$ 为 z_0 的奇函数，当 n 为奇数时，$f_{0,0,n}$ 为 z_0 的偶函数。因此，当电流满足对称关系：$j_x(-y')=j_x(y')$，$j_x(-z')=j_x(z')$，第一个关系式表示在垂直 z 轴的平面上，在 y 轴方向对称位置的电流的 x 轴方向分量相等(图 3.3.3)；第二个关系式表示在垂直 z 轴的两个对称平面上电流的 x 轴方向分量相等，根据这两个关系可以得到线圈结构(图 3.3.4)。因此，$f_{0,0,n}$ 只剩下 n 为奇数的项，可以产生$\partial^n B_y/\partial z^n$ 各阶奇数项组成的磁场。因此，如果要得到 z 项一阶匀场线圈或者 z 项梯度线圈，则需要将展开式中的$\partial^3 B_y/\partial z^3$，$\partial^5 B_y/\partial z^5$ 等抵消为零，即 $f_{0,0,3}=0$，$f_{0,0,5}=0$，实际上对 $f_{0,0,1}$ 影响最大的为 $f_{0,0,3}$，因此令 $f_{0,0,3}=0$，则

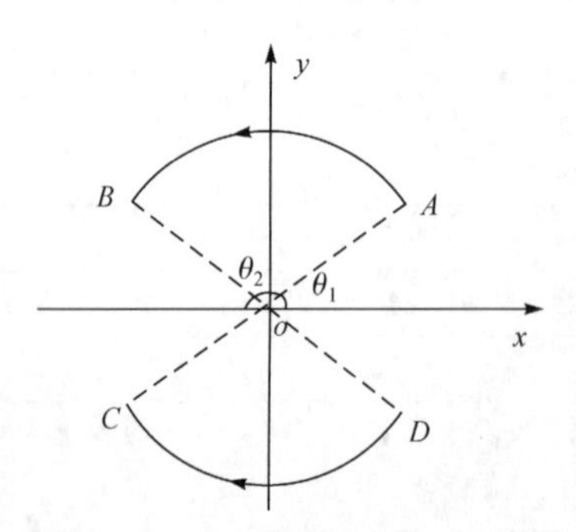

图 3.3.3　z 轴垂直面上电流分布

$$-3(3a^4-24a^2z_0^2+8z_0^4)(\cos\theta_1-\cos\theta_2)(a^2+z_0^2)^{-9/2}$$
$$+3(3a^4-24a^2z_0^2+8z_0^4)[\cos(\theta_1+\pi)-\cos(\theta_2+\pi)](a^2+z_0^2)^{-9/2}=0$$
$$(3.3.5)$$

从图 3.3.3 可知 $\cos\theta_1-\cos\theta_2\neq0$，式(3.3.5)化简得

$$3a^4-24a^2z_0^2+8z_0^4=0$$

因此，通过求解上式可得相应的解为 $z_0/a=\pm0.3615$，$z_0/a=\pm1.6939$（这里正负号分别表示线圈在 z 轴的正负半轴上）。当 $z_0/a=\pm1.6939$ 时，$f_{0,0,1}=-0.1609(\cos\theta_1-\cos\theta_2)$；当 $z_0/a=\pm0.3615$ 时，$f_{0,0,1}=-0.5433(\cos\theta_1-\cos\theta_2)$。即当 $z_0/a=\pm0.3615$ 时，在单位电流下能产生更大的磁场，实际制作时，选择 $z_0/a=\pm0.3615$ 结构的线圈。为了形成回路且对磁场影响较小，在远离中心区域的端部绕线与匀场线圈构成电流流通路径(图 3.3.4)。

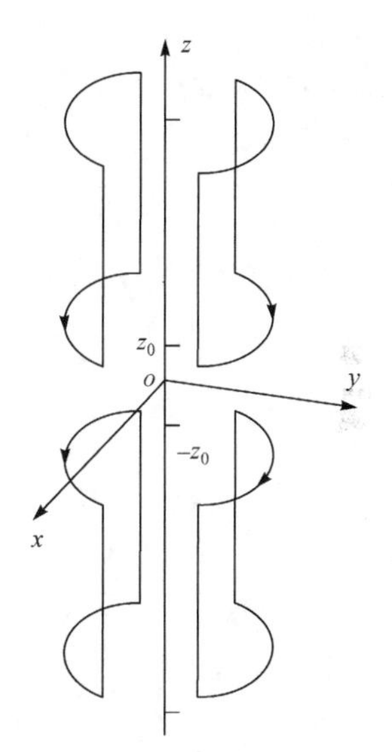

图 3.3.4　z 项一阶匀场线圈结构

针对上述结构，选择线圈所在柱面半径 a 为 55mm，线圈通 1A 电流。目标区域为中心半径为 20mm 的球体。目标区域内平面 yoz 磁场分布及 z 轴上磁场分布如图 3.3.5 所示。

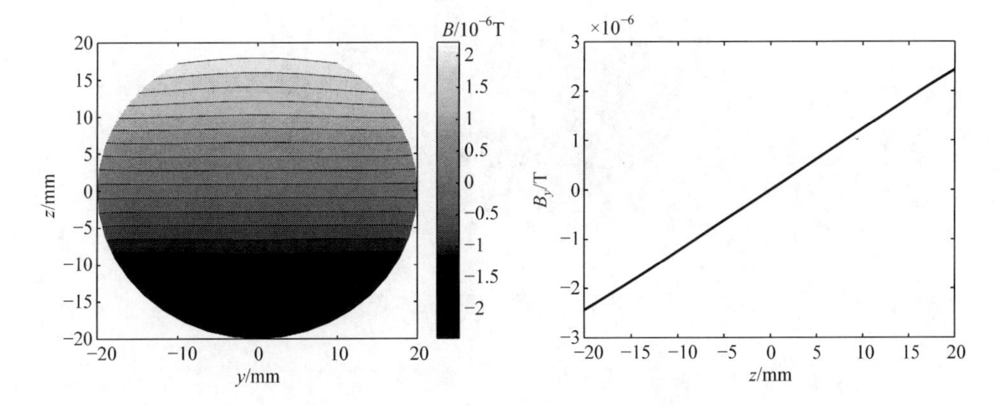

图 3.3.5　z 项一阶匀场线圈磁场分布

2. zy 项匀场线圈设计

zy 项匀场线圈与 z 项类似，而电流的对称关系应该表示为 $j_x(-y')=-j_x(y')$，$j_x(-z')=j_x(z')$，$\partial^2B_y/(\partial y\partial z)$之后不为零的项为$\partial^4B_y/(\partial y^3\partial z)$，因此

令圆弧展开式中 $f_{0,3,1}=0$。

$$45a(a^4-12a^2z_0^2+8z_0^4)[\cos(2\theta_1)-\cos(2\theta_2)][4(a^2+z_0^2)^{11/2}]^{-1}$$
$$+45a(a^4-12a^2z_0^2+8z_0^4)[\cos2(\theta_1+\pi)-\cos2(\theta_2+\pi)][4(a^2+z_0^2)^{11/2}]^{-1}=0 \tag{3.3.6}$$

求解得 $z_0/a=\pm0.298$。线圈结构如图 3.3.6 所示，目标区域内磁场分布如图 3.3.7 所示。

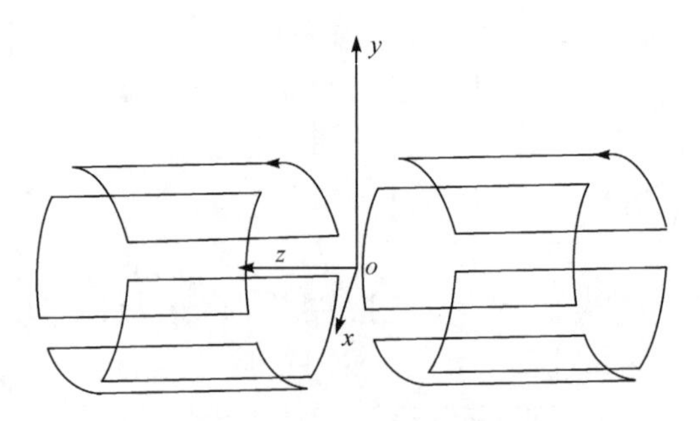

图 3.3.6 zy 项匀场线圈结构

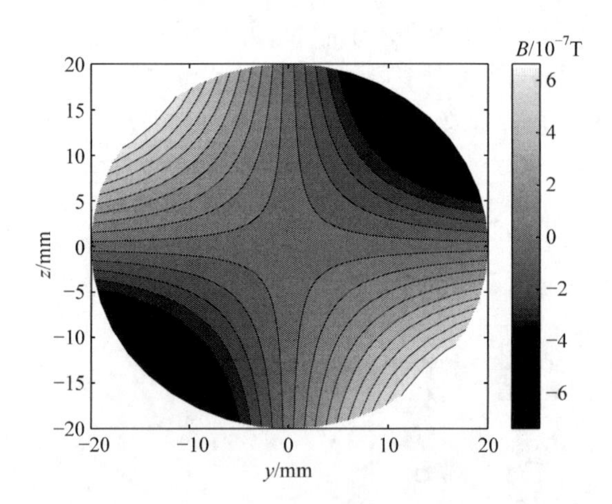

图 3.3.7 zy 项匀场线圈磁场分布

3. y 项一阶匀场线圈设计

y 项匀场线圈的电流满足：$j_x(-z')=-j_x(z')$，$j_x(-y')=j_x(y')$，此时只有 y 的各奇数阶系数不为零。令$\partial^3B_y/\partial y^3=0$，即 $f_{0,3,0}=0$ 可得到 y 的一阶项，取圆弧的角度为 180°和 0°时，同理，可以列出方程，解得 $z_0/a=\pm0.866$，实际线圈需采用两端角度略小于 180°的圆弧，加入有限长度直导线构成圆柱面上四个对称的鞍形线圈，线圈结构如图 3.3.8 所示，目标区域内磁场分布如图 3.3.9 所示。

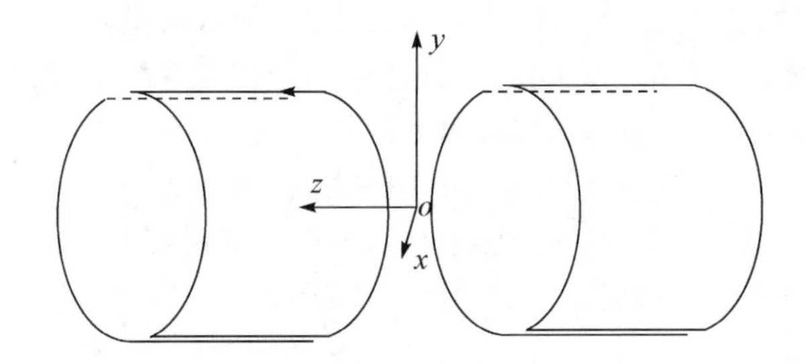

图 3.3.8　y 项一阶匀场线圈结构

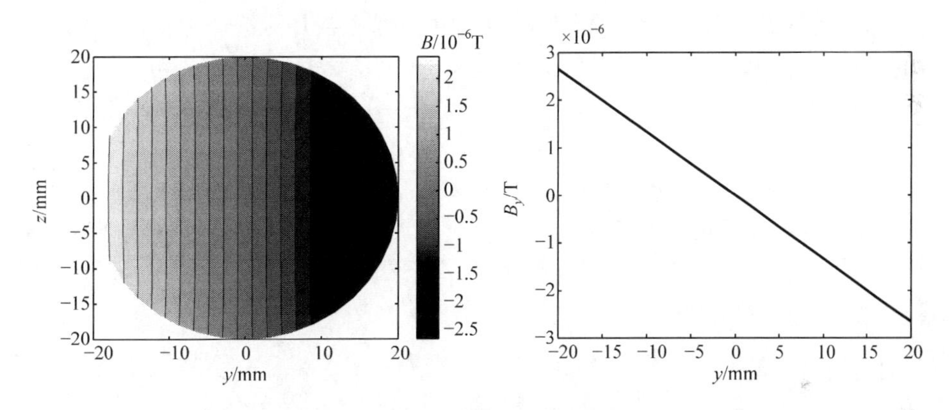

图 3.3.9　y 项一阶匀场线圈磁场分布

因此，通过上述方法，可以构造其他阶次的匀场线圈，如 y^2、z^2、x^2 等更高阶数的匀场线圈结构，对此更高阶匀场线圈结构的推导，读者可自行完成。

3.3.2　双极型永磁体梯度线圈及匀场线圈的传统设计方法

双极型永磁体结构(图 1.2.1)是双极板型，因此匀场线圈或者梯度线圈结构也采用双极板型，匀场线圈或者梯度线圈由简单的矩形和圆形的电流环组成，通过调整这种线圈的位置和尺寸，来实现消除不均匀磁场分量的目的或者得到某一特定大小的梯度磁场。

根据式(2.2.18)可知，永磁体静态磁场可以表示为球谐函数级数形式：

$$\Phi=-\sum_{n=1}^{\infty}\sum_{m=0}^{n}r^n\mathrm{P}_n^m(\cos\theta)\left[A_n^m\cos(m\psi)+B_n^m\sin(m\psi)\right] \tag{3.3.7}$$

式中，Φ 为标量磁位；$\mathrm{P}_n^m(\cos\theta)$为 n 阶 m 次连带勒让德函数。那么磁感应强度 z 向分量为

$$B_z=-\cos\theta\frac{\partial\Phi}{\partial r}+\frac{\sin\theta}{r}\frac{\partial\Phi}{\partial\theta} \tag{3.3.8}$$

根据第 2 章连带勒让德函数的正交性质，可知在式(3.3.7)中，每一项级数都

是相互正交的，因此在设计匀场线圈时，按照对应的阶次进行设计，则可以尽量减小每个匀场线圈中间的相互影响。在讨论磁场分布规律时，通常采用的是直角坐标系，因此将磁感应强度表达式在直角坐标系下表示：

$$\begin{aligned}B_z=&A_1^0+2A_2^0z+3A_2^1x+3B_2^1y+3A_3^0(2z^2-x^2-y^2)/2\\&+12A_3^1zx+12B_3^1zy+15A_3^2(x^2-y^2)+15B_3^2(2xy)\\&+A_4^0z[8z^2-15(x^2+y^2)]/2+15A_4^1x(4z^2-x^2-y^2)/2\\&+15B_4^1y(4z^2-x^2-y^2)/2+90A_4^2z(x^2-y^2)+90B_4^2z(2xy)\\&+105A_4^3x(x^2-3y^2)+105B_4^3y(3x^2-y^2)+\cdots\end{aligned}\tag{3.3.9}$$

与前面的设计理念一致，希望构造不同的线圈结构，能够产生抵消式(3.3.9)中的不均匀磁场分量(与坐标有关的分量)。根据毕奥-萨伐尔定理可知

$$B=\frac{\mu_0}{4\pi}\iiint\frac{\boldsymbol{J}(r)\times(\boldsymbol{r}-\boldsymbol{r}')\mathrm{d}v'}{|\boldsymbol{r}-\boldsymbol{r}'|^3}\tag{3.3.10}$$

式中，$\boldsymbol{J}$ 为电流密度；μ_0 为自由空间的磁导率；$\boldsymbol{r}$ 为场点坐标；$\boldsymbol{r}'$ 为电流源点坐标；$\mathrm{d}v'$ 为源点体积的增量。由于讨论的是双极板型的匀场线圈(或梯度线圈)结构的设计，假设电流分布处于 $z=\pm z_0$ 位置的平行平面，并忽略线圈厚度的影响，则线圈产生的磁感应强度为

$$B_z(x,y,z)=\frac{\mu_0}{4\pi}\iint\frac{[J_x(x',y',\pm z_0)(y-y')-J_y(x',y',\pm z_0)(x-x')]\mathrm{d}x'\mathrm{d}y'}{[(x-x')^2+(y-y')^2+(zmz_0)^2]^{\frac{3}{2}}}\tag{3.3.11}$$

式中，$J_x(x',y',\pm z_0)$、$J_y(x',y',\pm z_0)$ 是在 $z'=\pm z_0$ 的表面上单位长度的电流密度。形成的场以及它的任何导数都可以用式(3.3.11)来计算，样品中心点的坐标为 $x=y=z=0$。式(3.3.11)表明，如果 J_x 和 J_y 在 $\pm z_0$ 上是相等的，则在原点上 B_z 和关于两个电流平面 x 和 y 的所有导数都是相等的，产生这种类型的总梯度只是单个电流平面相应梯度两倍的结果。$\partial^n B_z/\partial z^n$ 在 n 为奇数时，会出现一个负号，因此这种类型的场在原点叠加后为 0。另外，如果两个平面的导体结构相同，但电流方向相反，那么 $z=0$ 位置的 B_z 为 0，因此关于 B_z 的任何高阶系数都为 0。

一般地，导体结构是关于 $x=0$ 和 $y=0$ 平面对称的，电流密度 J_x 和 J_y 在 $\pm x'$ 和 $\pm y'$ 上相差最大。另外，根据电流密度的散度为零，一个电流分量的对称性将决定另一个分量的对称性。

(1) 若 $J_y(x,y)=J_y(-x,y)$，则 $J_x(x,y)=-J_x(-x,y)$，在平面 $x=0$ 位置处 B_z 以及关于 B_z 的一切导数为 0；

(2) 若 $J_y(x,y)=-J_y(-x,y)$，则 $J_x(x,y)=J_x(-x,y)$，B_z 关于 x 的奇数阶为 0；

(3) 若 $J_x(x,y)=J_x(x,-y)$，则 $J_y(x,y)=-J_y(x,-y)$，在平面 $y=0$ 位置处 B_z 以及关于 B_z 的一切导数为 0；

(4) 若 $J_x(x,y)=-J_x(x,-y)$，则 $J_y(x,y)=J_y(x,-y)$，B_z 关于 y 的奇数阶为 0。

根据上述电流的对称性分析，选择梯度线圈或匀场线圈布线区域为矩形回路和圆环形回路两种情况进行讨论，具体详述如下。

1. 矩形回路的线圈结构

考虑到电流密度 J_x 是在 $y_0-\frac{\varepsilon}{2}\leqslant y'\leqslant y_0+\frac{\varepsilon}{2}$，$-x_0\leqslant x'\leqslant x_0$ 区间内产生磁场，因此对应的电流产生的磁感应强度公式如下：

$$B_z=\frac{\mu_0}{4\pi}\int_{y_0-\varepsilon/2}^{y_0+\varepsilon/2}\mathrm{d}y'(y-y')\times\int_{-x_0}^{x_0}\frac{\mathrm{d}x'J_x}{[(x-x')^2+(y-y')^2+(z-z')^2]^{\frac{3}{2}}} \tag{3.3.12}$$

这个表达式可以用来计算 B_z，通过交换 x 和 y 也有相应的 $-J_y$ 来产生 B_z。实际上，采用的线圈宽度远小于线圈的整体尺寸，将式(3.3.12)按照导线宽度 ε 的级数展开，含有 ε 的高阶项可以忽略，因此仅保留含有 ε 的一次项并将式(3.3.12)近似为

$$B_z=\frac{\mu_0 J_x\varepsilon(y-y_0)}{2\pi[(y-y_0)^2+(z-z_0)^2]}\times\left\{1-\frac{[(y-y_0)^2+(z-z_0)^2]^{\frac{1}{2}}/2}{x_0+x+[(y-y_0)^2+(z-z_0)^2]^{\frac{1}{2}}}\right.$$
$$\left.-\frac{[(y-y_0)^2+(z-z_0)^2]^{\frac{1}{2}}/2}{x_0-x+[(y-y_0)^2+(z-z_0)^2]^{\frac{1}{2}}}\right\} \tag{3.3.13}$$

当 $x_0\to\infty$ 时，导线为无限长，导线中的电流为 $I_x=J_x\varepsilon$，忽略导线宽度，则无限长直导线产生的磁感应强度表达式可以近似为

$$B_z=\frac{\mu_0 I_x(y-y_0)}{2\pi[(y-y_0)^2+(z-z_0)^2]} \tag{3.3.14}$$

尽管在多数情况下采用式(3.3.12)计算有限电流带所产生空间磁场分布要更为精确，但是采用式(3.3.14)也能从磁场的分布形态上较为准确地反映磁场的分布规律，在长直导线源点的磁场可以根据式(3.3.14)计算得到，通过对其求解关于 y 和 z 的各级导数可以知道导线产生的各阶分量。而对于与 x 有关的磁场分布，可以通过旋转线圈实现。

令 $\eta=y_0/z_0$，磁感应强度导数在原点的表达式为

$$A_1^0=\frac{\mu_0 I_x}{2\pi z_0}\frac{-\eta}{1+\eta^2} \tag{3.3.15}$$

$$\frac{\partial B_z}{\partial y}=\frac{\mu_0 I_x}{2\pi z_0^2}\frac{1-\eta^2}{(1+\eta^2)^2} \tag{3.3.16}$$

$$\frac{\partial B_z}{\partial z}=\frac{\mu_0 I_x}{2\pi z_0^2}\frac{-2\eta}{(1+\eta^2)^2} \tag{3.3.17}$$

$$\frac{\partial^2 B_z}{\partial y^2}=-\frac{\partial^2 B_z}{\partial z^2}=\frac{\mu_0 I_x}{2\pi z_0^3}\frac{2\eta(3-\eta^2)}{(1+\eta^2)^3} \tag{3.3.18}$$

$$\frac{\partial^2 B_z}{\partial y\partial z}=\frac{\mu_0 I_x}{2\pi z_0^3}\frac{2(1-3\eta^2)}{(1+\eta^2)^3} \tag{3.3.19}$$

$$\frac{\partial^3 B_z}{\partial y^3}=-\frac{\partial^3 B_z}{\partial y\partial z^2}=\frac{\mu_0 I_x}{2\pi z_0^4}\frac{-3!\ (1-6\eta^2+\eta^4)}{(1+\eta^2)^4} \tag{3.3.20}$$

$$\frac{\partial^3 B_z}{\partial z^3}=-\frac{\partial^3 B_z}{\partial y^2\partial z}=\frac{\mu_0 I_x}{2\pi z_0^4}\frac{-4!\ \eta(1-\eta^2)}{(1+\eta^2)^4} \tag{3.3.21}$$

$$\frac{\partial^4 B_z}{\partial y^4}=-\frac{\partial^4 B_z}{\partial y^2\partial z^2}=\frac{\partial^4 B_z}{\partial z^4}=\frac{\mu_0 I_x}{2\pi z_0^5}\frac{-4!\ \eta(5-10\eta^2+\eta^4)}{(1+\eta^2)^5} \tag{3.3.22}$$

$$\frac{\partial^4 B_z}{\partial y^3\partial z}=-\frac{\partial^4 B_z}{\partial y\partial z^3}=\frac{\mu_0 I_x}{2\pi z_0^5}\frac{-4!\ (1-10\eta^2+5\eta^4)}{(1+\eta^2)^5} \tag{3.3.23}$$

$$\frac{\partial^5 B_z}{\partial y^5}=-\frac{\partial^5 B_z}{\partial y^3\partial z^2}=\frac{\partial^5 B_z}{\partial y\partial z^4}=\frac{\mu_0 I_x}{2\pi z_0^6}\frac{5!\ (1-15\eta^2+15\eta^4-\eta^6)}{(1+\eta^2)^6} \tag{3.3.24}$$

$$\frac{\partial^5 B_z}{\partial z^5}=-\frac{\partial^5 B_z}{\partial y^2\partial z^3}=\frac{\partial^5 B_z}{\partial y^4\partial z}=\frac{\mu_0 I_x}{2\pi z_0^6}\frac{6!\ \eta(1-10\eta^2/3+\eta^4)}{(1+\eta^2)^6} \tag{3.3.25}$$

通过这些公式得到的导数近似于式(3.3.9)的各项系数，其中 A_1^0 项与均匀场相对应，故这里不考虑。由于对称性，仅考虑 $z=z_0$ 平面上的电流，相似地，电流 $J_x(x,y)$ 只单独考虑 x 和 y 大于 0 的情况。

1) 一阶匀场线圈

A_2^0 项是在式(3.3.9)中定义的，代表了$\partial B_z/\partial z$ 形式的磁场(即磁场按照 z 的一次方规律分布)，前面提到的对称性关系表明，在$\pm z_0$ 处电流的方向相反，则所有$\partial^n B_z/\partial y^n$、$\partial^n B_z/\partial x^n$ 项在原点为 0，$\partial^m B_z/\partial z^m$ 项中当 m 为偶数时在原点为零。要使线圈磁场为 z 的一次项，则需要 z 的 3 次项、5 次项等为零，由于 5 次项权重较小，所以令式(3.3.21)为零，求解得到 $\eta=1$，即 $y_0=z_0$(线圈的宽度 $2y_0$，两线圈间的距离为 $2z_0$)。此时，第一个高阶不均匀项由式(3.3.25)给出，通过泰勒展开式可以评价该截断误差，并且可以比较该不均匀分量的数量级。在 $\eta=1$ 的条件下该展开式有如下形式：

$$B_z(x,y,z)=-\frac{\mu_0 I_x z}{4\pi z_0^2}\left(1-4\times\frac{z^4-10z^2y^2+5y^4}{z_0^4}\right) \tag{3.3.26}$$

即使对于相对大的样品(目标区域尺寸达到 $0.25z_0$)，非期望项(误差项)低于期望项(目标期望值，此处为 z 的一次项)的 2%，该匀场线圈的结构如图 3.3.10 所示。

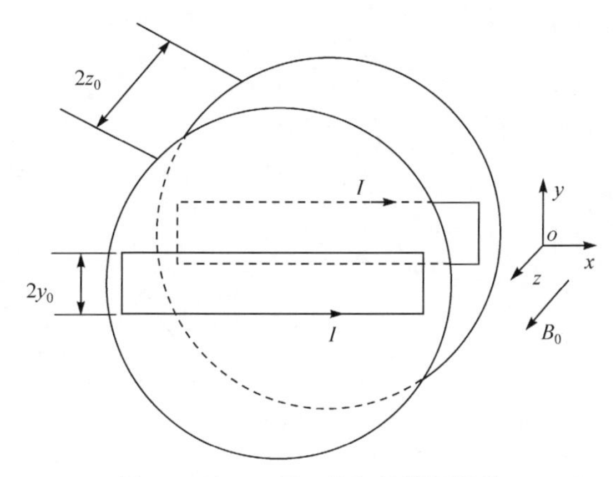

图 3.3.10　z 项一阶匀场线圈结构

图 3.3.11 为 z 项一阶匀场线圈的磁场分布，线圈极板间距为 160mm，目标区域为位于中心的半径为 20mm 的球形区域。根据线圈结构，将线圈绕 z 轴任意角度旋转，对磁场的分布规律没有影响。

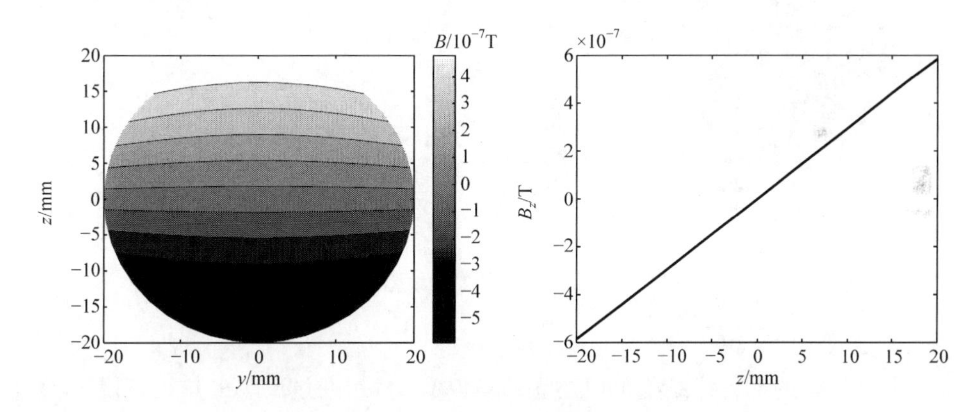

图 3.3.11　z 项一阶匀场线圈磁场分布

B_2^1 为 y 的一次项的系数，两个极板上的电流方向和大小相同，而且 $J_x(x,y)=+J_x(x,-y)$，使当 $y=0$ 时，B_z 的常数项 A_1^0 为零，因此磁场各分量中不会因电流对称性而抵消的第一个非期望项系数为$\partial^3 B_z/\partial y^3$。所以要使线圈产生的磁场满足 y 的一次项分布，则需要满足$\partial^3 B_z/\partial y^3=0$，那么有 $\eta^2=3\pm 2\sqrt{2}$或者 $\eta_1=\pm(\sqrt{2}+1)$、$\eta_2=\pm(\sqrt{2}-1)$。如果两个大小相同、方向相反的电流所在的位置对应两个正解，每个电流所贡献的$\partial B_z/\partial y$ 便会叠加。合成的矩形线圈宽度 $W=2z_0$，且距离中心位置 $y_c=\sqrt{2}z_0$，该匀场线圈的结构如图 3.3.12 所示，图 3.3.13 为 y 项一阶匀场线圈的磁场分布，线圈极板间距为 160mm，目标区域为位于中心的半径为 20mm 的球形区域。

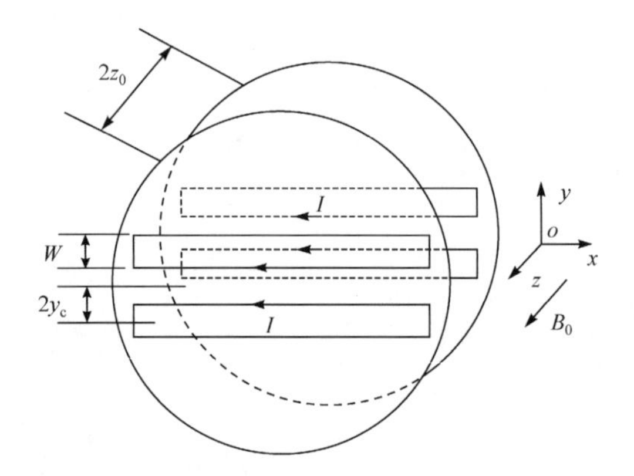

图 3.3.12　y 项一阶匀场磁场的线圈结构

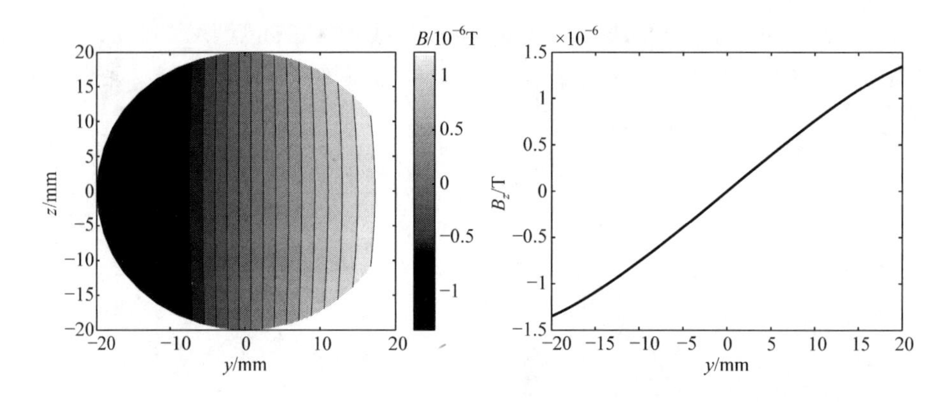

图 3.3.13　y 项一阶匀场线圈磁场分布

2）二阶匀场线圈

通过组合的平行线结构可以建立 A_3^0 和 A_3^2 分量，通过简单的排列可以产生两个新的正交项记为 A_3^{*0} 和 A_3^{*2}，按照式(3.3.9)的形式，新产生的两个正交项为 $A_3^{*0}(z^2-y^2)$和 $A_3^{*2}(z^2-x^2)$。这种新的组合形式有一个优点，仅一项就能达到两项的效果。为了产生 A_3^{*0} 项的分量，且$\partial^2 B_z/\partial y^2=-\partial^2 B_z/\partial z^2\neq 0$，两个极板上的电流大小和方向应该均相同，使得 n 为奇数时的$\partial^n B_z/\partial z^n$ 在平面 $z=0$ 上为零。当 $J_x(x,y)=-J_x(x,-y)$，在平面 $y=0$ 上 n 为奇数时，$\partial^n B_z/\partial y^n$ 为零。根据这些条件，单根导线电流不能产生期望的匀场项，如果大小相等、方向相反的两个电流对应到 η_1 和 η_2，为了使 B_z 在原点为零，有 $\eta_2=1/\eta_1$，$\partial^2 B_z/\partial y^2$ 为

$$\frac{\partial^2 B_z}{\partial y^2}=\frac{\mu_0 I_x}{2\pi z_0^3}\frac{6\eta_1(1-\eta_1^4)}{(1+\eta_1^2)^3}$$

这里依然有一个待定参数 η_1，但是没有合适的 η_1 值可以使$\partial^4 B_z/\partial y^4$ 为零的

同时保持$\partial^2 B_z/\partial y^2$有限，在$\eta_1=\sqrt{2}-1$时会使$\partial^2 B_z/\partial y^2$达到最大值。如果不同大小的电流按照图3.3.14分布，那么四阶项就会消失。一个获得使$\partial^4 B_z/\partial y^4$为零的简单方法就是找到$\eta$的值，令式(3.3.22)为0，得到$\eta_1^2=5+2\sqrt{5}$，$\eta_2^2=5-2\sqrt{5}$，对两个线圈中电流的比例进行调整就会使原点的场为0，有$I_1/I_2=-1.617$。这里没有必要要求每个电流产生的四阶项为零，只需要总体的$\partial^4 B_z/\partial y^4$为零。因此，对于任意$\eta_1$，都可以找到对应的$\eta_2$和电流比例$-I_1/I_2$使得$\partial^4 B_z/\partial y^4$和$B_z$在原点为0。

按照上述参数得到的y^2-z^2项匀场线圈结构产生的磁场分布如图3.3.15所示。

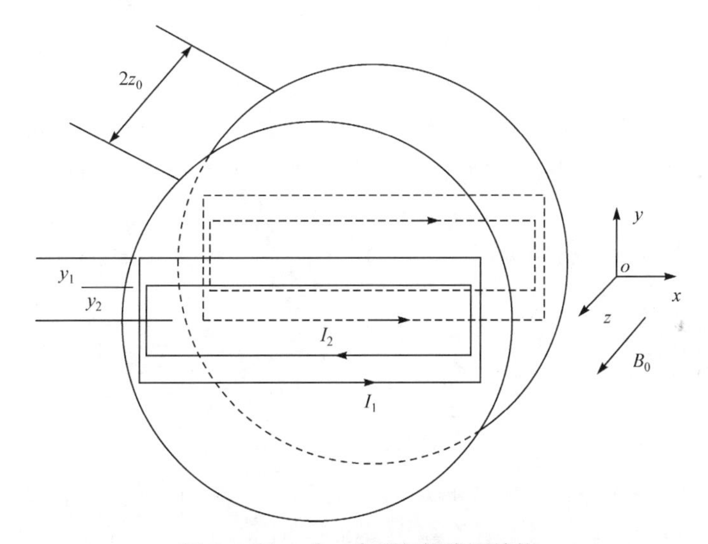

图3.3.14　y^2-z^2项匀场线圈结构

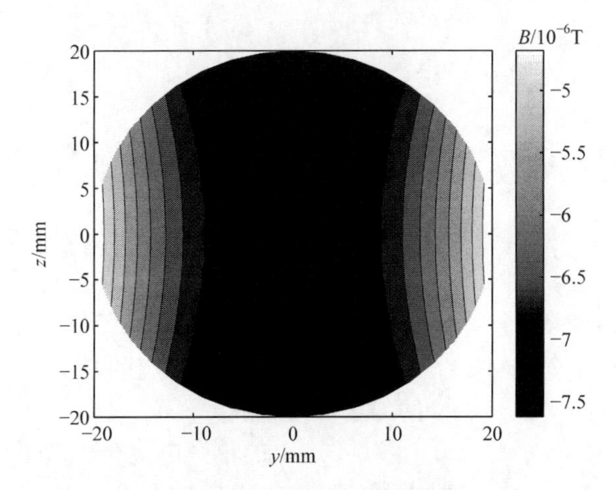

图3.3.15　y^2-z^2项匀场线圈磁场分布

前文叙述了 A_3^{*0} 项的构造方法，产生 A_3^{*2} 项的方法与产生 A_3^{*0} 项的方法相同，只需要将 A_3^{*2} 项匀场线圈结构绕 z 轴旋转 90°。

抵消磁场不均匀项 $\partial^2 B_z/(\partial x\partial y)$ 中 B_3^2 项匀场线圈结构的构造方法具体描述为：绕 z 轴旋转 45°外，产生 B_3^2 项的方法与产生 A_3^2 项方法相同。A_3^2 项可以由电流大小相同、方向相反的 A_3^{*0} 项和 A_3^{*2} 项匀场线圈结构来产生，因此当这个结构的 A_3^{*0} 项和 A_3^{*2} 项匀场线圈连接电流后旋转 45°就会得到需要的 B_3^2 项了。利用等式(3.3.22)为 0 可以求解得到 $\eta^2=5\pm2\sqrt{5}$，其中 $\eta^2=5-2\sqrt{5}$ 会产生最大的 $\partial^2 B_z/\partial y^2$，因此选择后者，这种情况下匀场线圈结构如图 3.3.16 所示，线圈的宽度 $W=1.452z_0$。

产生 B_3^1 项即 $\partial^2 B_z/(\partial y\partial z)$ 匀场项，在 $\pm z_0$ 处电流相反会使得在 $z=0$ 平面的 $\partial^n B_z/\partial z^n$ 和 B_z 为零，当 $J_x(x,y)=J_x(x,-y)$，常数项也会在 $y=0$ 平面上为零。根据式(3.3.22)，更高次项不会消失($\partial^4 B_z/(\partial z\partial y^3)=-\partial^4 B_z/(\partial z^3\partial y)$)，当 η 约为 1.376 或 0.325 时，这一项刚好为零，其中较小的 η 可以产生更大的匀场项期望值。这种线圈结构与图 3.3.16 中的一样，线圈位于 $z=\pm z_0$ 平面上，最终的矩形线圈中心位置 $y_c=0.850z_0$，宽度 $W=0.052z_0$。B_3^1 项的补偿片绕 z 轴旋转 90°，就是 A_3^1 项的匀场项 $\partial^2 B_z/(\partial z\partial x)$。

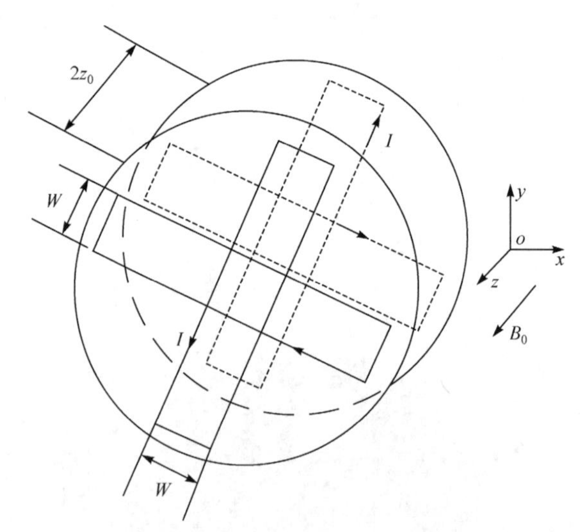

图 3.3.16　产生 xy 项磁场的线圈结构

3) 高阶匀场线圈

首先讨论与 y 有关的三次项，在式(3.3.9)中对应的是 B_4^1 项和 B_4^3 项。这两项线性组合会产生 $y(y^2-3z^2)$ 的匀场项，由位于平面 $z=\pm z_0$ 上相同的电流分布来产生，其中 $J_x(x,y)=J_x(x,-y)$。$\eta=1$ 的单一电流会生成不包含低阶匀场项的磁场，位置满足 η_1 和 η_2 大小相等、方向相反的两个电流，当 $\eta_2^2=(\eta_1^2+3)/$

(η_1^2-1)时，非期望的不均匀项$\partial B_z/\partial y$将会为零。为了最大化所期望的匀场项，η_1和η_2应该尽可能趋近于同一个值，当$\eta_1=\eta_2=\sqrt{3}$时所期望的匀场项磁感应强度在原点处为 0。

对于 y 的四阶匀场线圈的设计可以采用同样的思路设计，在 $z=\pm z_0$ 平面上使用相同的电流分布，满足 $J_x(x,y)=-J_x(x,-y)$，在 $z=\pm z_0$ 的上半平面上不同量级、方向相反的两个电流会使常数项和二次项$\partial^2 B_z/\partial y^2=-\partial^2 B_z/\partial x^2$ 抵消为零。通过求解这种情况下的式(3.3.15)和式(3.3.18)得到电流的位置与大小的关系：$\eta_2^2=3(2+\eta_1^2)/(\eta_1^2-3)$，$I_2/I_1=-\eta_1(1+\eta_2^2)/[(1+\eta_1^2)\eta_2]$。对于其他的高阶匀场项，可以采用同样的方法实现，本书就不再一一列举。

2. 圆环结构的匀场线圈

圆环线圈结构如图 3.3.17 所示，位于 $z=z_0$ 平面，圆环中心点(x_0,y_0,z_0)，在空间中线圈产生的磁感应强度为

$$B_z=\frac{\mu_0 I}{2\pi[(a+\rho)^2+(z-z_0)^2]^{\frac{1}{2}}}\times\left[K(k)+\frac{a^2-\rho^2-(z-z_0)^2}{(a-\rho)^2+(z-z_0)^2}E(k)\right] \tag{3.3.27}$$

式中，a 为线圈的半径；$\rho=\sqrt{(x-x_0)^2+(y-y_0)^2}$为目标场点距离线圈中心的距离；第一类椭圆积分 $K(k)=\int_0^{\pi/2}\frac{\mathrm{d}\alpha}{\sqrt{1-k^2\sin^2\alpha}}$；第二类椭圆积分 $E(k)=\int_0^{\pi/2}\sqrt{1-k^2\sin^2\alpha}\,\mathrm{d}\alpha$；$k^2=4a\rho/[(a+\rho)^2+(z-z_0)^2]$。

z 轴上磁感应强度的 z 向分量可以简化为

$$B_z=\frac{\mu_0 I a^2}{2[a^2+(z-z_0)^2]^{\frac{3}{2}}} \tag{3.3.28}$$

当 $\alpha=a/z_0$ 且 $z=0$ 时，各匀场项系数表达式为

$$A_1^0=\frac{\mu_0 I}{2z_0}\frac{\alpha^2}{(1+\alpha^2)^{\frac{3}{2}}} \tag{3.3.29}$$

$$\frac{\partial B_z}{\partial z}=\frac{\mu_0 I}{2z_0^2}\frac{3\alpha^2}{(1+\alpha^2)^{\frac{5}{2}}} \tag{3.3.30}$$

$$\frac{\partial^2 B_z}{\partial z^2}=-2\frac{\partial^2 B_z}{\partial \rho^2}=\frac{\mu_0 I}{2z_0^3}\frac{3\alpha^2(4-\alpha^2)}{(1+\alpha^2)^{\frac{7}{2}}} \tag{3.3.31}$$

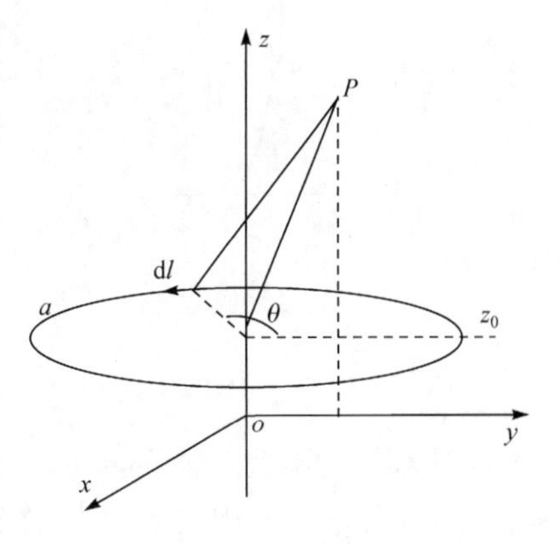

图 3.3.17　圆环线圈结构

$$\frac{\partial^3 B_z}{\partial z^3}=-2\frac{\partial^3 B_z}{\partial z\partial\rho^2}=\frac{\mu_0 I}{2z_0^4}\frac{15\alpha^2(4-3\alpha^2)}{(1+\alpha^2)^{\frac{9}{2}}} \tag{3.3.32}$$

$$\frac{\partial^4 B_z}{\partial z^4}=-2\frac{\partial^4 B_z}{\partial z^2\partial\rho^2}=4\frac{\partial^4 B_z}{\partial\rho^4}=\frac{\mu_0 I}{2z_0^5}\frac{45\alpha^2(8-12\alpha^2+\alpha^4)}{(1+\alpha^2)^{\frac{11}{2}}} \tag{3.3.33}$$

$$\frac{\partial^5 B_z}{\partial z^5}=-2\frac{\partial^5 B_z}{\partial z^3\partial\rho^2}=4\frac{\partial^5 B_z}{\partial z\partial\rho^4}=\frac{\mu_0 I}{2z_0^6}\frac{45\alpha^2(56-140\alpha^2+35\alpha^4)}{(1+\alpha^2)^{\frac{13}{2}}} \tag{3.3.34}$$

1）一阶匀场线圈

先考虑 A_2^0 项的梯度 $\partial B_z/\partial z$，围绕 z 轴 $\alpha=2/\sqrt{3}$ 的屏蔽电流回路会消除等式(3.3.32)的三次项并会产生期望梯度。第一个不期望项在式(3.3.34)中给出，线圈产生磁场的磁感应强度的展开式如下：

$$B_z\approx\frac{\mu_0}{2z_0}\left[\frac{3\alpha^2 z}{(1+\alpha^2)^{\frac{5}{2}}z_0}\right]\left[1+\frac{56-140\alpha^2+35\alpha^4}{8(1+\alpha^2)^4}\left(\frac{z}{z_0}\right)^4\right] \tag{3.3.35}$$

因此，当 $z/z_0=0.25$ 和 $\alpha=2\sqrt{3}$ 时样品范围内的非期望场梯度变化是期望梯度的1%，该线圈结构如图 3.3.18 所示。

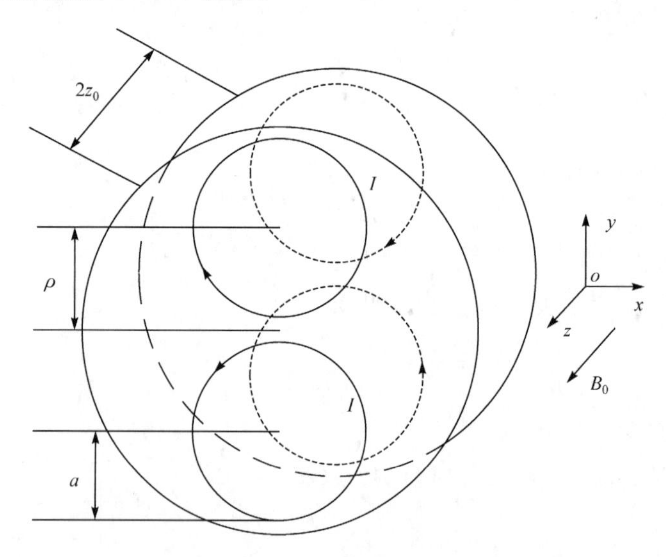

图 3.3.18 产生 y 的一次项磁场的线圈结构

将这种结构围绕 z 轴旋转 90°，就会得到梯度 $\partial B_z/\partial x$。其他 ρ/a 也可以尝试，本书只列举了一个简单的示例，并没有对其最佳比率进行优化，读者可自行寻优。

2）二阶匀场线圈

式(3.3.9)中的 A_3^0 项对应二次项 $\partial^2 B_z/\partial z^2=-2\partial^2 B_z/\partial x^2=-2\partial^2 B_z/\partial y^2$，令式(3.3.33)等于 0 可以得到 $\alpha_1^2=6+2\sqrt{7}$，$\alpha_2^2=6-2\sqrt{7}$。采用双回路电流结构会使

得常数项在原点为零，需要两个线圈中的电流比为 $I_1/I_2 \approx 1.20$，其结构如图 3.3.19 所示。

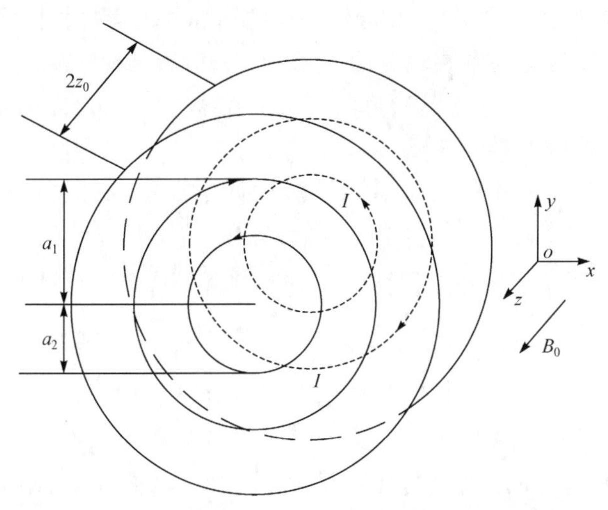

图 3.3.19　产生 $2z^2-x^2-y^2$ 匀场项磁场的线圈结构

3）高阶匀场线圈

对于 y 的三次项，即系数 $\partial^3 B_z/\partial y^3$，采用与产生 $\partial B_z/\partial y$ 匀场项类似的线圈结构(图 3.3.18)，通过与上述方法类似的过程可以得到线圈结构满足的关系：$z/a=3.6$，$\rho/a\approx 0.55$ 或 1.40。在 z 轴中心 $z'=\pm z_0$ 用两个同心线圈结构(图 3.3.19)可以产生 $4\partial^4 B_z/\partial y^4=\partial^4 B_z/\partial z^4$ 项。因此，在式(3.3.29)和式(3.3.31)中额外增加了其他线圈产生的磁场项，当两个线圈半径满足 $\alpha_2^2=(4\alpha_1^2+9)/(\alpha_1^2-4)$ 且线圈中的电流满足下述关系时，线圈产生的磁场正好为 y 的三次项：

$$\frac{I_1}{I_2}=\frac{(1+\alpha_1^2)^{\frac{3}{2}}\alpha_2^2}{(1+\alpha_2^2)^{\frac{3}{2}}\alpha_1^2} \tag{3.3.36}$$

上述圆形结构线圈和矩形结构线圈虽然在一定程度上能够产生特定分布的磁场，但是同样会引入其他的高阶分量，要真正实现高精度的匀场线圈结构设计，还需要在这些线圈的基础上进行优化调节，而调节过程也是非常复杂的，因此对于更高阶的匀场线圈或者要实现更高均匀度的匀场，仅采用这种方法还是不够的，需要与其他方法结合，如下面将要描述的智能算法优化方法以及逆问题设计方法等。

3.4　数值优化方法

3.4.1　智能算法优化方法

3.1～3.3 节介绍线圈设计方法都是以解析方法为基础的，通过分析不同线圈结构对应的磁场分布,从中寻找规律并进行线圈的简单重组,从而得到能够满足不同磁场分布的线圈结构。这类方法极度依赖设计人员的设计经验,智能算法优化方法是建立在数值优化方法上的,最优绕线结构的选取通过数值优化方法计算得到,目前常用的算法主要有共轭梯度下降法[3,4]、Levenberg-Marquardt 算法[5]、模拟退火(simulated annealing,SA)算法[6,7]、遗传算法[8]、混合优化算法[9]以及神经网络算法[10]和模糊集算法[11]等。

Crozier 和 Doddrell 用模拟退火算法设计了有限长梯度线圈,在此做简要说明。

(1) 需要构造最小化误差函数,该函数由梯度线圈的一些性能指标组成,即

$$E = \sum_{i=1}^{N} k_1 (G_i - G_{AV})^2 + \frac{k_2}{G_{AV}} + k_3 L + k_4 B_{out} + \cdots \tag{3.4.1}$$

式中,G_i是目标区域第 i 个点的梯度;G_{AV}是目标区域内平均梯度;L 是线圈电感;B_{out}是自屏蔽区域外的场残差;$k_1 \sim k_4$ 是式中各项的权重。式(3.4.1)中最小化的各项分别对应梯度线圈性能指标中的线性度、效率、电感和自屏蔽因素。

(2) 为线圈结构选取一个任意的初始点 S,并计算对应的误差 $E(S)$值,再对绕线位置或绕线电流做小的更改,计算对应的 $E(S')$值和增量 $\Delta E = E'(S) - E(S)$。

(3) 若 $\Delta E < 0$,则接受 S'作为新的当前解,否则计算概率 $e^{-\Delta E/T}$接受 S'作为新的当前解。最初使用较高 T 值时,任意的 ΔE 均能满足概率要求。

(4) 当新解被确定接受时,用新解代替当前解,并修正误差函数 E,从而实现了一次迭代。再重复步骤(2)~(4),进行循环迭代。

(5) 随着温度系数 T 的逐渐减小,能满足替换条件的点越来越少。以在某一个温度 T 下连续若干个新解都没有被接受时作为循环的终止条件。

模拟退火算法是一种以概率收敛于全局最优解的全局优化算法。之后 Tomasi 等[12] 也采用模拟退火算法设计了一种快速优化方法,设计了自屏蔽平面梯度线圈。Adamiak 采用共轭梯度下降法,构造了最小化目标函数 $f(\boldsymbol{B}) = \int_V [\boldsymbol{B}(x,y,z) - G_0 y]^2 \mathrm{d}V$,$\boldsymbol{B}(x,y,z)$ 通过毕奥-萨伐尔定律计算,按 $\boldsymbol{B}(x,y,z)$ 梯度方向进行绕线位置的迭代替换,求解得到函数 $f(\boldsymbol{B})$ 的最小。Adamiak 的组合优化算法将共轭梯度下降法和模拟退火算法结合在一起,进行最小化函数的全局寻优。采用共轭梯度下降法和有限元方法结合的优化算法,可设计结构较复杂的梯度线圈[13],也有学者采用遗传算法用于平面梯度线圈的设计[14]。

不过这类数值优化方法也只能应用于较为简单的线圈结构设计,但是要得到更为优越的线圈结构,则往往需要和其他方法相结合,同时也需要研究者具有大量的先验知识,其难点主要是人为构造特定的导线类型,这也是这类方法不适合相对

复杂的线圈结构设计的原因。

3.4.2　矩阵求逆方法

运用有限元方法计算线圈磁场，可以设计出任意形状的梯度线圈，矩阵求逆方法就是其中一种。对于螺线管结构，如果产生的场很均匀，则轴线上任意一点 z_m 处的轴向磁场强度为

$$H_z(z_m) = \sum_{n=1}^{N} A_{mn} I_n \tag{3.4.2}$$

式中，A_{mn} 为

$$A_{mn} = \frac{\mu_0 a^2}{2[(z_m - z_n)^2 + a^2]^{3/2}} \tag{3.4.3}$$

I_n 为螺线管中第 n 匝线圈通过的电流；z_n 为第 n 匝线圈上的一点；a 为螺线管的半径。它在 z 轴上取 m 个场点，将螺线管线圈离散为 n 个电流元，z_m 点处的场为 n 个电流元在该处产生的磁场和。A_{mn} 为系数矩阵的元素，如果矩阵可逆，就能通过给定的磁场强度 H_z 求出电流密度分布，并组合成适当匝数的螺线管线圈，否则就是奇异矩阵，为病态问题，求解结果可能导致电流从一匝到另一匝突变，甚至线圈结构怪异。

在计算复杂的横向梯度线圈时，Compton[15] 提出了一种通过预先设定好误差，再根据要求的梯度场计算得到分布式弧形线圈的设计方法。其核心思想是，把圆柱面线圈分割成 2048 个单元，然后给定误差范围，计算在目标区域产生指定梯度场所需要的在每个线圈单元内流通的电流大小。

与式(3.4.3)相同，根据毕奥-萨伐尔定律可以得到位置 k 处产生的轴向磁场强度：

$$H_{zk} = \sum_{j=1}^{n} A_{kj} I_j \tag{3.4.4}$$

式中，A_{kj} 表示表面元素区域 j 处电流 I_j 在 k 处产生的磁场密度系数。

目标区域期望的轴向磁场为 H_{zk}^0，则实际磁场与期望磁场之差为

$$E = \sum_{k=1}^{n} E_k^2 = \sum_{k=1}^{n} (H_{zk}^0 - H_{zk})^2 \tag{3.4.5}$$

为了最小化误差 E，令式(3.4.5)对表面电流元素 I_j 的偏导数为零，从而得到由 n 个线性方程构成的方程组。通过矩阵求逆或高斯消去法，可以求解出表面单元电流 I_j。最后对表面电流积分可得到电流路径。

这种方法可以很好地设计出横向和纵向梯度线圈，且经测量，线圈产生的目标区域磁场与计算结果基本一致。但线圈单元较多，导致计算量大，并且电感和能耗都不能作为约束条件参与计算。因此，Schweikert 等[16] 和 Wong 等[17] 在此基础上

进行了改进。Schweikert 等[16]以螺线管线圈的能耗作为最优化目标，加入场点的拉格朗日乘子进行优化计算。其线圈的能耗定义为

$$P = \sum_{j}^{n} R_j I_j^2 \tag{3.4.6}$$

为了获得最佳线圈结构，增加下述约束条件：

$$\sum_{j}^{n} B_{jk} = B_{Tk} \tag{3.4.7}$$

式中，B_{jk}是第 j 个电流元 I_j 在第 k 个目标场点处产生的磁场；B_{Tk}是第 k 个场点的期望磁场值。定义带有拉格朗日乘子 λ_k 的目标函数为 $\Phi(I_j)$：

$$\Phi(I_j) = P + \sum_{k}^{N} \lambda_k \left(\sum_{j}^{n} B_{jk} - B_{Tk} \right) \tag{3.4.8}$$

式(3.4.8)求最小值，需对 I_j 和 λ_k 求导，得到 $n+N$ 个方程。求解矩阵可以分解为一个 $N \times N$ 矩阵和一个 $n \times n$ 矩阵，前者的求解与线圈剖分单元的个数 n 无关，给出拉格朗日乘子，后者不需要求解。因此，即使是本质上连续的电流密度也能得以求解。最优化电流为

$$I_j = -\frac{\sum_{k}^{N} A_{jk} \lambda_k}{2R_j} \tag{3.4.9}$$

离散化柱面连续电流密度，只需要将 $\mathrm{d}I = i(r,\varphi,z)\mathrm{d}r\mathrm{d}z$ 替换 I_j，$(\mathrm{d}r\mathrm{d}z)/[\rho(r,\varphi,z)\mathrm{d}r\mathrm{d}\varphi]$ 替换 $1/R_j$，$A_k(r,\varphi,z)$ 替换 A_{jk}。其中 ρ 是电阻率，i 是电流密度。运用此方法可以设计出低能耗、高均匀性的梯度线圈。

Wong 等[17]为了解决上述设计中存在的问题，即线圈位置不可更改，且线圈匝数小，计算不准确，计算时间长等，提出了在优化算法中加入线圈单元的位置因素，并采用共轭梯度下降法以加速算法的设计思路。该方法可以在固定线圈匝数的情况下，设计出最优的线圈结构，设计的线圈比传统方法设计的线圈能耗更小。但是若增加线圈匝数，该方法所需要的计算时间将快速增长。

参考文献

[1] Roméo F, Hoult D I. Magnet field profiling: Analysis and correcting coil design[J]. Magnetic Resonance in Medicine, 1984, 1(1): 44-65.

[2] Bejamin W A. Mathematical Methods of Physics[M]. 2nd ed. New York: Addision-Wesley, 1976: 85-86.

[3] Lu H, Jesmanowicz A, Li S J, et al. Momentum-weighted conjugate gradient descent algorithm for gradient coil optimization[J]. Magnetic Resonance in Medicine, 2004, 51(1): 158-164.

[4] Adamiak K, Rutt B K, Dabrowski W J. Design of gradient coils for magnetic resonance imaging[J]. IEEE Transactions on Magnetics, 1992, 28(5): 2403-2405.

[5] Villa M,Savini A,Mustarell P. Design of optimized gradient systems for magnetic resonance imaging[C]. Proceedings of the Annual International Conference of the IEEE Engineering in Engineering in Medicine and Biology Society,1989,2:605-606.

[6] Crozier S,Doddrell D M. A design methodology for short,whole-body,shielded gradient coils for MRI[J]. Magnetic Resonance Imaging,1995,13(4):615-620.

[7] Crozier S,Doddrell D M. Gradient-coil design by simulated annealing[J]. Journal of Magnetic Resonance,1993,103(3):354-357.

[8] Fisher B J,Dillon N,Carpenter T A,et al. Design of a biplanar gradient coil using a genetic algorithm[J]. Magnetic Resonance Imaging,1997,15(3):369-376.

[9] Adamiak K,Czaja A J,Rutt B K. Optimizing strategy for MR imaging gradient coils[J]. IEEE Transactions on Magnetics,1994,30(6):4311-4313.

[10] Marinova I,Panchev C,Katsakos D. A neural network inversion approach to electromagnetic device design[J]. IEEE Transactions on Magnetics,2000,36(4):1080-1084.

[11] Sanchez H,Liu F,Trakic A,et al. Three-dimensional gradient coil structures for magnetic resonance imaging designed using fuzzy membership functions[J]. IEEE Transactions on Magnetics,2007,43(9):3558-3566.

[12] Tomasi D,Caparelli E C,Panepucci H,et al. Fast optimization of a biplanar gradient coil set[J]. Journal of Magnetic Resonance,1999,140(2):325-339.

[13] Shi F,Ludwig R. Magnetic resonance imaging gradient coil design by combining optimization techniques with the finite element method[J]. IEEE Transactions on Magnetics,1998,34(3):671-683.

[14] Williams G B,Fisher B J,Huang L H,et al. Design of biplanar gradient coils for magnetic resonance imaging of the human torso and limbs[J]. Magnetic Resonance Imaging,1999,17(5):739-754.

[15] Compton R A. Gradient-coil apparatus for a magnetic resonance system: US, US4456881[P]. 1984-06-26.

[16] Schweikert K H,Krieg R,Noack F. A high-field air-cored magnet coil design for fast-field-cycling NMR[J]. Journal of Magnetic Resonance,1988,78(1):77-96.

[17] Wong E C,Jesmanowicz A,Hyde J S. Coil optimization for MRI by conjugate gradient descent[J]. Magnetic Resonance in Medicine,2010,21(1):39-48.

第 4 章　梯度线圈及匀场线圈逆问题设计方法

4.1　传统目标场方法

目标场方法最早由英国的 Turner[1] 提出，设计者可以指定梯度磁场的期望分布，将其作为目标，逆向推导相应的梯度线圈结构。该方法的提出大大提高了梯度线圈的性能和效率，并在此基础上衍生出一系列设计方法。把按照 Turner 的思路发展起来的目标场方法称为传统目标场方法。

4.1.1　目标场方法

以最常用的超导磁体系统为例，图 4.1.1 为超导磁体简易结构图，成像目标区域内，静态磁场方向指向超导线圈的轴向，所以梯度磁场的方向也是轴向。在分析梯度磁场分布时，通常以超导线圈轴向作为 z 轴，即主磁场 $\boldsymbol{B}_0$ 方向。

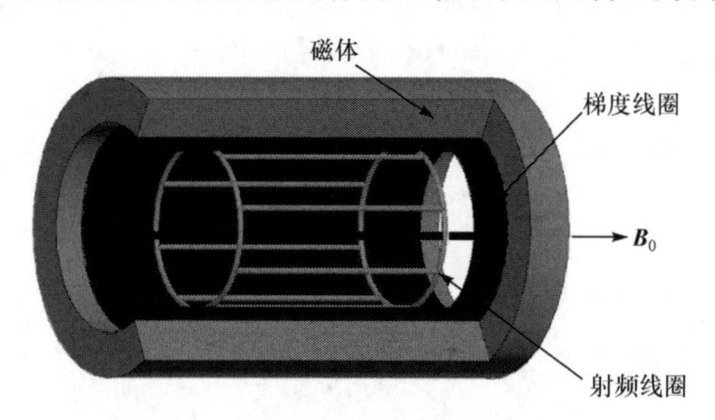

图 4.1.1　超导线圈系统结构示意图

因为梯度线圈和匀场线圈的布线区域是超导圆柱腔体的侧面，所以建立柱坐标系进行讨论，图 4.1.2 为梯度线圈计算示意图。

如图 4.1.2 所示，假设梯度线圈分布在半径为 a 的圆柱侧面，为简化问题，先假设梯度电流是理想的面电流，因为电流只分布在固定半径的弧面上，所以电流密度只有两个方向分量：J_φ 和 J_z，可以得到以傅里叶-贝塞尔系数展开表达的轴向磁场[1,2]。

根据拉普拉斯公式$\boldsymbol{\nabla}^2\Phi=0$，在柱坐标系下展开得到

$$\frac{1}{\rho}\frac{\partial}{\partial\rho}\left(\rho\frac{\partial\Phi}{\partial\rho}\right)+\frac{1}{\rho^2}\frac{\partial\Phi^2}{\partial\varphi^2}+\frac{\partial\Phi^2}{\partial z^2}=0 \tag{4.1.1}$$

采用分离变量法：令 $\Phi(\rho,\varphi,z)=R(\rho)\phi(\varphi)Z(z)$，将其代入式(4.1.1)得

$$\frac{\mathrm{d}^2 Z(z)}{\mathrm{d}z^2}+k^2 Z(z)=0 \tag{4.1.2}$$

$$\frac{\mathrm{d}^2 \phi(\varphi)}{\mathrm{d}\phi^2}+m^2 \phi(\varphi)=0 \tag{4.1.3}$$

$$\rho^2\frac{\mathrm{d}^2 R(\rho)}{\mathrm{d}\rho^2}+\rho\frac{\mathrm{d}R(\rho)}{\mathrm{d}\rho}-(m^2+k^2\rho^2)R(\rho)=0 \tag{4.1.4}$$

式(4.1.2)和式(4.1.3)的解为

$$Z(z)=\mathrm{e}^{\pm \mathrm{i}kz},\quad \phi(\varphi)=\mathrm{e}^{\pm \mathrm{i}m\varphi} \tag{4.1.5}$$

其中，$\mathrm{i}^2=-1$。方程(4.1.4)为贝塞尔方程，其特征解为

$$R(\rho)=A_m \mathrm{I}_m(|k|\rho)+\mathrm{K}_m(|k|\rho) \tag{4.1.6}$$

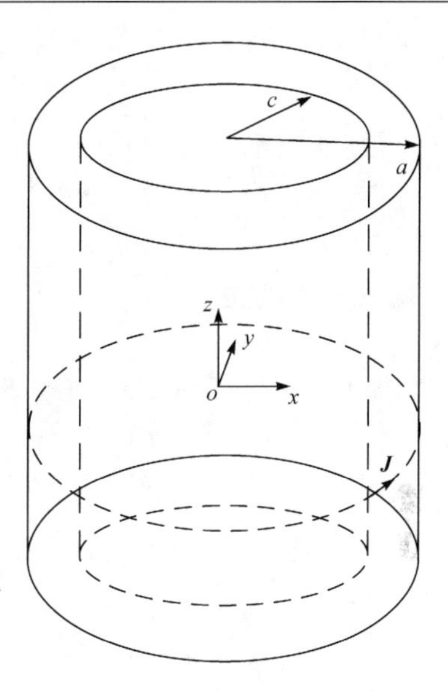

图 4.1.2　梯度线圈计算示意图

因此，可以得到

$$\Phi(\rho,\varphi,z)=\begin{cases}\displaystyle\int_{-\infty}^{\infty}\sum_{m=-\infty}^{\infty}\mathrm{e}^{\mathrm{i}m\varphi}\mathrm{e}^{\mathrm{i}kz}A_m(k)\mathrm{I}_m(|k|\rho), & \rho<a\\ \displaystyle\int_{-\infty}^{\infty}\sum_{m=-\infty}^{\infty}\mathrm{e}^{\mathrm{i}m\varphi}\mathrm{e}^{\mathrm{i}kz}B_m(k)\mathrm{K}_m(|k|\rho), & \rho\geqslant a\end{cases} \tag{4.1.7}$$

将式(4.1.7)代入式 $\boldsymbol{B}=-\nabla\Phi$ 中得

$$\boldsymbol{B}=-\left(\frac{\partial\Phi}{\partial\rho}\boldsymbol{e}_\rho+\frac{1}{\rho}\frac{\partial\Phi}{\partial\varphi}\boldsymbol{e}_\varphi+\frac{\partial\Phi}{\partial z}\boldsymbol{e}_z\right) \tag{4.1.8}$$

当 $\rho<a$ 时，有

$$\begin{aligned}\boldsymbol{B}_1(\rho,\varphi,z)=&-\boldsymbol{e}_\rho\int_{-\infty}^{\infty}\sum_{m=-\infty}^{\infty}\mathrm{e}^{\mathrm{i}m\varphi}\mathrm{e}^{\mathrm{i}kz}A_m(k)\mathrm{I}_m'(|k|\rho)\cdot|k|\,\mathrm{d}k\\&-\boldsymbol{e}_\varphi\frac{1}{\rho}\int_{-\infty}^{\infty}\sum_{m=-\infty}^{\infty}\mathrm{e}^{\mathrm{i}m\varphi}\mathrm{e}^{\mathrm{i}kz}A_m(k)\mathrm{I}_m(|k|\rho)\cdot\mathrm{i}m\mathrm{d}k\\&-\boldsymbol{e}_z\frac{1}{\rho}\int_{-\infty}^{\infty}\sum_{m=-\infty}^{\infty}\mathrm{e}^{\mathrm{i}m\varphi}\mathrm{e}^{\mathrm{i}kz}A_m(k)\mathrm{I}_m(|k|\rho)\cdot\mathrm{i}k\mathrm{d}k\end{aligned} \tag{4.1.9}$$

当 $\rho\geqslant a$ 时，有

$$\begin{aligned}\boldsymbol{B}_2(\rho,\varphi,z)=&-\boldsymbol{e}_\rho\int_{-\infty}^{\infty}\sum_{m=-\infty}^{\infty}\mathrm{e}^{\mathrm{i}m\varphi}\mathrm{e}^{\mathrm{i}kz}B_m(k)\mathrm{K}_m'(|k|\rho)\cdot|k|\,\mathrm{d}k\\&-\boldsymbol{e}_\varphi\frac{1}{\rho}\int_{-\infty}^{\infty}\sum_{m=-\infty}^{\infty}\mathrm{e}^{\mathrm{i}m\varphi}\mathrm{e}^{\mathrm{i}kz}B_m(k)\mathrm{K}_m(|k|\rho)\cdot\mathrm{i}m\mathrm{d}k\end{aligned}$$

$$-\boldsymbol{e}_z\frac{1}{\rho}\int_{-\infty}^{\infty}\sum_{m=-\infty}^{\infty}e^{im\varphi}e^{ikz}B_m(k)K_m(|k|\rho)\cdot ikdk \tag{4.1.10}$$

根据边界面衔接条件(在 $\rho=a$ 处),得

$$\begin{cases}B_{1n}=B_{2n}(B_{1\rho}=B_{2\rho})\\ \boldsymbol{e}_n\times(\boldsymbol{B}_1-\boldsymbol{B}_2)=\mu_0 J_s\end{cases} \tag{4.1.11}$$

根据 $B_{1\rho}=B_{2\rho}$,得

$$A_m(k)I_m'(|k|a)=B_m(k)K_m'(|k|a) \tag{4.1.12}$$

在另外一个条件 $\boldsymbol{e}_n\times(\boldsymbol{B}_1-\boldsymbol{B}_2)=\mu_0\boldsymbol{J}_s$ 下:

$$B_{1\varphi}-B_{2\varphi}=\mu_0 J_z(\varphi,z),\quad B_{1z}-B_{2z}=\mu_0 J_\varphi(\varphi,z) \tag{4.1.13}$$

将式(4.1.9)、式(4.1.10)代入式(4.1.13)可得

$$imB_m(k)K_m(|k|a)-imA_m(k)I_m(|k|a)=-\frac{\mu_0 a}{2\pi}j_z^{(m)}(k) \tag{4.1.14}$$

$$ikB_m(k)K_m(|k|a)-ikA_m(k)I_m(|k|a)=\frac{\mu_0}{2\pi}j_\varphi^{(m)}(k) \tag{4.1.15}$$

联立式(4.1.14)和式(4.1.15),由于$\begin{vmatrix}I_m(\alpha x) & K_m(\alpha x)\\ I_m'(\alpha x) & K_m'(\alpha x)\end{vmatrix}=-\frac{1}{\alpha x}$,因此有

$$A_m(k)=\frac{\mu_0 a}{i2\pi k}|k|j_\varphi^{(m)}(k)K_m'(|k|a) \tag{4.1.16}$$

$$B_m(k)=\frac{\mu_0 a}{i2\pi k}|k|j_\varphi^{(m)}(k)I_m'(|k|a) \tag{4.1.17}$$

将式(4.1.16)代入式(4.1.9):

$$\begin{aligned}\boldsymbol{B}_1(\rho,\varphi,z)=&-\boldsymbol{e}_\rho\frac{\mu_0 a}{i2\pi}\int_{-\infty}^{\infty}\sum_{m=-\infty}^{\infty}e^{im\varphi}e^{ikz}kj_\varphi^{(m)}(k)K_m(|k|a)I_m'(|k|\rho)dk\\&-\boldsymbol{e}_\varphi\frac{\mu_0 a}{2\pi}\int_{-\infty}^{\infty}\sum_{m=-\infty}^{\infty}\frac{|k|}{k}me^{im\varphi}e^{ikz}kj_\varphi^{(m)}(k)K_m'(|k|a)I_m(|k|\rho)dk\\&-\boldsymbol{e}_z\frac{\mu_0 a}{2\pi}\int_{-\infty}^{\infty}\sum_{m=-\infty}^{\infty}e^{im\varphi}e^{ikz}|k|j_\varphi^{(m)}(k)K_m'(|k|a)I_m(|k|\rho)dk\end{aligned} \tag{4.1.18}$$

将式(4.1.17)代入式(4.1.10):

$$\begin{aligned}\boldsymbol{B}_2(\rho,\varphi,z)=&-\boldsymbol{e}_\rho\frac{\mu_0 a}{i2\pi}\int_{-\infty}^{\infty}\sum_{m=-\infty}^{\infty}e^{im\varphi}e^{ikz}kj_\varphi^{(m)}(k)K_m'(|k|a)I_m'(|k|\rho)dk\\&-\boldsymbol{e}_\varphi\frac{\mu_0 a}{2\pi}\int_{-\infty}^{\infty}\sum_{m=-\infty}^{\infty}\frac{|k|}{k}me^{im\varphi}e^{ikz}kj_\varphi^{(m)}(k)I_m'(|k|a)K_m(|k|\rho)dk\\&-\boldsymbol{e}_z\frac{\mu_0 a}{2\pi}\int_{-\infty}^{\infty}\sum_{m=-\infty}^{\infty}e^{im\varphi}e^{ikz}|k|j_\varphi^{(m)}(k)I_m'(|k|a)K_m(|k|\rho)dk\end{aligned} \tag{4.1.19}$$

当 $\rho<a$ 时，z 方向磁场的磁感应强度分量可以表示为

$$B_z(\rho,\varphi,z)=-\frac{\mu_0 a}{2\pi}\sum_{m=-\infty}^{\infty}\int_{-\infty}^{\infty}\mathrm{d}k\mathrm{e}^{\mathrm{i}m\varphi}\mathrm{e}^{\mathrm{i}kz}kj_{\varphi}^{m}(k)\mathrm{K}_m'(ka)\mathrm{I}_m(k\rho) \tag{4.1.20}$$

$$j_{\varphi}^{m}(k)=\frac{1}{2\pi}\int_{-\infty}^{\infty}\int_{-\pi}^{\pi}J_{\varphi}(\varphi,z)\mathrm{e}^{-\mathrm{i}m\varphi}\mathrm{e}^{-\mathrm{i}kz}\mathrm{d}\varphi\mathrm{d}z \tag{4.1.21}$$

$$j_{z}^{m}(k)=\frac{1}{2\pi}\int_{-\infty}^{\infty}\int_{-\pi}^{\pi}J_{z}(\varphi,z)\mathrm{e}^{-\mathrm{i}m\varphi}\mathrm{e}^{-\mathrm{i}kz}\mathrm{d}\varphi\mathrm{d}z \tag{4.1.22}$$

式中，K_m、I_m 为改进的贝塞尔函数；K_m'、I_m' 分别表示相应贝塞尔函数的一阶微分。

若 B_z 为半径 $\rho=c$ 的圆柱形目标区域磁场(图 4.1.2)，可以得到电流密度的傅里叶变换式为[2-5]

$$J_{\varphi}(\varphi,z)=\int_{-\infty}^{\infty}\sum_{m=-\infty}^{\infty}\mathrm{e}^{\mathrm{i}m\varphi}\mathrm{e}^{\mathrm{i}kz}j_{\varphi}^{(m)}(k)\mathrm{d}k \tag{4.1.23}$$

$$J_{z}(\varphi,z)=\int_{-\infty}^{\infty}\sum_{m=-\infty}^{\infty}\mathrm{e}^{\mathrm{i}m\varphi}\mathrm{e}^{\mathrm{i}kz}j_{z}^{(m)}(k)\mathrm{d}k \tag{4.1.24}$$

假定在给出的 $\rho=c$ 处平面上，目标磁场的 $B_z(c,\varphi,z)$(z 向分量)：

$$B_z^m(c,k)=\frac{1}{2\pi}\int_{-\infty}^{\infty}\int_{-\pi}^{\pi}B_z(c,\varphi,z)\mathrm{e}^{-\mathrm{i}m\varphi}\mathrm{e}^{-\mathrm{i}kz}\mathrm{d}\varphi\mathrm{d}z \tag{4.1.25}$$

对其进行傅里叶变换：

$$b_z^{(m)}(c,k)=\frac{1}{2\pi}\int_{-\infty}^{\infty}\int_{-\pi}^{\pi}\mathrm{e}^{-\mathrm{i}m\varphi}\mathrm{e}^{-\mathrm{i}kz}B_z(c,\varphi,z)\mathrm{d}\varphi\mathrm{d}z \tag{4.1.26}$$

将其代入式(4.1.18)可得

$$b_z^{(m)}(c,k)=-\mu_0 a|k|j_{\varphi}^{(m)}(k)\mathrm{I}_m(|k|c)\mathrm{K}_m'(|k|a) \tag{4.1.27}$$

$$j_{\varphi}^{(m)}(k)=-\frac{b_z^{(m)}(c,k)}{\mu_0 a|k|\mathrm{I}_m(|k|c)\mathrm{K}_m'(|k|a)} \tag{4.1.28}$$

利用傅里叶逆变换，得

$$J_{\varphi}(\varphi,z)=-\int_{-\infty}^{\infty}\sum_{m=-\infty}^{\infty}\mathrm{e}^{\mathrm{i}m\varphi}\mathrm{e}^{\mathrm{i}kz}\frac{b_z^{(m)}(c,k)}{\mu_0 a|k|\mathrm{I}_m(|k|c)\mathrm{K}_m'(|k|a)} \tag{4.1.29}$$

根据 $mj_{\varphi}^{(m)}(k)+akj_z^{(m)}(k)=0$，有

$$j_z^{(m)}=\frac{mb_z^{(m)}(c,k)}{\mu_0 a^2|k|k\mathrm{I}_m(|k|c)\mathrm{K}_m'(|k|a)} \tag{4.1.30}$$

利用傅里叶逆变换可得

$$J_z(\varphi,z)=\int_{-\infty}^{\infty}\sum_{m=-\infty}^{\infty}\mathrm{e}^{\mathrm{i}m\varphi}\mathrm{e}^{\mathrm{i}kz}\cdot\frac{mb_z^{(m)}(c,k)}{\mu_0 a^2|k|k\mathrm{I}_m(|k|c)\mathrm{K}_m'(|k|a)}\mathrm{d}k \tag{4.1.31}$$

$$J_{\varphi}(\varphi,z)=-\int_{-\infty}^{\infty}\sum_{m=-\infty}^{\infty}\mathrm{e}^{\mathrm{i}m\varphi}\mathrm{e}^{\mathrm{i}kz}\frac{B_z^m(c,k)}{\mu_0 a\mid k\mid \mathrm{I}_m(\mid k\mid c)\mathrm{K}_m'(\mid k\mid a)}\mathrm{d}k \tag{4.1.32}$$

$$J_z(\varphi,z)=\int_{-\infty}^{\infty}\sum_{m=-\infty}^{\infty}\mathrm{e}^{\mathrm{i}m\varphi}\mathrm{e}^{\mathrm{i}kz}\frac{mB_z^m(c,k)}{\mu_0 a^2\mid k\mid k\mathrm{I}_m(\mid k\mid c)\mathrm{K}_m'(\mid k\mid a)}\mathrm{d}k \tag{4.1.33}$$

若给定目标区域磁感应强度 $B_z(c,\varphi,z)$，根据式(4.1.25)得到 $B_z^m(c,k)$，然后利用式(4.1.28)、式(4.1.30)计算得到电流密度的频率空间表示 $j_{\varphi}^m(k)$ 和 $j_z^m(k)$，最后再利用傅里叶逆变换得到实空间的电流密度 $J(\varphi,z)$。

4.1.2 流函数理论

空间中电流密度满足电流连续性定理 $\nabla\cdot\boldsymbol{J}=0$，$\boldsymbol{J}(\boldsymbol{r}')$ 代表源区域 Ω 内不可压缩的电流密度，不可压缩意味着在任意时间没有物质产生，也没有物质丢失。因此，$\boldsymbol{J}(\boldsymbol{r}')$ 认为是无源矢量，可表示为矢量电位 $\boldsymbol{T}(\boldsymbol{r}')$ 的旋度：

$$\boldsymbol{J}(\boldsymbol{r}')=\nabla\times\boldsymbol{T}(\boldsymbol{r}') \tag{4.1.34}$$

矢量电位 $\boldsymbol{T}$ 在涡流问题的仿真中被广泛引用[6]，$\boldsymbol{T}$ 向量的特性在文献[3]中设计匀场线圈和梯度线圈时有详细描述。

假设电流密度 $\boldsymbol{J}(\boldsymbol{r}')$ 在某一平面流动，它的矢量势 $\boldsymbol{T}$ 只有一部分指向垂直于区域 Ω 表面的外法线方向 $\boldsymbol{n}$。定义流函数[7,8] $\boldsymbol{S}(x,y,z)$，$\boldsymbol{S}$ 和 $\boldsymbol{J}$ 的关系与 $\boldsymbol{B}$ 和 $\boldsymbol{A}$ 的关系类似，$\boldsymbol{S}$ 只是为方便求解 $\boldsymbol{J}$ 而定义的中间计算量，式(4.1.34)可以重新改写为

$$\boldsymbol{J}_S(\boldsymbol{r}')=\nabla\times(S\cdot\boldsymbol{n}) \tag{4.1.35}$$

式中，$\boldsymbol{n}$ 是单位外法线向量。式(4.1.35)定义的表面向量函数表示不可压缩物质的流速。势函数 S 是流函数，式(4.1.35)表明流函数 S 的空间变化对应电流密度的等效变化。绘制源区域 Ω 中函数 S 的等值线，即可得到通有相同电流的线圈绕组。由于本节中讨论的电流仅分布于柱面 $\rho=a$ 上，电流密度没有径向分量，因此有

$$\nabla\times\boldsymbol{S}=\begin{vmatrix}\dfrac{1}{\rho}\boldsymbol{e}_{\rho} & \boldsymbol{e}_{\varphi} & \dfrac{1}{\rho}\boldsymbol{e}_z\\ \dfrac{\partial}{\partial\rho} & \dfrac{\partial}{\partial\varphi} & \dfrac{\partial}{\partial z}\\ S_{\rho} & \rho S_{\varphi} & S_z\end{vmatrix}=J_{\varphi}\boldsymbol{e}_{\varphi}+J_z\boldsymbol{e}_z \tag{4.1.36}$$

式(4.1.36)可以分解为以下方程组：

$$\frac{\partial S_z}{\partial\varphi}-\frac{\partial}{\partial z}\rho S_{\varphi}=0 \tag{4.1.37}$$

$$J_\varphi=\frac{\partial S_\rho}{\partial z}-\frac{\partial S_z}{\partial \rho} \tag{4.1.38}$$

$$J_z=\frac{1}{\rho}\left(\frac{\partial}{\partial \rho}\rho S_\varphi-\frac{\partial}{\partial \varphi}S_\rho\right) \tag{4.1.39}$$

将式(4.1.38)、式(4.1.39)代入$\nabla \cdot \boldsymbol{J}=0$可得

$$\frac{1}{\rho}\frac{\partial}{\partial \varphi}\left(\frac{\partial S_\rho}{\partial z}-\frac{\partial S_z}{\partial \rho}\right)+\frac{1}{\rho}\frac{\partial}{\partial z}\left(\frac{\partial}{\partial \rho}\rho S_\varphi-\frac{\partial}{\partial \varphi}S_\rho\right)=0 \tag{4.1.40}$$

将式(4.1.37)对ρ求一次偏导数：

$$\frac{\partial}{\partial \rho}\left(\frac{\partial S_z}{\partial \varphi}-\frac{\partial}{\partial z}\rho S_\varphi\right)=0 \tag{4.1.41}$$

通过式(4.1.40)和式(4.1.41)可以得知，如果$\boldsymbol{S}(x,y,z)$二阶偏导数连续时，有

$$\frac{\partial^2 S_z}{\partial \rho \partial \varphi}=\frac{\partial^2 S_z}{\partial \varphi \partial \rho},\quad \frac{\partial^2 S_\rho}{\partial \varphi \partial z}=\frac{\partial^2 S_\rho}{\partial z \partial \varphi},\quad \frac{\partial^2 \rho S_\varphi}{\partial \rho \partial z}=\frac{\partial^2 \rho S_\varphi}{\partial z \partial \rho}$$

将上式代入式(4.1.37)～式(4.1.39)可知等式恒成立。因此，为了简化问题，可以假设S_φ和S_z为零，则流函数$\boldsymbol{S}(x,y,z)$仅有径向分量S_ρ，如图 4.1.3 所示。

于是式(4.1.38)、式(4.1.39)可以简化为

$$J_\varphi=\frac{\partial S}{\partial z}$$
$$J_z=-\frac{1}{a}\frac{\partial S}{\partial \varphi} \tag{4.1.42}$$

故

$$S=S_\rho=\int_0^\varphi J_z(z,\varphi')\mathrm{d}\varphi'=\int_{-\infty}^z J_\varphi(z',\varphi)\mathrm{d}z' \tag{4.1.43}$$

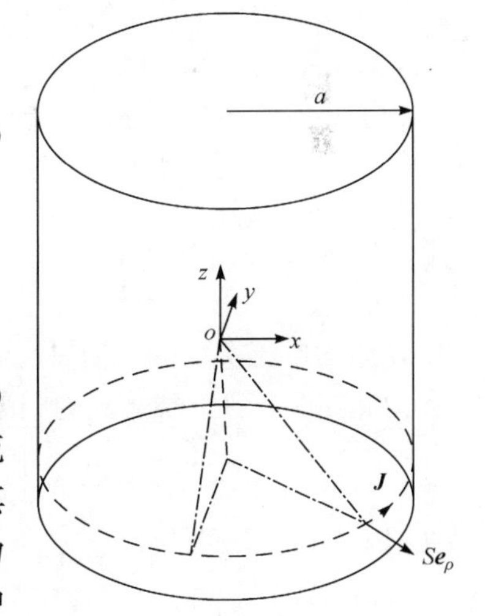

图 4.1.3　电流密度与流函数示意图

实际上$S=S_\rho$等值线的走向就是平面电流的走向，也就是实际线圈的绕线方式，下面对其进行证明，因为线圈位于平面$\rho=a$上，所以为了简化问题，建立坐标系如图 4.1.4 所示，图中加粗弧线表示流函数等值线，加粗弧线区域内是电流密度的流通区域，对于流函数等值线上的任一点，其矢量可以写为

$$\boldsymbol{r}=a\cos\varphi(s)\boldsymbol{e}_x+a\sin\varphi(s)\boldsymbol{e}_y+z(s)\boldsymbol{e}_z \tag{4.1.44}$$

在微点处，流函数等值线的单位切向量为

$$\frac{\mathrm{d}\boldsymbol{r}}{|\mathrm{d}s|}=a\frac{\mathrm{d}\varphi}{\mathrm{d}s}\boldsymbol{e}_\varphi+\frac{\mathrm{d}z}{\mathrm{d}s}\boldsymbol{e}_z \tag{4.1.45}$$

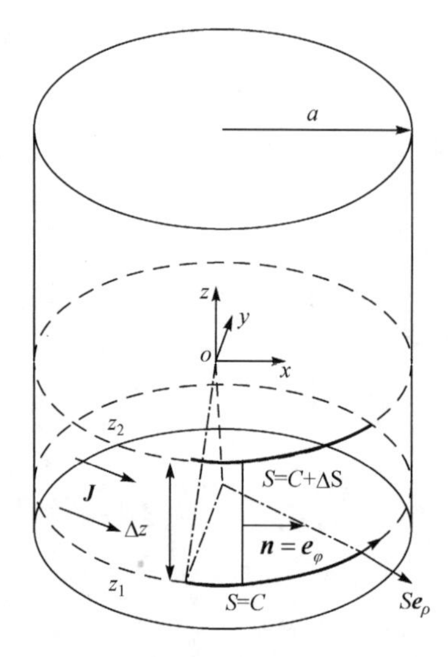

图 4.1.4　电流流通路径与流函数关系

式中，s 为该点微元长度。

在该等值线上，由于 $S(x,y)$ 为某一常数，即无论流函数等值线的单位切向量向哪个方向发生微小变化，$S(x,y)$ 的数值都不变，因此：

$$\frac{\mathrm{d}S}{|\mathrm{d}s|}=\frac{\partial S}{\partial \varphi}\frac{\mathrm{d}\varphi}{\mathrm{d}s}+\frac{\partial S}{\partial z}\frac{\mathrm{d}z}{\mathrm{d}s}=0 \tag{4.1.46}$$

故

$$\frac{\mathrm{d}z}{\mathrm{d}s}=-\frac{\partial S}{\partial \varphi}\frac{\mathrm{d}\varphi}{\mathrm{d}s}\frac{\partial z}{\partial S} \tag{4.1.47}$$

将式(4.1.42)代入式(4.1.47)中得

$$\frac{\mathrm{d}z}{\mathrm{d}s}=\frac{aJ_z}{J_\varphi}\frac{\mathrm{d}\varphi}{\mathrm{d}s} \tag{4.1.48}$$

将式(4.1.48)代入式(4.1.45)得

$$\frac{\mathrm{d}\boldsymbol{r}}{|\mathrm{d}s|}=a\frac{\mathrm{d}\varphi}{\mathrm{d}s}\boldsymbol{e}_\varphi+\frac{aJ_z}{J_\varphi}\frac{\mathrm{d}\varphi}{\mathrm{d}s}\boldsymbol{e}_z=\frac{a}{J_\varphi}\frac{\mathrm{d}\varphi}{\mathrm{d}s}(J_\varphi\boldsymbol{e}_\varphi+J_z\boldsymbol{e}_z) \tag{4.1.49}$$

因此流函数等值线上每点处的切向量与该点处电流密度矢量方向一致，也就说明了流函数等值线与电流的流通路径等价。

为了寻找流函数与导线中电流大小的关系，假设相邻两条流函数等值线穿过平面 $z=z_1$，$z=z_2$，如图 4.1.4 所示，图中两条粗弧线表示流函数等值线，根据电流密度分布，在忽略圆柱侧面厚度的情况下，可以得知区域内电流 I 的大小为

$$I=\int_l \boldsymbol{J}\cdot\mathrm{d}l \tag{4.1.50}$$

式中，l 为面电流密度沿 z 轴扫过的宽度。

因此在两条等值线之间的电流 ΔI 为

$$\Delta I=\int_{z_1}^{z_2}\boldsymbol{J}\cdot\boldsymbol{e}_\varphi\mathrm{d}l=\int_{z_1}^{z_2}J_\varphi\cdot\mathrm{d}z \tag{4.1.51}$$

再根据式(4.1.42)可知

$$\Delta I=\int_{z_1}^{z_2}J_\varphi\cdot\mathrm{d}z=\int_{z_1}^{z_2}\frac{\partial S}{\partial z}\cdot\mathrm{d}z=S_2-S_1=\Delta S \tag{4.1.52}$$

由此可知，该流函数等值线不仅可以表示线圈的绕线走势，而且两条相邻的等值线间区域内就是流通电流的区域，也就是说相邻等值线间的区域就是实际的布线区域。

为了建立实际的梯度线圈，还需要将连续的面电流密度离散化，表示成有限条导线的形式，导线中电流的大小则为

$$I=\frac{S_{\max}-S_{\min}}{N} \tag{4.1.53}$$

式中，N 为导线的匝数。

综上所述，根据电流密度表达式(4.1.32)、式(4.1.33)可得等效的线圈绕线轨迹。

4.1.3　自屏蔽梯度线圈

根据磁体结构(图 4.1.1)可知，梯度线圈外侧有金属层，该金属主要是超导磁体的固定框架。在梯度电流上升时，会在金属层中感应涡流，相当于增加了梯度负载，增加了损耗并且使整体梯度线圈输入端的电感增大，从而影响建立稳定梯度磁场的时间。因此，希望梯度线圈之外的磁场为零，这就需要增加一些屏蔽措施，其中采用自屏蔽梯度线圈是一个不错的选择。自屏蔽梯度线圈的设计思路是构建一个比梯度线圈半径大的合理布线结构，用一个足够的电流去激励屏蔽线圈来抵消半径小于主磁体内部尺寸的梯度线圈之外的场[9]。本节通过解析法来解决自屏蔽梯度线圈设计的问题，根据上述梯度线圈的设计理论，可以假设梯度线圈的布线柱面上的电流密度按照某一形式 $\boldsymbol{J}_1$ 分布，在屏蔽线圈所在柱面上电流密度按照 $\boldsymbol{J}_2$ 分布。类比 4.1.1 节的理论，同样可以得到目标磁场与梯度线圈电流和屏蔽线圈电流之间的关系式，进而分别确定梯度线圈的结构和屏蔽线圈的结构，如下是具体的分析思路。

假设线圈的分布如图 4.1.5 所示，a 半径圆柱面为梯度线圈布线区域，b 半径圆柱面为屏蔽线圈布线区域。

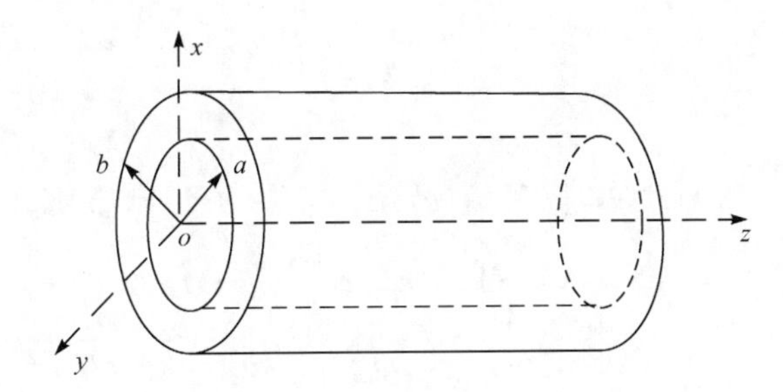

图 4.1.5　自屏蔽梯度线圈计算模型

用矢量磁位 $\boldsymbol{A}$ 来描述磁场，它分别有 A_ρ、A_φ、A_z 分量，表达式为

$$A_\rho=\frac{\mu_0}{4\pi}\int\frac{J_{\varphi'}(\boldsymbol{r})\mathrm{d}v'\sin(\varphi-\varphi')}{|\boldsymbol{r}-\boldsymbol{r}'|} \tag{4.1.54}$$

$$A_\varphi=\frac{\mu_0}{4\pi}\int\frac{J_{\varphi'}(\boldsymbol{r})\mathrm{d}v'\cos(\varphi-\varphi')}{|\boldsymbol{r}-\boldsymbol{r}'|} \tag{4.1.55}$$

$$A_z = \frac{\mu_0}{4\pi}\int \frac{J_{\varphi'}(\boldsymbol{r})\mathrm{d}v'}{|\boldsymbol{r}-\boldsymbol{r}'|} \tag{4.1.56}$$

式中，$\boldsymbol{J}$ 是电流密度，在很多情况下半径方向没有电流流动，所以 $\boldsymbol{J}$ 只有 z 和 φ 的分量。

假设 $\delta/d=1$，屏蔽线圈上的感应电流限制在半径为 b 的圆柱面上，梯度线圈安装在和屏蔽线圈同轴的半径为 a 的圆柱面上。电流可以表示为

$$\boldsymbol{J} = \boldsymbol{F}(z,\varphi)\delta(p-a) + \boldsymbol{f}(z,\varphi)\delta(p-b) \tag{4.1.57}$$

式中，$\boldsymbol{F}$ 表示的是梯度线圈中的电流；$\boldsymbol{f}$ 表示的是屏蔽线圈中的电流。根据电流连续性：$\nabla\cdot\boldsymbol{J}=0$ 以及格林函数：

$$\frac{1}{|\boldsymbol{r}-\boldsymbol{r}'|} = \frac{1}{\pi}\sum_{m=-\infty}^{\infty}\int_{-\infty}^{\infty}\mathrm{d}k\mathrm{e}^{\mathrm{i}m(\varphi-\varphi')}\mathrm{e}^{\mathrm{i}k(z-z')}\mathrm{I}_m(k\rho^{<})\mathrm{K}_m(k\rho^{>}) \tag{4.1.58}$$

式中，$\rho^{<}=\min\{\rho,\rho'\}$；$\rho^{>}=\max\{\rho,\rho'\}$；$\mathrm{I}_m(z)$ 为 m 阶虚宗量贝塞尔函数；$\mathrm{K}_m(z)$ 为 m 阶虚宗量汉克尔函数。定义 $\boldsymbol{F}$ 和 $\boldsymbol{f}$ 的傅里叶变换为

$$f_z^m(k) = \frac{1}{2\pi}\int_{-\pi}^{\pi}\mathrm{d}\varphi\mathrm{e}^{-\mathrm{i}m\varphi}\int_{-\infty}^{\infty}\mathrm{d}z\mathrm{e}^{-\mathrm{i}kz}f_z(\varphi,z)$$

$$f_\varphi^m(k) = \frac{1}{2\pi}\int_{-\pi}^{\pi}\mathrm{d}\varphi\mathrm{e}^{-\mathrm{i}m\varphi}\int_{-\infty}^{\infty}\mathrm{d}z\mathrm{e}^{-\mathrm{i}kz}f_\varphi(\varphi,z)$$

$$F_z^m(k) = \frac{1}{2\pi}\int_{-\pi}^{\pi}\mathrm{d}\varphi\mathrm{e}^{-\mathrm{i}m\varphi}\int_{-\infty}^{\infty}\mathrm{d}z\mathrm{e}^{-\mathrm{i}kz}F_z(\varphi,z)$$

$$F_\varphi^m(k) = \frac{1}{2\pi}\int_{-\pi}^{\pi}\mathrm{d}\varphi\mathrm{e}^{-\mathrm{i}m\varphi}\int_{-\infty}^{\infty}\mathrm{d}z\mathrm{e}^{-\mathrm{i}kz}F_\varphi(\varphi,z) \tag{4.1.59}$$

矢量磁位 $\boldsymbol{A}$ 变成($\rho\geqslant b$)

$$A_z = \frac{\mu_0}{2\pi}\sum_{m=-\infty}^{\infty}\int_{-\infty}^{\infty}\mathrm{d}k\mathrm{e}^{\mathrm{i}m\varphi}\mathrm{e}^{\mathrm{i}kz}\mathrm{K}_m(k\rho)[b\mathrm{I}_m(kb)f_z^m(k) + a\mathrm{I}_m(ka)F_z^m(k)] \tag{4.1.60}$$

$$\begin{aligned}A_\varphi = \frac{\mu_0}{4\pi}\sum_{m=-\infty}^{\infty}\int_{-\infty}^{\infty}\mathrm{d}k\mathrm{e}^{\mathrm{i}m\varphi}\mathrm{e}^{\mathrm{i}kz}\{&[b(\mathrm{I}_{m-1}(kb)\mathrm{K}_{m-1}(k\rho)+\mathrm{I}_{m+1}(kb)\mathrm{K}_{m+1}(k\rho))f_\varphi^m(k)]\\&+a[(\mathrm{I}_{m-1}(ka)\mathrm{K}_{m-1}(k\rho)+\mathrm{I}_{m+1}(ka)\mathrm{K}_{m+1}(k\rho))F_\varphi^m(k)]\}\end{aligned} \tag{4.1.61}$$

$$\begin{aligned}A_\rho = \frac{-\mathrm{i}\mu_0}{4\pi}\sum_{m=-\infty}^{\infty}\int_{-\infty}^{\infty}\mathrm{d}k\mathrm{e}^{\mathrm{i}m\varphi}\mathrm{e}^{\mathrm{i}kz}\{&[b(\mathrm{I}_{m-1}(kb)\mathrm{K}_{m-1}(k\rho)-\mathrm{I}_{m+1}(kb)\mathrm{K}_{m+1}(k\rho))f_\varphi^m(k)]\\&+a[(\mathrm{I}_{m-1}(ka)\mathrm{K}_{m-1}(k\rho)-\mathrm{I}_{m+1}(ka)\mathrm{K}_{m+1}(k\rho))F_\varphi^m(k)]\}\end{aligned} \tag{4.1.62}$$

同理可得 $\rho\leqslant a$ 和 $a<\rho<b$ 时的表达式 $\boldsymbol{A}$。而当不存在屏蔽线圈，仅有 $\boldsymbol{J}=\boldsymbol{F}(z,\varphi)\delta(\rho-a)$ 时，式(4.1.60)～式(4.1.62)中便无 f_z、f_φ，表达式即可简化。对含有屏蔽线圈的结构，希望磁感应强度在 $\rho\geqslant b$ 的区域内为零。在 $B_\rho=0$ 和 $\rho=b$ 的边界条件下：

$$\frac{1}{b}\frac{\partial A_z}{\partial\varphi}\bigg|_{\rho=b} = \frac{\partial A_\varphi}{\partial z}\bigg|_{\rho=b} \tag{4.1.63}$$

将式(4.1.61)和式(4.1.62)代入式(4.1.63)中,两边同时乘以 $e^{-im\varphi}$ 和 e^{-ikz},并对 φ、z 积分得

$$\begin{aligned}&\frac{2m}{bk}\mathrm{K}_m(kb)\left[b\mathrm{I}_m(kb)f_z^m(k)+a\mathrm{I}_m(ka)F_z^m(k)\right]\\&=b\left[\mathrm{I}_{m-1}(kb)\mathrm{K}_{m-1}(k\rho)+\mathrm{I}_{m+1}(kb)\mathrm{K}_{m+1}(k\rho)\right]f_\varphi^m(k)\\&\quad+a\left[\mathrm{I}_{m-1}(ka)\mathrm{K}_{m-1}(k\rho)+\mathrm{I}_{m+1}(ka)\mathrm{K}_{m+1}(k\rho)\right]F_\varphi^m(k)\end{aligned}\tag{4.1.64}$$

利用电流连续性可以得到简化关系：

$$\frac{1}{b}\frac{\partial f_\varphi}{\partial\varphi}+\frac{\partial f_z}{\partial z}=0\tag{4.1.65}$$

$$\frac{1}{a}\frac{\partial F_\varphi}{\partial\varphi}+\frac{\partial F_z}{\partial z}=0\tag{4.1.66}$$

这个表达式等同于

$$f_\varphi^m(k)=-\frac{bk}{m}f_z^m(k)\tag{4.1.67}$$

$$F_\varphi^m(k)=-\frac{ak}{m}F_z^m(k)\tag{4.1.68}$$

可以利用虚宗量贝塞尔函数的性质：

$$\begin{aligned}&\frac{2n}{x}\mathrm{I}_n(x)=\mathrm{I}_{n-1}(x)-\mathrm{I}_{n+1}(x)\\&-\frac{2n}{x}\mathrm{K}_n(x)=\mathrm{K}_{n-1}(x)-\mathrm{K}_{n+1}(x)\\&\mathrm{I}_n'(x)=\mathrm{I}_{n-1}(x)-\frac{n}{x}\mathrm{I}_n(x)\\&\mathrm{K}_n'(x)=-\mathrm{K}_{n-1}(x)-\frac{n}{x}\mathrm{K}_n(x)\end{aligned}\tag{4.1.69}$$

综合上式,可以得到内层梯度线圈的电流密度与外层屏蔽线圈的电流密度的关系：

$$f_z^m(k)=-F_z^m(k)\frac{a^2\mathrm{I}_m'(ka)}{b^2\mathrm{I}_m'(kb)}\tag{4.1.70}$$

$$f_\varphi^m(k)=-F_\varphi^m(k)\frac{a\mathrm{I}_m'(ka)}{b\mathrm{I}_m'(kb)}\tag{4.1.71}$$

结合 4.1.1 节中的理论,根据式(4.1.70)和式(4.1.71)可以求解得到整个自屏蔽线圈内外两层中电流分布,进而得到线圈的绕线结构。

4.1.4　电感最小优化方法

为了提高成像速度,希望梯度切换率比较快,所以希望梯度线圈的电感比较

小。因此,在设计梯度线圈时可以对其增加电感最小化的约束条件。由于电流密度的傅里叶变换为

$$j_z^m(k)=\frac{1}{2\pi}\int_{-\pi}^{\pi}\mathrm{d}\varphi\mathrm{e}^{-\mathrm{i}m\varphi}\int_{-\infty}^{\infty}\mathrm{d}k\mathrm{e}^{-\mathrm{i}kz}J_z(\varphi,z) \tag{4.1.72}$$

$$j_\varphi^m(k)=\frac{1}{2\pi}\int_{-\pi}^{\pi}\mathrm{d}\varphi\mathrm{e}^{-\mathrm{i}m\varphi}\int_{-\infty}^{\infty}\mathrm{d}k\mathrm{e}^{-\mathrm{i}kz}J_\varphi(\varphi,z) \tag{4.1.73}$$

对于线圈:

$$W=\frac{1}{2}LI^2=\frac{1}{2}\int_v \boldsymbol{AJ}\,\mathrm{d}v \tag{4.1.74}$$

式中,$\boldsymbol{A}=\frac{\mu_0}{4\pi}\int_v\int_{v'}\frac{\boldsymbol{J}_v\boldsymbol{J}_{v'}}{\boldsymbol{R}}\mathrm{d}v\mathrm{d}v'(\boldsymbol{R}=|\boldsymbol{r}-\boldsymbol{r}'|)$。

$$L=\frac{\mu_0}{4\pi I^2}\int_v\int_{v'}\frac{\boldsymbol{J}_v\boldsymbol{J}_{v'}}{\boldsymbol{R}}\mathrm{d}v\mathrm{d}v' \tag{4.1.75}$$

根据格林函数展开式:

$$\frac{1}{|\boldsymbol{r}-\boldsymbol{r}'|}=\frac{1}{\pi}\sum_{m=-\infty}^{\infty}\int_{-\infty}^{\infty}\mathrm{d}k\mathrm{e}^{\mathrm{i}m\varphi}\mathrm{e}^{-\mathrm{i}kz}\mathrm{I}_m(ka)\mathrm{K}_m(ka) \tag{4.1.76}$$

其电感可以写成

$$L=-\frac{\mu_0 a^2}{I^2}\sum_{m=-\infty}^{\infty}\int_{-\infty}^{\infty}\mathrm{d}k\,|j_\varphi^m(k)|^2\mathrm{I}_m'(ka)\mathrm{K}_m'(ka) \tag{4.1.77}$$

I 为每一匝线圈里通过的等效电流。这个通用的表达式可以推广到有限厚度的圆柱面上,轴向磁场为

$$B_z(r,\varphi,z)=-\frac{\mu_0 a}{2\pi}\sum_{m=-\infty}^{\infty}\int_{-\infty}^{\infty}k\mathrm{d}kj_\varphi^m(k)\mathrm{e}^{\mathrm{i}m\varphi}\mathrm{e}^{\mathrm{i}kz}\mathrm{K}_m'\mathrm{I}_m(kr) \tag{4.1.78}$$

对于半径为 b 的屏蔽线圈,结合式(4.1.70)、式(4.1.71)表示的内外层电流密度比例关系,式(4.1.77)和式(4.1.78)中的被积函数要乘上系数 $S(a,b,k)$:

$$S(a,b,k)=1-\frac{\mathrm{I}_m'(ka)\mathrm{K}_m'(kb)}{\mathrm{I}_m'(kb)\mathrm{K}_m'(ka)} \tag{4.1.79}$$

定义单位电流密度 $f_\varphi^m=j_\varphi^m/I$,则可以将式(4.1.77)和式(4.1.78)改写如下:

$$L=-\mu_0 a^2\sum_{m=-\infty}^{\infty}\int_{-\infty}^{\infty}\mathrm{d}k\,|f_\varphi^m(k)|^2\mathrm{I}_m'(ka)\mathrm{K}_m'(ka) \tag{4.1.80}$$

$$\frac{B_z(r,\varphi,z)}{I}=-\frac{\mu_0 a}{2\pi}\sum_{m=-\infty}^{\infty}\int_{-\infty}^{\infty}k\mathrm{d}kf_\varphi^m(k)\mathrm{e}^{\mathrm{i}m\varphi}\mathrm{e}^{\mathrm{i}kz}\mathrm{K}_m'\mathrm{I}_m(kr) \tag{4.1.81}$$

目标梯度磁场在半径小于 a 的区域内可以展开成有限的点集,该点集可以在柱坐标系下写成如下形式:

$$B_z(r_n,\varphi_n,z_n)=B_n,\quad n=1,2,\cdots,N \tag{4.1.82}$$

构建一个拉格朗日乘数法的表达式来计算电流密度以最小化电感。希望在满

足式(4.1.43)条件的情况下来最小化电感，定义函数$U(f_{\varphi}^{m}(k))$：

$$U(f_{\varphi}^{m}(k)) = L + \frac{1}{I}\sum_{n=1}^{N}\lambda_n[B_n - B_z(r_n,\varphi_n,z_n)] \tag{4.1.83}$$

式中，B_n 是目标场；B_z 是在 $\boldsymbol{r}=(r,\varphi,z)$ 处的实际场。对 $f_{\varphi}^{m}(k)$进行函数微分，得到$U(f_{\varphi}^{m}(k))$取最小值的条件：

$$\int_{-\infty}^{\infty}\mathrm{d}k\left[-\mu_0 a^2 f_{\varphi}^{m}(k)\mathrm{I}_m'(ka)\mathrm{K}_m'(ka) + \sum_{n=1}^{N}\lambda_n\frac{\mu_0 a}{2\pi}k\mathrm{e}^{\mathrm{i}m\varphi_n}\mathrm{e}^{\mathrm{i}kz_n}\mathrm{I}_m(kr_n)\right] = 0 \tag{4.1.84}$$

其解为

$$f_{\varphi}^{m}(k) = \frac{k}{4\pi a\mathrm{I}_m'(ka)}\sum_{n=1}^{N}\lambda_n\mathrm{e}^{\mathrm{i}m\varphi_n}\mathrm{e}^{\mathrm{i}kz}\mathrm{I}_m(kr_n) \tag{4.1.85}$$

代入式(4.1.85)，在给定场点的情况下，得到

$$\frac{B_p}{I} = -\frac{\mu_0}{8\pi^2}\sum_{m=-\infty}^{\infty}\int_{-\infty}^{\infty}k^2\mathrm{d}k\frac{\mathrm{K}_m'(ka)}{\mathrm{I}_m'(ka)} \times\sum_{n=1}^{N}\lambda_n\mathrm{e}^{\mathrm{i}m(\varphi_n+\varphi_p)}\mathrm{e}^{\mathrm{i}k(z_n+z_p)}\mathrm{I}_m(kr_n)\mathrm{I}_m(kr_p),\quad p=1,2,\cdots,N \tag{4.1.86}$$

这里包含了 N 个未知数的 N 个线性方程组，可以通过高斯消去法得到一系列的λ_n。电流密度可以明确地通过式(4.1.87)评估：

$$j_{\varphi}(\varphi,z) = \frac{1}{2\pi}\sum_{m=-\infty}^{\infty}\mathrm{e}^{\mathrm{i}m\varphi}\int_{-\infty}^{\infty}\mathrm{d}k\mathrm{e}^{\mathrm{i}kz}j_{\varphi}^{m}(k) \tag{4.1.87}$$

根据 4.1.2 节引入的流函数，可以得到线圈离散化的绕线结构。除了增加电感最小化约束之外，还可以增加线圈的功率损耗最小化约束、绕线轨迹曲率最小化等约束条件来提高所设计线圈的运行效率。

4.2　谐波系数法

4.2.1　超导核磁共振成像梯度线圈及匀场线圈设计方法

物理上可实现的场均能通过一组正交基表达出来，即不论场的性质如何，总可以由一组具有本征值的本征函数的和来构造。正交基类型众多，但勒让德球谐函数和傅里叶函数是最方便的。在超导核磁共振成像的目标区域内，无电流通过，其静磁场分布可通过拉普拉斯方程求解，采用球极坐标计算其解[10]具有如下形式：

$$\mathrm{T}_n^m = C_n^m\begin{pmatrix} r^n \\ r^{-n-1}\end{pmatrix}\mathrm{P}_n^m(\cos\theta)\begin{pmatrix}\sin(m\phi)\\ \cos(m\phi)\end{pmatrix} \tag{4.2.1}$$

式中，C_n^m 是常数；P_n^m 是连带勒让德函数，且要求 $n\geqslant m\geqslant 0$；T_n^m 通常叫球谐函数，

$r^n\mathrm{P}_n^m(\theta,\phi)$部分通常称为谐波，$C_n^m$ 则为谐波系数，n 与 m 称为谐波的阶和次。若要求 T_n^m 有限，则在 $r=0$ 处需要排除含有 r^{-n-1} 的项，在 $r\to\infty$ 处需要排除含有 $r^n(n>0)$的项。在目标区域求解磁场时，包含 $r=0$ 的位置，因此应去除 r^{-n-1} 的项，形成最终表达式：

$$\mathrm{T}_n^m=C_n^m r^n \mathrm{P}_n^m(\cos\theta)\begin{pmatrix}\sin(m\phi)\\ \cos(m\phi)\end{pmatrix} \tag{4.2.2}$$

式(4.2.2)取 $n\leqslant3$ 阶，$m\leqslant3$ 次的低阶谐波函数在球坐标系和直角坐标系中的表达式如表 4.2.1 所示。

表 4.2.1　低阶谐波函数在球坐标系和直角坐标系中的表达式

阶	次	系数(k_{nm})	空间依赖 $r^n\mathrm{P}_n^m(\theta,\phi)$	
n	m		球坐标系	直角坐标系
0	0	A_0^0	1	1
1	0	A_1^0	$r\cos\theta$	z
1	1	A_1^1	$r\sin\theta\cos\phi$	x
1	1	B_1^1	$r\sin\theta\sin\phi$	y
2	0	A_2^0	$r^2(3\cos^2\theta-1)/2$	$z^2-(x^2+y^2)/2$
2	1	$3A_2^1$	$r^2\sin\theta\cos\theta\cos\phi$	xz
2	1	$3B_2^1$	$r^2\sin\theta\cos\theta\sin\phi$	yz
2	2	$3A_2^2$	$r^2\sin^2\theta\cos(2\phi)$	x^2-y^2
2	2	$3B_2^2$	$r^2\sin^2\theta\sin(2\phi)$	$2xy$
3	0	A_3^0	$r^3(5\cos^3\theta-3\cos\theta)/2$	$z[z^2-3(x^2+y^2)/2]$
3	1	$3A_3^1/2$	$r^3\sin\theta(5\cos^2\theta-1)\cos\phi$	$x(4z^2-x^2-y^2)$
3	1	$3B_3^1/2$	$r^3\sin\theta(5\cos^2\theta-1)\sin\phi$	$y(4z^2-x^2-y^2)$
3	2	$15A_3^2$	$r^3\sin^2\theta\cos\theta\cos(2\phi)$	$z(x^2-y^2)$
3	2	$15B_3^2$	$r^3\sin^2\theta\cos\theta\sin(2\phi)$	xyz
3	3	$15A_3^3$	$r^3\sin^3\theta\cos(3\phi)$	x^3-3xy^2
3	3	$15B_3^3$	$r^3\sin^3\theta\sin(3\phi)$	$3x^2y-y^3$

磁场可以用式(4.2.2)的球谐波展开为一个无穷级数[11]，在目标区域中球谐波基函数在数学上是正交完备的，也就是说任何磁场分布均可以采用球谐波级数求和得到。因此，超导磁体的目标内沿 z 方向的磁场分量表达式可以写为

$$\begin{aligned}B_z=&A_0^0+A_1^0z+A_1^1x+B_1^1y+A_2^0[z^2-(x^2+y^2)/2]+3A_2^1zx+3B_2^1zy\\&+3A_2^2(x^2-y^2)+3B_2^2(xy)+A_3^0\{z[z^2-3(x^2+y^2)/2]\}+3A_3^1x(4z^2-x^2-y^2)\\&+3B_3^1y(4z^2-x^2-y^2)+15A_3^2z(x^2-y^2)+15B_3^2xyz+15A_3^3x(x^2-3y^2)\\&+15B_3^3y(3x^2-y^2)+\cdots\end{aligned} \tag{4.2.3}$$

谐波系数法是将分布在超导磁体内腔圆柱面上的线圈电流用傅里叶级数展开，计算目标区域内磁场时用球谐波展开，最终与表 4.2.1 中的场谐波项 $r^n \mathrm{P}_n^m(\theta,\phi)$ 进行系数对比，直接构建场谐波系数与电流傅里叶展开系数之间的关系[12]，认为只要指定目标区域内一个场谐波就可以直接计算出柱面上对应的电流密度。这种方法不再需要选择目标场点和设置目标场值，也不需要很长的计算时间以及复杂的正则化算法，该方法特别适合设计不同阶次的匀场线圈。

如图 4.2.1 所示，位于线圈圆柱侧面上的电流源点 P' 球极坐标为 $\boldsymbol{r}'(f,\alpha,\varphi)$，柱坐标表示为 $\boldsymbol{r}'(a,\varphi,z')$，同样地，对于空间任意场点 P，在球极坐标系和柱坐标系中分别表示为 $\boldsymbol{r}(r,\theta,\phi)$ 以及 $\boldsymbol{r}(\rho,\phi,z)$，从源点 P' 指向场点 P 的位移矢量记为 $\boldsymbol{R}=\boldsymbol{r}-\boldsymbol{r}'$。

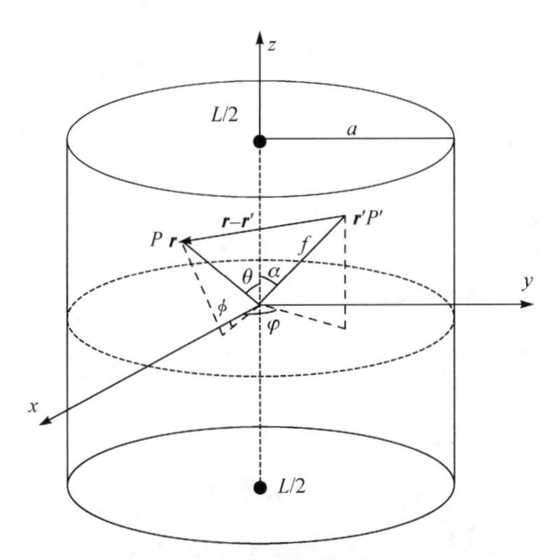

图 4.2.1　核磁共振成像系统坐标关系图

对于半径为 a 的圆柱面上的有限长度梯度线圈，电流密度 $\boldsymbol{J}$ 只有 φ、z（柱坐标系）两个方向的分量，即 $\boldsymbol{J}=J_\varphi \boldsymbol{e}_\varphi+J_z\boldsymbol{e}_z$（$\boldsymbol{e}_\varphi$ 和 $\boldsymbol{e}_z$ 分别代表沿 φ、z 方向的单位向量）。柱面电流密度 $\boldsymbol{J}$ 在柱坐标系下应满足如下关系式：

$$\frac{\partial J_\varphi}{a\partial\varphi}+\frac{\partial J_z}{\partial z}=0 \tag{4.2.4}$$

实际上，梯度线圈或匀场线圈在 z 轴方向上的长度是有限的，所以电流密度分布区域被约束在 $-L/2<z<L/2$ 区间内。因此，在该区域内，对电流密度 J_φ 和 J_z 使用三角函数级数展开得

$$\begin{cases} J_\varphi = \cos(k\varphi)\cdot\displaystyle\sum_{q=1}^{Q}U_q[(1-\eta_{l+k})\sin(k_q z/2)+\eta_{l+k}\cos(k_q z)] \\ J_z = \sin(k\varphi)\cdot\displaystyle\sum_{q=1}^{Q}\frac{k}{ak_q}U_q[\eta_{l+k}\sin(k_q z)-2(1-\eta_{l+k})\cos(k_q z/2)] \end{cases} \tag{4.2.5}$$

式中，$\eta_{l+k}=\dfrac{1+(-1)^{l+k}}{2}=\begin{cases}1, & l+k \text{ 为偶数}\\ 0, & l+k \text{ 为奇数}\end{cases}$；$k_q=2\pi q/L$；$U_q$是电流密度展开式的系数。其中的 l 和 k 是为了与场谐波的阶次（n 和 m）相对应而设置的谐波线圈的阶（对应极角度 θ）与次（对应方位角 ϕ）。流函数与电流密度存在式(4.1.37)～式(4.1.39)的关系，因此流函数可以写为

$$S(\varphi,z)=\cos(k\varphi)\sum_{q=1}^{Q}\frac{1}{k_q}U_q[2(1-\eta_{l+k})\cos(k_q z/2)-\eta_{l+k}\sin(k_q z)] \tag{4.2.6}$$

根据毕奥-萨伐尔定律，源点 $\boldsymbol{r}'(f,\alpha,\varphi)$ 在场点 $\boldsymbol{r}(r,\theta,\phi)$ 处产生的磁感应矢量 $\mathrm{d}\boldsymbol{B}$ 为

$$\mathrm{d}\boldsymbol{B}=\frac{\mu_0}{4\pi}\nabla\frac{1}{|\boldsymbol{r}-\boldsymbol{r}'|}\times\boldsymbol{J}\mathrm{d}\sigma' \tag{4.2.7}$$

式中，$\mathrm{d}\sigma'=a\mathrm{d}\varphi\mathrm{d}z$ 是面积微元。在 $\rho<f_{\min}=a$ 区域内，格林函数 $1/|\boldsymbol{r}-\boldsymbol{r}'|$ 可用勒让德函数级数展开：

$$\frac{1}{|\boldsymbol{r}-\boldsymbol{r}'|}=\frac{1}{f}\sum_{n=0}^{\infty}\sum_{m=0}^{n}\varepsilon_m\frac{(n-m)!}{(n+m)!}\mathrm{P}_n^m(\cos\alpha)\left(\frac{r}{f}\right)^n\mathrm{P}_n^m(\cos\theta)\cos[m(\phi-\varphi)] \tag{4.2.8}$$

式中，纽曼因子 $\varepsilon_m=\begin{cases}1, & m=0\\ 2, & m\neq 0\end{cases}$；$\mathrm{P}_n^m(x)$是 n 阶 m 次连带勒让德函数（$n\geqslant m\geqslant 0$）。对于 $m=0$ 的 0 阶连带勒让德函数具有轴对称性。

为了方便计算，与前面一样，引入格林函数，令

$$\boldsymbol{G}=\nabla\frac{1}{|\boldsymbol{r}-\boldsymbol{r}'|} \tag{4.2.9}$$

只有 J_φ 对 J_x、J_y 有贡献，因此 $J_x=J_\varphi\cos\varphi$，$J_y=J_\varphi\sin\varphi$，将磁场计算式用球坐标系和柱面电流表示为

$$\begin{aligned}&\nabla\frac{1}{|\boldsymbol{r}-\boldsymbol{r}'|}\times\boldsymbol{J}\cdot\boldsymbol{e}_z\\&=\boldsymbol{G}\times\boldsymbol{J}\cdot\boldsymbol{e}_z=G_xJ_y-G_yJ_x\\&=(G_f\sin\alpha\cos\varphi+G_\alpha\cos\alpha\cos\varphi-G_\varphi\sin\varphi)J_\varphi\cos\varphi\\&\quad-(G_f\sin\alpha\sin\varphi+G_\alpha\cos\alpha\sin\varphi+G_\varphi\cos\varphi)(-J_\varphi\sin\varphi)\\&=(G_f\sin\alpha+G_\alpha\cos\alpha)J_\varphi\end{aligned} \tag{4.2.10}$$

将式(4.2.10)代入式(4.2.7)，得到 z 方向磁感应强度表达式

$$\mathrm{d}B_z=\frac{\mu_0}{4\pi}\mathrm{d}\sigma'(G_f\sin\alpha+G_\alpha\cos\alpha)J_\varphi \tag{4.2.11}$$

在球坐标系中，有关系式

$$\nabla=\boldsymbol{e}_r\frac{\partial}{\partial r}+\boldsymbol{e}_\theta\frac{1}{r}\frac{\partial}{\partial\theta}+\boldsymbol{e}_\phi\frac{1}{r\sin\theta}\frac{\partial}{\partial\phi}\quad 和\quad \nabla\frac{1}{|\boldsymbol{r}-\boldsymbol{r}'|}=-\nabla'\frac{1}{|\boldsymbol{r}-\boldsymbol{r}'|}$$

由此可以计算

$$\begin{aligned}G_f&=-\frac{\partial}{\partial f}\frac{1}{|\boldsymbol{r}-\boldsymbol{r}'|}\\&=\sum_{n=0}^{\infty}\sum_{m=0}^{n}\varepsilon_m\frac{(n-m)!}{(n+m)!}\frac{r^n}{f^{n+2}}\mathrm{P}_n^m(\cos\theta)(n+1)\mathrm{P}_n^m(\cos\alpha)\cos[m(\phi-\varphi)]\end{aligned}\tag{4.2.12a}$$

$$\begin{aligned}G_\alpha&=-\frac{1}{f}\frac{\partial}{\partial\alpha}\frac{1}{|\boldsymbol{r}-\boldsymbol{r}'|}\\&=-\sum_{n=0}^{\infty}\sum_{m=0}^{n}\varepsilon_m\frac{(n-m)!}{(n+m)!}\frac{r^n}{f^{n+2}}\mathrm{P}_n^m(\cos\theta)\frac{\partial\mathrm{P}_n^m(\cos\alpha)}{\partial\alpha}\cos[m(\phi-\varphi)]\end{aligned}\tag{4.2.12b}$$

将式(4.2.12)代入式(4.2.11)可以得到 $\mathrm{d}B_z$ 的表达式，之后对 $\mathrm{d}z$ 和 $\mathrm{d}\varphi$ 做二重积分，且通过展开 $\cos[m(\phi-\varphi)]=[\cos(m\phi)\quad\sin(m\phi)]\times[\cos(m\varphi)\quad\sin(m\varphi)]^{\mathrm{T}}$，得到沿 z 轴的磁场，即式(2.2.34)所示的通解，通过上述求解可得其中的待定系数，z 轴磁场磁感应强度的表达式如下：

$$B_z=\sum_{n=0}^{\infty}\sum_{m=0}^{n}b_{nm}r^n\mathrm{P}_n^m(\cos\theta)\begin{pmatrix}\cos(m\phi)\\\sin(m\phi)\end{pmatrix}\tag{4.2.13}$$

式中，展开系数 b_{nm} 的表达式为

$$b_{nm}=\frac{\mu_0 a}{4\pi}\int_{-L/2}^{L/2}\mathrm{d}z\int_0^{2\pi}\mathrm{d}\varphi\varepsilon_m C_{nm}J_\varphi\begin{pmatrix}\cos(m\varphi)\\\sin(m\varphi)\end{pmatrix}^{\mathrm{T}}\tag{4.2.14}$$

其中

$$C_{nm}=\frac{(n-m)!}{(n+m)!}\frac{1}{f^{n+2}}\frac{(n+1)\mathrm{P}_n^m(\cos\alpha)-(n-m+1)\cos\alpha\mathrm{P}_{n+1}^m(\cos\alpha)}{\sin\alpha}\tag{4.2.15}$$

将电流密度展开式(4.2.5)代入式(4.2.14)可以得

$$b_{nm}=\frac{\mu_0 a}{4\pi}\int_{-L/2}^{L/2}\mathrm{d}z\int_0^{2\pi}\mathrm{d}\varphi\varepsilon_m C_{nm}j_\varphi\begin{pmatrix}\cos(k\varphi)&\cos(m\varphi)\\\cos(k\varphi)&\sin(m\varphi)\end{pmatrix}^{\mathrm{T}}\tag{4.2.16}$$

式中，$j_\varphi=\sum_{q=1}^{Q}U_q[(1-\eta_{l+k})\sin(k_q z/2)+\eta_{l+k}\cos(k_q z)]$。基于三角函数的正交性质存在如下关系式：

$$\int_0^{2\pi}\cos(k\varphi)\cos(m\varphi)\mathrm{d}\varphi=2\pi\delta_{k,m}/\varepsilon_m\tag{4.2.17a}$$

$$\int_0^{2\pi}\sin(k\varphi)\cos(m\varphi)\mathrm{d}\varphi=0\tag{4.2.17b}$$

式中，$\delta_{k,m}=\begin{cases}1, & k=m\\0, & k\neq m\end{cases}$，它是克罗内克函数，由此可以完成式(4.2.16)对 φ 的积分。之后对 z 的积分可以分为 $0\sim L/2$ 和 $-L/2\sim 0$ 两部分进行，并且连带勒让德函数具有如下性质：

$$\mathrm{P}_n^m(-\cos\alpha)=(-1)^{n+m}\mathrm{P}_n^m(\cos\alpha) \tag{4.2.18}$$

可以计算式(4.2.16)，并简化为

$$b_{nm}=\mu_0 a\int_0^{L/2}\mathrm{d}zC_{nm}\delta_{k,m}\cdot\sum_{q=1}^{Q}U_q[(1-\eta_{n+m})(1-\eta_{l+k})\sin(k_qz/2)+\eta_{n+m}\eta_{l+k}\cos(k_qz)]\begin{pmatrix}1\\0\end{pmatrix}^{\mathrm{T}} \tag{4.2.19}$$

式中，$\eta_{n+m}=\dfrac{1+(-1)^{n+m}}{2}=\begin{cases}1, & n+m\text{ 为偶数}\\0, & n+m\text{ 为奇数}\end{cases}$。

若将式(4.2.19)代入式(4.2.13)，$\sin(m\phi)$项将被消除，因此 B_z 只产生 $\mathrm{T}_n^m=b_{nm}r^n\mathrm{P}_n^m(\cos\theta)\cos(m\phi)$类谐波。在 b_{nm} 的表达式中，由于 $\delta_{k,m}$、η_{n+m}和 η_{l+k}取值的特殊性，参数 k、l、m、n 应满足一定的条件才能使得 $b_{nm}\neq 0$，即

$$m=k,n=k+(l+k)\mathrm{mod}2+2(i-1),\quad i=1,2,3,\cdots \tag{4.2.20}$$

式中，mod2 表示对 2 求余数。因此，可以定义第 i 个非零谐波场的系数为

$$b_i=\mu_0 a\int_0^{L/2}\mathrm{d}zC_{k+(l+k)\mathrm{mod}2+2(i-1),k}\sum_{q=1}^{Q}U_q[(1-\eta_{l+k})\sin(k_qz/2)+\eta_{l+k}\cos(k_qz)] \tag{4.2.21}$$

式(4.2.21)提取出 U_q，并取前 N 个非零谐波场，可以构造出 $N\times Q$ 的系数矩阵：

$$\boldsymbol{b}_{N\times 1}=\boldsymbol{D}_{N\times Q}\boldsymbol{U}_{Q\times 1} \tag{4.2.22}$$

式中，系数矩阵 $\boldsymbol{D}$ 的矩阵元素为

$$\boldsymbol{D}(i,q)=\mu_0 a\int_0^{L/2}C_{k+(l+k)\mathrm{mod}2+2(i-1),k}[(1-\eta_{l+k})\sin(k_qz/2)+\eta_{l+k}\cos(k_qz)]\mathrm{d}z \tag{4.2.23}$$

因此给定 ROI 区域内场谐波系数矩阵 $\boldsymbol{b}$，再通过矩阵求逆，可以求得电流展开系数矩阵 $\boldsymbol{U}_q=\boldsymbol{D}^{-1}\boldsymbol{b}$，进而代入式(4.2.6)求得流函数，线圈结构可以通过对流函数绘制等值线得到。该逆问题需要首先给定场谐波系数矩阵 $\boldsymbol{b}$ 的值，它根据所设计的目标场谐波类型，再结合表 4.2.1 确定。

设计梯度磁场为 GT_x 的 x 梯度线圈时，由表 4.2.1 可知该场谐波的阶与次分别为 $n=1$ 和 $m=1$。因此所设计线圈的阶与次应同样地设置为 $l=1$ 和 $k=1$，但该 1 阶 1 次的线圈产生的谐波磁场包含 $n=1+2(i-1)$，$i=1,2,3,\cdots$的场谐波，即 T_{11}，T_{31}，T_{51}，…谐波项，因此将这些可能出现的谐波项系数设置为 $b=[GT_x\quad 0\quad 0\quad\cdots\quad 0]^{\mathrm{T}}$ 使得线圈只产生 T_{11}谐波场，再计算矩阵 $\boldsymbol{D}$ 的值，求逆可得到电流密

度展开系数 U_q。x 梯度线圈旋转 90°可以获得 y 梯度线圈，即含有 $\sin(m\phi)$ 的谐波线圈将由含有 $\cos(m\phi)$ 的谐波线圈旋转得到，对于不同次，即 k 不同的线圈，旋转角度为 $(90/k)^\circ$。

4.2.2　永磁核磁共振成像梯度线圈及匀场线圈设计方法

4.2.1 节详细介绍了在圆柱面上分布的超导核磁共振成像梯度线圈设计，但是对 C 形和回字形等永磁型核磁共振磁体结构而言，一般使用双平面分布的梯度线圈和匀场线圈。对于这样的线圈结构则需重新考虑具体的设计方法。双平面结构的梯度线圈及匀场线圈几何结构如图 4.2.2 所示，两个线圈分别位于 $z=\pm a$ 平面，最大布线半径为 ρ_a。

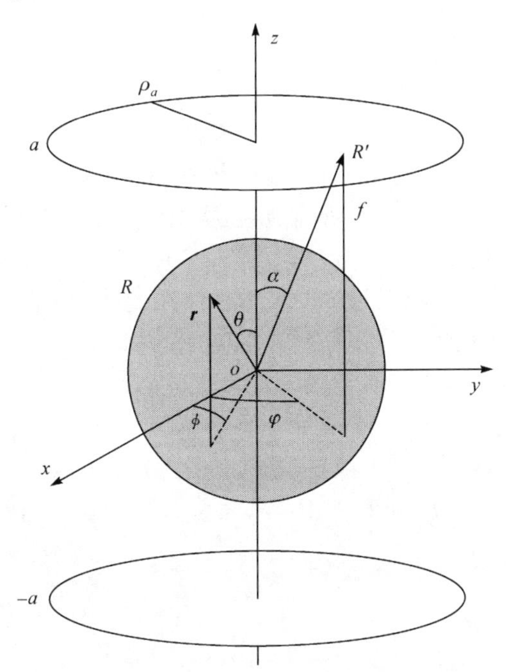

图 4.2.2　双平面梯度及匀场线圈系统

而连续电流密度 $J(\rho,\varphi)$ 分布在线圈面内，可以写为切向和径向两个分量 $\boldsymbol{J}=J_\varphi \boldsymbol{e}_\varphi+J_\rho \boldsymbol{e}_\rho$，$\boldsymbol{e}_\varphi$ 和 $\boldsymbol{e}_\rho$ 分别代表平面极坐标中 φ 方向和 ρ 方向的单位矢量。两个分量 J_φ 和 J_ρ 满足连续方程：

$$\frac{\partial}{\partial\rho}(\rho J_\rho)+\frac{\partial J_\varphi}{\partial\varphi}=0 \tag{4.2.24}$$

同样可以引入流函数 $S(\rho,\varphi)$，其与电流密度分量的关系为

$$\begin{cases} J_{\varphi}=-\dfrac{\partial S}{\partial \rho} \\ J_{\rho}=\dfrac{\partial S}{\rho \partial \varphi} \end{cases} \tag{4.2.25}$$

对于双平面线圈，有 $z=\pm a=f\cos\alpha$ 和 $\rho=f\sin\alpha$。流函数可以设置为

$$S^{\pm}(\rho,\varphi)=(\pm 1)^{l+k}\cos(k\varphi)\sum_{q=1}^{Q}U_q s_q(\rho),\quad 0\leqslant\rho\leqslant\rho_a \tag{4.2.26}$$

式中，l 和 k 分别表示线圈的阶和次；"±"记号分别表示上平面和下平面；流函数展开基 $s_q(\rho)$ 可以任意取值，如取最简明的三角函数 $s_q(\rho)=\sin(q\pi\rho/\rho_a)$。这样，两个电流密度分量可以写为[13]

$$\begin{cases} J_{\varphi}^{\pm}=(\pm 1)^{l+k}\cos(k\varphi)\displaystyle\sum_{q=1}^{Q}U_q\left(-\frac{\partial s_q(\rho)}{\partial\rho}\right) \\ J_{\rho}^{\pm}=(\pm 1)^{l+k}\sin(k\varphi)\displaystyle\sum_{q=1}^{Q}U_q\left(-\frac{k}{\rho}s_q(\rho)\right) \end{cases} \tag{4.2.27}$$

式中，U_q 是电流傅里叶展开系数；Q 是展开级数的序号。必须强调的是，当 $Q\to\infty$ 时，线圈面内的电流密度可以被精确地表达，并完全由各阶电流展开系数 U_q 决定。但是实际工程计算时，Q 只能取有限值，用有限阶数的电流展开系数 U_q 近似地确定电流密度分布，Q 越大，计算的结构越精确，但是布线会越复杂，实际加工的难度越高。电流分布在上下两平面中是相同的，只是电流方向根据不同情况有所不同，当 $l+k$ 是偶数(奇数)时，线圈磁场关于 $z=0$ 平面有偶(奇)对称性，上下两面的电流同向(反向)。

一般来说，成像区域是球形区域，相应地，建立球坐标系。球坐标系中场点和源点可分别表示为 $R(r,\theta,\phi)$ 和 $R'(f,\alpha,\varphi)$。根据毕奥-萨伐尔定律并且考虑到 $\dfrac{\boldsymbol{r}-\boldsymbol{r}'}{(\boldsymbol{r}-\boldsymbol{r}')^3}=-\nabla\dfrac{1}{|\boldsymbol{r}-\boldsymbol{r}'|}$，则磁感应强度可写为

$$\mathrm{d}\boldsymbol{B}=\frac{\mu_0}{4\pi}\nabla\frac{1}{|\boldsymbol{r}-\boldsymbol{r}'|}\times\boldsymbol{J}\mathrm{d}\sigma' \tag{4.2.28}$$

式中，积分面元 $\mathrm{d}\sigma'=\rho\mathrm{d}\rho\mathrm{d}\varphi$。在匀场线圈设计中，只考虑 z 方向分量。同样，考虑采用格林函数 $G=\nabla(1/|\boldsymbol{r}-\boldsymbol{r}'|)$，在球坐标系下有

$$\nabla\Phi=\frac{\partial\Phi}{\partial r}\boldsymbol{e}_r+\frac{1}{r}\frac{\partial\Phi}{\partial\theta}\boldsymbol{e}_\theta+\frac{1}{r\sin\theta}\frac{\partial\Phi}{\partial\phi}\boldsymbol{e}_\phi \tag{4.2.29}$$

并考虑到格林函数的互易性 $\nabla\dfrac{1}{|\boldsymbol{r}-\boldsymbol{r}'|}=-\nabla'\dfrac{1}{|\boldsymbol{r}-\boldsymbol{r}'|}$，磁感应强度 $\mathrm{d}\boldsymbol{B}$ 的 z 方向分量可写为

$$
\begin{aligned}
\mathrm{d}B_z &= \frac{\mu_0}{4\pi}\mathrm{d}\sigma'(A_x J_y - A_y J_x) \\
&= \frac{\mu_0}{4\pi}\mathrm{d}\sigma'[(A_f \sin\alpha\cos\varphi + A_\alpha \cos\alpha\cos\varphi - A_\varphi \sin\varphi)(J_\varphi \cos\varphi + J_\rho \sin\varphi) \\
&\quad - (A_f \sin\alpha\sin\varphi + A_\alpha \cos\alpha\sin\varphi + A_\varphi \cos\varphi)(-J_\varphi \sin\varphi + J_\rho \cos\varphi)] \\
&= \frac{\mu_0}{4\pi}\mathrm{d}\sigma'[A_f J_\varphi \sin\alpha + A_\alpha J_\varphi \cos\alpha - A_\varphi J_\rho] \\
&= \frac{\mu_0}{4\pi}\mathrm{d}\sigma'\sum_{n=0}^{\infty}\sum_{m=0}^{n}\varepsilon_m \frac{(n-m)!}{(n+m)!}\frac{r^n}{f^{n+2}}\mathrm{P}_{nm}(\cos\theta)\{(n+1)J_\varphi \sin\alpha \mathrm{P}_{nm}(\cos\alpha)\cos[m(\phi-\varphi)] \\
&\quad - J_\varphi \cos\alpha \frac{\partial \mathrm{P}_{nm}(\cos\alpha)}{\partial\alpha}\cos[m(\phi-\varphi)] + mJ_\rho \frac{\mathrm{P}_{nm}(\cos\alpha)}{\sin\alpha}\sin[m(\phi-\varphi)]\}
\end{aligned} \tag{4.2.30}
$$

$\mathrm{P}_{nm}(x)$是连带勒让德函数。根据连带勒让德函数的微分性质：

$$
\frac{\mathrm{dP}_{nm}(\cos\alpha)}{\mathrm{d}\alpha} = \frac{1}{\sin\alpha}[(n-m+1)\mathrm{P}_{n+1,m}(\cos\alpha) - (n+1)\cos\alpha \mathrm{P}_{nm}(\cos\alpha)] \tag{4.2.31}
$$

为方便表示，做如下简写：

$$
\begin{cases}
C_{nm} = \dfrac{(n-m)!}{(n+m)!}\dfrac{1}{f^{n+2}} \\
C_{nm}^{\rho} = m\dfrac{\mathrm{P}_{nm}(\cos\alpha)}{\sin\alpha} \\
C_{nm}^{\varphi} = \dfrac{1}{\sin\alpha}[(n+1)\mathrm{P}_{nm}(\cos\alpha) - (n-m+1)\cos\alpha \mathrm{P}_{n+1,m}(\cos\alpha)] \\
D_{nm}' = \dfrac{\mu_0}{4\pi}\mathrm{d}\sigma'\varepsilon_m C_{nm}[C_{nm}^{\varphi} J_\varphi \cos(m\varphi) - C_{nm}^{\rho} J_\rho \sin(m\varphi), C_{nm}^{\psi} J_\varphi \sin(m\varphi) + C_{nm}^{\rho} J_\rho \cos(m\varphi)]
\end{cases} \tag{4.2.32}
$$

将式(4.2.31)代入式(4.2.30)中，并用式(4.2.32)定义的表达式代替复杂的系数表达式，式(4.2.30)可以化简为

$$
\begin{aligned}
\mathrm{d}B_z &= \frac{\mu_0}{4\pi}\mathrm{d}\sigma'\sum_{n=0}^{\infty}\sum_{m=0}^{n}\varepsilon_m C_{nm} r^n \mathrm{P}_{nm}(\cos\theta)\{C_{nm}^{\varphi} J_\varphi \cos[m(\phi-\varphi)] + C_{nm}^{\rho} J_\rho \sin[m(\phi \\
&\quad -\varphi)]\} \\
&= \frac{\mu_0}{4\pi}\mathrm{d}\sigma'\sum_{n=0}^{\infty}\sum_{m=0}^{n}\varepsilon_m C_{nm} r^n \mathrm{P}_{nm}(\cos\theta)\{\cos(m\phi)[C_{nm}^{\varphi} J_\varphi \cos(m\varphi) - C_{nm}^{\rho} J_\rho \sin(m\varphi)] \\
&\quad + \sin(m\phi)[C_{nm}^{\psi} J_\varphi \sin(m\varphi) + C_{nm}^{\rho} J_\rho \cos(m\varphi)]\}
\end{aligned} \tag{4.2.33}
$$

引入二维行向量：

$$D'_{nm}=\frac{\mu_0}{4\pi}\mathrm{d}\sigma'\varepsilon_m C_{nm}\left[C^{\varphi}_{nm}J_{\varphi}\cos(m\varphi)-C^{\rho}_{nm}J_{\rho}\sin(m\varphi),C^{\varphi}_{nm}J_{\varphi}\sin(m\varphi)+C^{\rho}_{nm}J_{\rho}\cos(m\varphi)\right] \tag{4.2.34}$$

则式(4.2.33)可以进一步简化为

$$\mathrm{d}B_z=\sum_{n=0}^{\infty}\sum_{m=0}^{n}D'_{nm}r^n\mathrm{P}_{nm}(\cos\theta)\begin{pmatrix}\cos(m\phi)\\ \sin(m\phi)\end{pmatrix} \tag{4.2.35}$$

需要注意式(4.2.34)中的双平面表面电流 J_{φ}、J_{ρ} 应该分别包括上、下两个平面 $J^{\pm}_{\varphi}$、$J^{\pm}_{\rho}$，对式(4.2.35)积分得

$$B_z=\sum_{n=0}^{\infty}\sum_{m=0}^{n}D_{nm}r^n\mathrm{P}_{nm}(\cos\theta)\begin{pmatrix}\cos(m\phi)\\ \sin(m\phi)\end{pmatrix} \tag{4.2.36}$$

此处谐波展开系数具体表达为

$$D_{nm}=\frac{\mu_0}{4\pi}\int_0^{\rho_a}\int_0^{2\pi}\rho\mathrm{d}\varphi\mathrm{d}\rho\varepsilon_m C_{nm}\begin{pmatrix}(C^{\varphi+}_{nm}J^{+}_{\varphi}+C^{\varphi-}_{nm}J^{-}_{\varphi})\cos(m\varphi)-(C^{\rho+}_{nm}J^{+}_{\rho}+C^{\rho-}_{nm}J^{-}_{\rho})\sin(m\varphi)\\ (C^{\varphi+}_{nm}J^{+}_{\varphi}+C^{\varphi-}_{nm}J^{-}_{\varphi})\sin(m\varphi)+(C^{\rho+}_{nm}J^{+}_{\rho}+C^{\rho-}_{nm}J^{-}_{\rho})\cos(m\varphi)\end{pmatrix}^{\mathrm{T}} \tag{4.2.37}$$

式中，上标 T 表示矩阵转置，将式(4.2.27)代入式(4.2.37)，可得

$$\begin{aligned}D_{nm}=&\frac{\mu_0}{4\pi}\sum_{q=1}^{Q}U_q\int_0^{\rho_a}\int_0^{2\pi}\rho\mathrm{d}\varphi\mathrm{d}\rho\varepsilon_m C_{nm}\\ &\times\begin{pmatrix}[C^{\varphi+}_{nm}+(-1)^{l+k}C^{\varphi-}_{nm}]j_{\varphi,q}\cos(k\varphi)\cos(m\varphi)-[C^{\rho+}_{nm}+(-1)^{l+k}C^{\rho-}_{nm}]j_{\rho,q}\sin(k\varphi)\sin(m\varphi)\\ [C^{\varphi+}_{nm}+(-1)^{l+k}C^{\varphi-}_{nm}]j_{\varphi,q}\cos(k\varphi)\sin(m\varphi)+[C^{\rho+}_{nm}+(-1)^{l+k}C^{\rho-}_{nm}]j_{\rho,q}\sin(k\varphi)\cos(m\varphi)\end{pmatrix}^{\mathrm{T}}\end{aligned} \tag{4.2.38}$$

根据连带勒让德函数的奇偶性 $\mathrm{P}_{nm}(-\cos\alpha)=(-1)^{n+m}\mathrm{P}_{nm}(\cos\alpha)$ 以及三角函数的正交性：

$$\begin{cases}\displaystyle\int_0^{2\pi}\sin(k\varphi)\sin(m\varphi)\mathrm{d}\varphi=(\varepsilon_m-1)\pi\delta_{km}\\ \displaystyle\int_0^{2\pi}\cos(k\varphi)\cos(m\varphi)\mathrm{d}\varphi=2\pi\delta_{km}/\varepsilon_m\\ \displaystyle\int_0^{2\pi}\sin(k\varphi)\cos(m\varphi)\mathrm{d}\varphi=0\end{cases} \tag{4.2.39}$$

式中，$\delta_{ij}=\begin{cases}1, & i=j\\ 0, & i\neq j\end{cases}$ 为克罗内克函数，式(4.2.38)可化简为

$$D_{nm}=\frac{\mu_0}{2}\int_0^{\rho_a}\rho\mathrm{d}\rho C_{nm}\sum_{q=1}^{Q}U_q\begin{pmatrix}[1+(-1)^{n+m+l+k}]\delta_{k,m}(C^{\varphi}_{nm}j_{\varphi,q}-C^{\rho}_{nm}j_{\rho,q})\\ 0\end{pmatrix}^{\mathrm{T}} \tag{4.2.40}$$

对于第 l 阶和第 k 次的匀场线圈，只能产生特定阶和次的谐波场：

$$r^n\mathrm{P}_{nm}(\cos\theta)\cos(m\phi)$$

其中，m 和 n 满足

$$m=k \tag{4.2.41}$$

$$n=k+(l+k)\bmod 2+2(i-1),\quad i=1,2,\cdots \tag{4.2.42}$$

只写出这些特定的谐波,将电流密度分量式(4.2.27)代入,并提取电流系数 U_q,可以得到一个系数矩阵 $\boldsymbol{D}$,其中矩阵元素为

$$D(i,q)=\mu_0\int_0^{\rho_a}\rho\mathrm{d}\rho C_{nk}\left[C_{nk}^{\rho}\frac{k}{\rho}s_q(\rho)-C_{nk}^{\varphi}\frac{\partial s_q(\rho)}{\partial\rho}\right] \tag{4.2.43}$$

因此,第 l 阶和第 k 次的匀场线圈产生的磁场最后可以表达为

$$B_z=\sum_{n=1}^{\infty}\sum_{q=1}^{Q}U_qD(i,q)r^n\mathrm{P}_{nk}(\cos\theta)\cos(k\phi) \tag{4.2.44}$$

为了求解电流系数矩阵 $\boldsymbol{U}=[U_1,U_2,\cdots,U_Q]^{\mathrm{T}}$,可设置谐波系数向量 $\boldsymbol{C}=[C_1,C_2,\cdots,C_N]^{\mathrm{T}}$,其中谐波数 N 满足条件:$Q\geqslant N\geqslant(l-k)/2+1$,第 i 个元素为:$C_i=\delta_{l,n}b_{nm}$。b_{nm} 是第 n 阶第 m 次的目标谐波场系数。当 $n=1$ 时,代表的是线性梯度场,可用于空间编码梯度,也可以用于线性匀场;当 $n\geqslant2$ 时,表示的是高阶匀场谐波场。最终得到矩阵方程:

$$\boldsymbol{D}_{N\times Q}\boldsymbol{U}_{Q\times1}=\boldsymbol{C}_{N\times1} \tag{4.2.45}$$

电流系数向量 $\boldsymbol{U}$ 可以直接通过矩阵求逆得到:

$$\boldsymbol{U}=\boldsymbol{D}^{-1}\boldsymbol{C} \tag{4.2.46}$$

将得到的电流系数代入流函数表达式(4.2.26),再用流函数等值线离散法,可以得到具体线圈导线的分布图。

对于双平面匀场线圈的设计,参考表 4.2.1 所示的磁场分布规律,以 $z^2-(x^2+y^2)/2$ 线圈为例,具体说明双平面匀场线圈设计过程及设计结果。假设线圈面分布在 $z=\pm a=\pm130\text{mm}$,最大半径 $\rho_a=220\text{mm}$,目标区域是半径为 100mm 的球,先取 $Q=1$ 最简单的情况。此时 $l=2,k=0$ 对应的 $m=k=2,n=0+2\bmod2+2(i-1)=2i-2,i=1,2,\cdots,N$,当 N 取 5 时,线圈会产生 $T_{00},T_{20},T_{40},T_{60},T_{80}$ 次谐波,而 $2z^2-x^2-y^2$ 次谐波属于 T_{20},故谐波系数向量设置为 $\boldsymbol{C}=[0,b_{20},0,0,0]^{\mathrm{T}}$。根据上述匀场线圈设计方法编程计算得到 $z^2-(x^2+y^2)/2$ 匀场线圈结构:匀场线圈由多个同心圆形电流环组成,它们半径不同但电流方向相同。又因为 $l+k=2+0=2$ 是偶数,所以线圈磁场关于 $z=0$ 平面有偶对称关系,上下平面上的电流同向。具体绕线分布如图 4.2.3(a)所示,同样的方法可以得到 x 梯度(匀场)线圈的结构如图 4.2.3(b)所示,其中粗线表示电流为顺时针方向,细线表示电流为逆时针方向。

图 4.2.4(a)表示 $z^2-(x^2+y^2)/2$ 线圈产生的 B_z 场在 z 轴的变化曲线,图 4.2.4(b)表示 x 线圈产生的 B_z 场在 y 轴的变化曲线。图中虚线表示的是在半径为 100mm 球范围内线圈实际产生的磁场分布,而实线表示的是理想分布,两者有相同的变化趋势及数值范围,说明线圈满足设计需求。图 4.2.5 还分别给出了线圈在 xoy 面的实际磁场分布,其中(a)为 $z^2-(x^2+y^2)/2$ 线圈产生的磁场,(b)为 x 梯度(匀场)线圈产生的磁场。

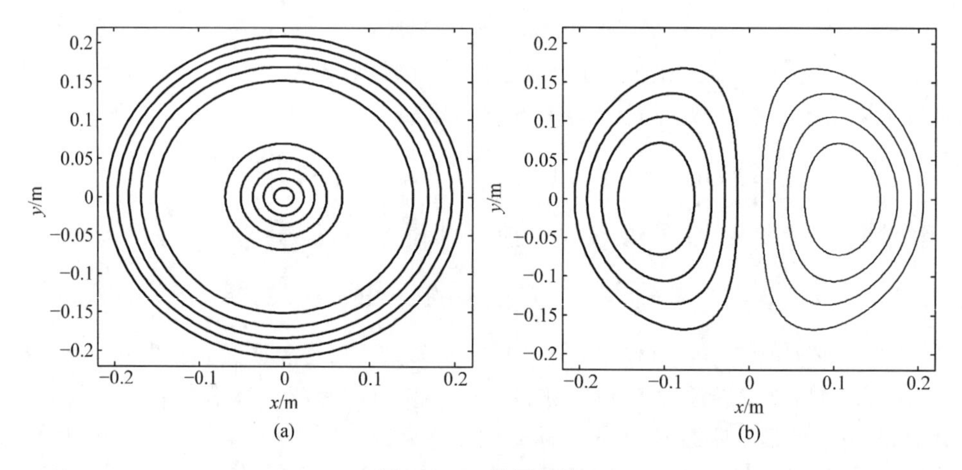

图 4.2.3 线圈结构

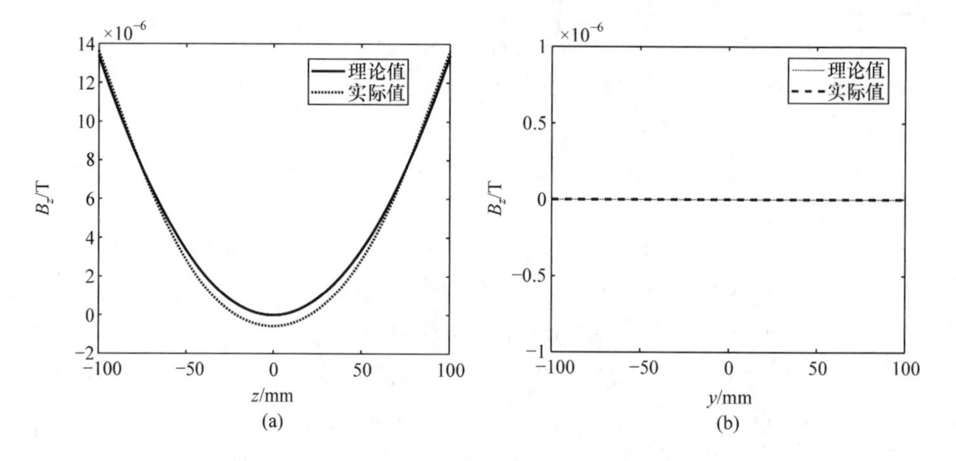

图 4.2.4 轴线上磁场分布

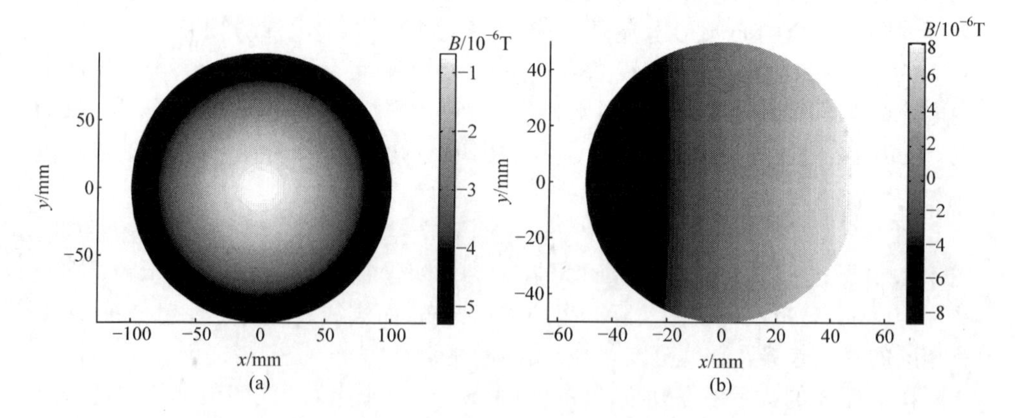

图 4.2.5 xoy 面实际磁场分布

对 $z^2-(x^2+y^2)/2$ 线圈在目标区域实际产生的磁场进行谐波分析，各谐波成分系数如表 4.2.2 所示，除 $z^2-(x^2+y^2)/2$ 谐波外 x 谐波项系数最大，大小占 $z^2-(x^2+y^2)/2$ 谐波的 4.32%，满足 5%的误差要求。表中还给出了 x 线圈的情况，占比是 1.59%，同样满足要求。

表 4.2.2　线圈产生的实际磁场谐波分析系数

谐波项	$z^2-(x^2+y^2)/2$ 线圈		x 线圈	
	系数	占比/%	系数	占比/%
z	0.0030	2.20	−0.0032	1.59
x	0.0059	4.32	0.2010	100
y	0.0041	3.00	0.0015	0.75
$z^2-(x^2+y^2)/2$	0.1366	100	0	0.00
xz	−0.0001	0.07	0.0006	0.30
yz	0	0.00	0.0001	0.05
x^2-y^2	−0.0004	0.29	0.0002	0.10
$2xy$	0.0001	0.07	−0.0001	0.05

4.2.3　Halbach 磁体结构的梯度线圈及匀场线圈设计方法

1979 年，美国劳伦斯伯克利国家实验室的物理学家 Halbach 博士提出了一种新颖的永磁结构。这种阵列完全由稀土永磁材料构成，通过将不同磁化方向的永磁体按照一定的规律排列，能够在磁体的一侧汇聚磁力线，而在另一侧削弱磁力线，从而获得非常理想的均匀磁场。学术界将这种特殊磁化方式的永磁体阵列称为 Halbach 永磁阵列。Halbach 磁体结构如图 4.2.6 所示，主磁场方向是沿着 y 轴方向，垂直于柱坐标系的 z 轴。图中每个磁块上的箭头表示磁块的磁化方向，16 个不同磁化方向的磁块在其腔体内部产生均匀的静态磁场 B_y。由于 Halbach 磁体内部的空腔为圆柱形，左移梯度线圈也是分布于圆柱面上，但是由于主磁场方向与超导磁体主磁场方向不一样，因此在设计该类型磁体结构的梯度线圈时，不能完全按照超导梯度线圈的设计方法，需要做适当的调整。本节以及 4.3 节将介绍两种方法，详细讨论这种梯度线圈的设计。

本节将梯度线圈和匀场线圈一并分析，在柱坐标系下，梯度电流分布可以表示为轴向和角度方向的电流密度分布，分别为 J_z、J_φ。由电流连续性定理 $\nabla \cdot \boldsymbol{J}=0$ 可知，J_z、J_φ 满足关系：

$$\frac{\partial J_\varphi}{a\partial\varphi}+\frac{\partial J_z}{\partial z}=0$$

在一个不为零的有限区域内，傅里叶系数可以用来表示电流密度，同时简化求

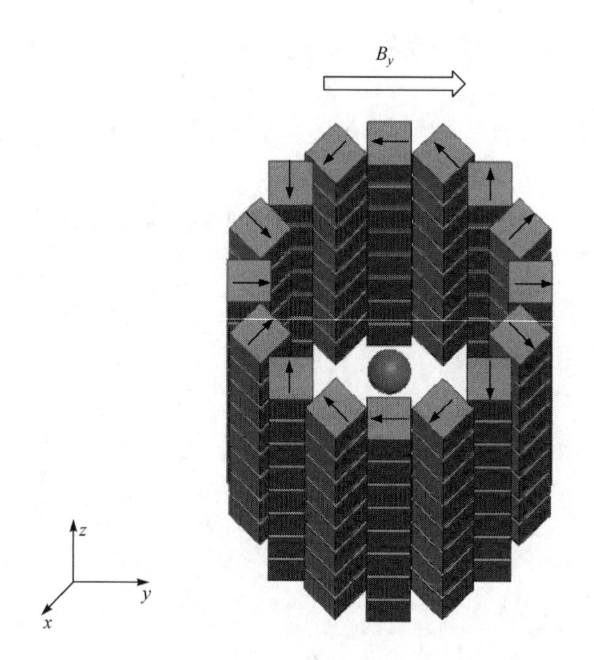

图 4.2.6　Halbach 磁体结构

解过程,傅里叶级数可以大致替代准确的表达式,其精度取决于阶数 Q 值的大小。Q 决定了等式的准确度,因为 Q 越大,就有更多的细节被计算在内,同时计算机的容量相应需要更大。而且在实际生产中不可能满足线圈复杂性的要求,因此 Q 的值要选得恰当。电流密度可以由下列函数决定[14]:

$$\begin{aligned} J_\varphi &= [(1-\gamma_m)\cos(k\varphi)+\gamma_m\sin(k\varphi)] \\ &\quad \times \sum_{q=1}^{Q} U_q\left[(1-\eta_{l+k})\sin\left(\frac{q\pi z}{L}\right)+\eta_{l+k}\cos\left(\frac{2q\pi z}{L}\right)\right] \end{aligned} \tag{4.2.47}$$

$$\begin{aligned} J_z &= k[\gamma_m\cos(k\varphi)-(1-\gamma_m)\sin(k\varphi)] \\ &\quad \times \sum_{q=1}^{Q} \frac{L}{2q\pi}U_q\left[2(1-\eta_{l+k})\cos\left(\frac{q\pi z}{L}\right)-\eta_{l+k}\sin\left(\frac{2q\pi z}{L}\right)\right] \\ &\quad -\frac{L}{2}<z<\frac{L}{2} \\ &\quad l=1,2,\cdots;k=0,\pm1,\cdots,\pm l;n=1,2,\cdots;m=0,\pm1,\cdots,\pm n \end{aligned} \tag{4.2.48}$$

式中,(n,m)和(l,k)代表谐波函数和电流密度的阶数和级数。γ_m、η_{l+k}定义为限制电流密度三角函数的周期性。可以理解为傅里叶级数中,为了满足求解方便的限制性参数。具体来说就是

$$\gamma_m=\begin{cases}1, & m\text{ 为偶数}\\ 0, & m\text{ 为奇数}\end{cases},\quad \eta_{l+k}=\begin{cases}1, & l+k\text{ 为偶数}\\ 0, & l+k\text{ 为奇数}\end{cases} \tag{4.2.49}$$

根据式(4.1.51)，S 可以表示为

$$S=[(1-\gamma_m)\cos(k\varphi)+\gamma_m\sin(k\varphi)]\times\sum_{q=1}^{Q}\frac{L}{2q\pi z}U_q\left[2(1-\eta_{l+k})\cos\left(\frac{q\pi z}{L}\right)-\eta_{l+k}\sin\left(\frac{2q\pi z}{L}\right)\right] \quad (4.2.50)$$

在核磁共振分析中球谐函数由于其正交性质一般作为磁场展开的基础，总体而言，匀场线圈的目的是减小不需要的谐波影响并提高主磁场的均匀度。在球坐标系中的点 $\boldsymbol{r}(r,\theta,\varphi)$，在阶数 n 和级数 m 下，静态磁场的球谐函数的一般形式为

$$\mathrm{B}_{nm}=r^n[a_{nm}\cos(m\phi)+b_{nm}\sin(m\phi)]\mathrm{P}_n^m(\cos\theta) \quad (4.2.51)$$

式中，$\mathrm{P}_n^m(\cos\theta)$ 为连带勒让德函数；a_{nm}、b_{nm} 为球谐函数的系数。

在球坐标系统下，通过毕奥-萨伐尔定律，磁场 $\mathrm{d}\boldsymbol{B}$ 由电流密度 $\boldsymbol{J}(r)$ 在源点 $\boldsymbol{r}'(f,\alpha,\varphi)$ 产生，在场点 $\boldsymbol{r}(r,\theta,\phi)$ 可以写成

$$\mathrm{d}\boldsymbol{B}=\frac{\mu_0}{4\pi}\nabla\frac{1}{|\boldsymbol{r}-\boldsymbol{r}'|}\times\boldsymbol{J}\mathrm{d}f\mathrm{d}\alpha\mathrm{d}\varphi \quad (4.2.52)$$

将其按照勒让德级数展开，如式(4.2.8)，将其重写如下：

$$\frac{1}{|\boldsymbol{r}-\boldsymbol{r}'|}=\frac{1}{f}\sum_{n=0}^{\infty}\sum_{m=0}^{n}\varepsilon_m\frac{(n-m)!}{(n+m)!}\mathrm{P}_n^m(\cos\alpha)\left(\frac{r}{f}\right)^n\mathrm{P}_n^m(\cos\theta)\cos[m(\phi-\varphi)] \quad (4.2.53)$$

式中，当 $m=0$ 时，$\varepsilon_m=1$；当 $m>0$ 时，$\varepsilon_m=2$。所以 $\mathrm{d}B_y$ 可以表示为

$$\begin{aligned}\mathrm{d}B_y=&\frac{\mu_0}{4\pi}\sum_{n=0}^{\infty}\sum_{m=0}^{n}\varepsilon_m C_{nm}^0 r^n\mathrm{P}_n^m(\cos\theta)\\&\times\{[C_{nm}^{z_1}\cos\varphi\cos(m\varphi)J_z+C_{nm}^{\varphi}\sin\varphi\cos(m\varphi)J_\varphi-C_{nm}^{z_2}\sin\varphi\sin(m\varphi)J_z]\cos(m\phi)\\&+[C_{nm}^{z_1}\cos\varphi\sin(m\varphi)J_z+C_{nm}^{\varphi}\sin\varphi\sin(m\varphi)J_\varphi-C_{nm}^{z_2}\sin\varphi\cos(m\varphi)J_z]\sin(m\phi)\}\mathrm{d}z\mathrm{d}\varphi\\=&\frac{\mu_0}{4\pi}\sum_{n=0}^{\infty}\sum_{m=0}^{n}\varepsilon_m C_{nm}^0 r^n\mathrm{P}_n^m(\cos\theta)[\cos m\phi\quad\sin m\phi]\\&\times\begin{bmatrix}C_{nm}^{z_1}\cos\varphi\cos(m\varphi)J_z+C_{nm}^{\varphi}\sin\varphi\cos(m\varphi)J_\varphi-C_{nm}^{z_2}\sin\varphi\sin(m\varphi)J_z\\C_{nm}^{z_1}\cos\varphi\sin(m\varphi)J_z+C_{nm}^{\varphi}\sin\varphi\sin(m\varphi)J_\varphi-C_{nm}^{z_2}\sin\varphi\cos(m\varphi)J_z\end{bmatrix}\mathrm{d}z\mathrm{d}\varphi\end{aligned} \quad (4.2.54)$$

式中，引入的中间系数表示为

$$C_{nm}^0=\frac{(n-m)!}{(n+m)!\ f^{n+2}},\quad C_{nm}^{z_2}=m\frac{\mathrm{P}_n^m(\cos\alpha)}{\sin\alpha},\quad C_{nm}^{\varphi}=(n+m-1)\mathrm{P}_{n+1}^m(\cos\alpha)$$

$$C_{nm}^{z_1}=\frac{1}{\sin\theta}[(n+1)\mathrm{P}_n^m(\cos\alpha)-(n+m-1)\cos\alpha\mathrm{P}_{n+1}^m(\cos\alpha)] \quad (4.2.55)$$

然后，B_y 可以简化为

$$B_y=\frac{\mu_0}{4\pi}\sum_{n=0}^{\infty}\sum_{m=0}^{n}\int_{-\frac{L}{2}}^{\frac{L}{2}}\int_{-\pi}^{\pi}\varepsilon_m C_{nm}^0 r^n\mathrm{P}_n^m(\cos\theta)[\cos(m\phi)\quad\sin(m\phi)]$$

$$\times\begin{bmatrix} C_{nm}^{z_1}\cos\varphi\cos(m\varphi)J_z + C_{nm}^{\varphi}\sin\varphi\cos(m\varphi)J_\varphi - C_{nm}^{z_2}\sin\varphi\sin(m\varphi)J_z \\ C_{nm}^{z_1}\cos\varphi\sin(m\varphi)J_z + C_{nm}^{\varphi}\sin\varphi\sin(m\varphi)J_\varphi - C_{nm}^{z_2}\sin\varphi\cos(m\varphi)J_z \end{bmatrix}\mathrm{d}z\mathrm{d}\varphi \tag{4.2.56}$$

当 m 为奇数时，γ_m 等于 0，所以有

$$J_\varphi = \cos(k\varphi)\sum_{q=1}^{Q}U_q\left[(1-\eta_{l+k})\sin\left(\frac{q\pi z}{L}\right)+\eta_{l+k}\cos\left(\frac{2q\pi z}{L}\right)\right] \tag{4.2.57}$$

$$J_z = -k\sin(k\varphi)\sum_{q=1}^{Q}U_q\left[2(1-\eta_{l+k})\cos\left(\frac{q\pi z}{L}\right)-\eta_{l+k}\sin\left(\frac{2q\pi z}{L}\right)\right] \tag{4.2.58}$$

将式(4.2.57)、式(4.2.58)代入式(4.2.56)，可以用正交的三角函数化简。在下式给出了 m 为奇数的例子，m 为偶数时是类似的，这里就不再赘述。

$$\int_{-\pi}^{\pi}\cos\varphi\cos(m\varphi)\sin(k\varphi)\mathrm{d}\varphi = 0 \tag{4.2.59}$$

$$\int_{-\pi}^{\pi}\sin\varphi\cos(m\varphi)\cos(k\varphi)\mathrm{d}\varphi = 0 \tag{4.2.60}$$

$$\int_{-\pi}^{\pi}\sin\varphi\sin(m\varphi)\sin(k\varphi)\mathrm{d}\varphi = 0 \tag{4.2.61}$$

$$\int_{-\pi}^{\pi}\cos\varphi\sin(m\varphi)\sin(k\varphi)\mathrm{d}\varphi = \begin{cases} \dfrac{\pi}{2}, & m = k\pm 1, m\neq 0 \\ -\dfrac{\pi}{2}, & m = -k\pm 1, m\neq 0 \\ 0, & m = 0 \\ 0, & k = 0 \end{cases} \tag{4.2.62}$$

$$\int_{-\pi}^{\pi}\sin\varphi\sin(m\varphi)\cos(k\varphi)\mathrm{d}\varphi = \begin{cases} \dfrac{\pi}{2}, & m = \pm k + 1, m\neq 0 \\ -\dfrac{\pi}{2}, & m = \pm k - 1, m\neq 0 \\ 0, & m = 0 \\ 0, & k = 0, m = \pm 1 \end{cases} \tag{4.2.63}$$

$$\int_{-\pi}^{\pi}\sin\varphi\cos(m\varphi)\sin(k\varphi)\mathrm{d}\varphi = \begin{cases} \dfrac{\pi}{2}, & m = \pm(k-1), m\neq 0 \\ -\dfrac{\pi}{2}, & m = \pm(k+1), m\neq 0 \\ 0, & k = 0 \\ k\pi, & m = 0, k = \pm 1 \end{cases} \tag{4.2.64}$$

对于每种设计有两种对应的 $m=k\pm 1$ 可以得到，在 m 或者 k 为 0 时同样可以满足。在 $m=-k\pm 1$ 是对称的情况，相当于角度延后了 90°，所以这里不进行讨

论。考虑当 m 为偶数时三角函数的结果，将 $C_{nm}^{z_1}$、$C_{nm}^{z_2}$ 和 C_{nm}^{φ} 的系数列在表 4.2.3 中，当 m 为奇数时，将 $C_{nm}^{z_1}$、$C_{nm}^{z_2}$ 和 C_{nm}^{φ} 的系数列在表 4.2.4 中。

表 4.2.3　当 m 为偶数时，$C_{nm}^{z_1}$、C_{nm}^{φ} 和 $C_{nm}^{z_2}$ 的系数总结表

m	$C_{nm}^{z_1}$	C_{nm}^{φ}	$C_{nm}^{z_2}$
$k+1$	$\frac{\pi}{2}$	$\frac{\pi}{2}$	$-\frac{\pi}{2}$
$k-1$	$\frac{\pi}{2}$	$-\frac{\pi}{2}$	$-\frac{\pi}{2}$
$-(k-1)$	$-\frac{\pi}{2}$	$\frac{\pi}{2}$	$\frac{\pi}{2}$
$-(k+1)$	$-\frac{\pi}{2}$	$-\frac{\pi}{2}$	$-\frac{\pi}{2}$
0	0	0	$k\pi(k=\pm1)$
±1	0	$m\pi(k=0)$	0

表 4.2.4　当 m 为奇数时，$C_{nm}^{z_1}$、C_{nm}^{φ} 和 $C_{nm}^{z_2}$ 的系数总结表

m	$C_{nm}^{z_1}$	C_{nm}^{φ}	$C_{nm}^{z_2}$
$k+1$	$\frac{\pi}{2}$	$-\frac{\pi}{2}$	$-\frac{\pi}{2}$
$k-1$	$\frac{\pi}{2}$	$\frac{\pi}{2}$	$\frac{\pi}{2}$
$-(k-1)$	$\frac{\pi}{2}$	$\frac{\pi}{2}$	$\frac{\pi}{2}$
$-(k+1)$	$-\frac{\pi}{2}$	$-\frac{\pi}{2}$	$-\frac{\pi}{2}$
0	0	$k\pi(k=\pm1)$	0
±1	0	0	$m\pi(k=0)$

当 m 等于 $k+1(m\neq0,\pm1)$ 时，B_y 根据系数表的结果可以推出：

$$B_y=\frac{\mu_0}{4\pi}\sum_{n=0}^{\infty}\sum_{m=0}^{n}\varepsilon_m C_{nm}^0 r^n \mathrm{P}_n^m(\cos\theta)\sin(m\phi)\times\int_{-\frac{L}{2}}^{\frac{L}{2}}-\frac{\pi}{2}\left\{k(C_{nm}^{z_1}-C_{nm}^{z_2})\sum_{q=1}^{Q}\frac{L}{2q\pi}U_q\left[2(1-\eta_{l+k})\cos\left(\frac{q\pi z}{L}\right)-\eta_{l+k}\sin\left(\frac{2q\pi z}{L}\right)\right]+C_{nm}^{\varphi}\sum_{q=1}^{Q}U_q\left[(1-\eta_{l+k})\sin\left(\frac{q\pi z}{L}\right)+\eta_{l+k}\cos\left(\frac{2q\pi z}{L}\right)\right]\right\}\mathrm{d}z \tag{4.2.65}$$

当 m 等于 $k-1$ 时，B_y 为

$$B_y=\frac{\mu_0}{4\pi}\sum_{n=0}^{\infty}\sum_{m=0}^{n}\varepsilon_m C_{nm}^0 r^n \mathrm{P}_n^m(\cos\theta)\sin(m\phi)$$
$$\times\int_{-\frac{L}{2}}^{\frac{L}{2}}\frac{\pi}{2}\left\{k(C_{nm}^{z_1}+C_{nm}^{z_2})\sum_{q=1}^{Q}\frac{L}{2q\pi}U_q\left[2(1-\eta_{l+k})\cos\left(\frac{q\pi z}{L}\right)-\eta_{l+k}\sin\left(\frac{2q\pi z}{L}\right)\right]\right.$$

$$+C_{nm}^{\varphi}\sum_{q=1}^{Q}U_q\left[(1-\eta_{l+k})\sin\left(\frac{q\pi z}{L}\right)+\eta_{l+k}\cos\left(\frac{2q\pi z}{L}\right)\right]\Bigg\}\mathrm{d}z \tag{4.2.66}$$

当 m 等于 0 时，B_y 为

$$B_y=\frac{\mu_0}{4\pi}\sum_{n=0}^{\infty}\sum_{m=0}^{\infty}\varepsilon_m C_{nm}^{0}r^n\mathrm{P}_n^m(\cos\theta)\sin(m\phi)$$
$$\times\int_{-\frac{L}{2}}^{\frac{L}{2}}k\pi C_{nm}^{z_2}\sum_{q=1}^{Q}\frac{L}{2q\pi}U_q\left[2(1-\eta_{l+k})\cos\left(\frac{q\pi z}{L}\right)-\eta_{l+k}\sin\left(\frac{2q\pi z}{L}\right)\right]\mathrm{d}z \tag{4.2.67}$$

当 m 等于 ±1 时，B_y 为

$$B_y=\frac{\mu_0}{4\pi}\sum_{n=0}^{\infty}\sum_{m=0}^{n}\varepsilon_m C_{nm}^{0}r^n\mathrm{P}_n^m(\cos\theta)\sin(m\phi)\times\int_{-\frac{L}{2}}^{\frac{L}{2}}m\pi C_{nm}^{\varphi}\sum_{q=1}^{Q}U_q\Bigg[(1-\eta_{l+k})$$
$$\times\sin\left(\frac{q\pi z}{L}\right)+\eta_{l+k}\cos\left(\frac{2q\pi z}{L}\right)\Bigg]\Bigg\}\mathrm{d}z \tag{4.2.68}$$

对于 $z=0$ 的平面，谐波场既为奇对称也为偶对称，所以 n 满足

$$n=m+(l+m)\mathrm{mod}2+2(i-1),\quad i=1,2,\cdots,N \tag{4.2.69}$$

求和的形式转化为矩阵乘积就可以简化磁场表达式：

$$B_y=\sum_{n=0}^{\infty}\sum_{m=0}^{n}C_{nmq}U_q r^n\mathrm{P}_n^m(\cos\theta)\sin(m\phi) \tag{4.2.70}$$

在 m 为偶数的情况下，有

$$B_y=\sum_{n=0}^{\infty}\sum_{m=0}^{n}C_{nmq}U_q r^n\mathrm{P}_n^m(\cos\theta)\cos(m\phi) \tag{4.2.71}$$

与式(4.2.51)对比可得 $b_{nm}=C_{nmq}U_q(\gamma_m=0)$ 或是 $a_{nm}=C_{nmq}U_q(\gamma_m=1)$。因此，通过计算目标场点的系数 C_{nmq}，再根据式(4.2.65)～式(4.2.68)可以计算得到电流密度系数 U_q，代入流函数表达式中可得流函数，由于流函数等值线表示线圈的结构，由此便可以获得线圈结构。

图 4.2.7 为 x 梯度和 z 梯度线圈流函数等值线图，因为 x 梯度线圈和 y 梯度线圈结构类似，下面的仿真结构部分就只以 x 梯度线圈和 z 梯度线圈为例。然后将算出来的等值线结构导入 Maxwell 中得到对应线圈结构，如图 4.2.8 所示。其中目标区域场是半径为 20mm 的球。在球坐标系下 (r,θ,φ)，对 θ、φ 分别等距取 10 个点，$r=20$mm 一共取 100 个目标场点。目标梯度 $G_i=100$mT/m，$i=x,y,z$。再对线圈的布线参数进行设置，线圈所在柱面半径为 37.5mm，线圈高度为 300mm。然后经过有限元仿真计算可以得到目标区域场图如图 4.2.9～图 4.2.11 所示($x/y/z$ 梯度)。z 轴从 -20mm 到 20mm 的线上，x、y、z 梯度线圈的梯度磁场线性度分别为 0.28%、0.36%、1.18%。然后根据仿真模型，做出线圈实物如图 4.2.12 所示。

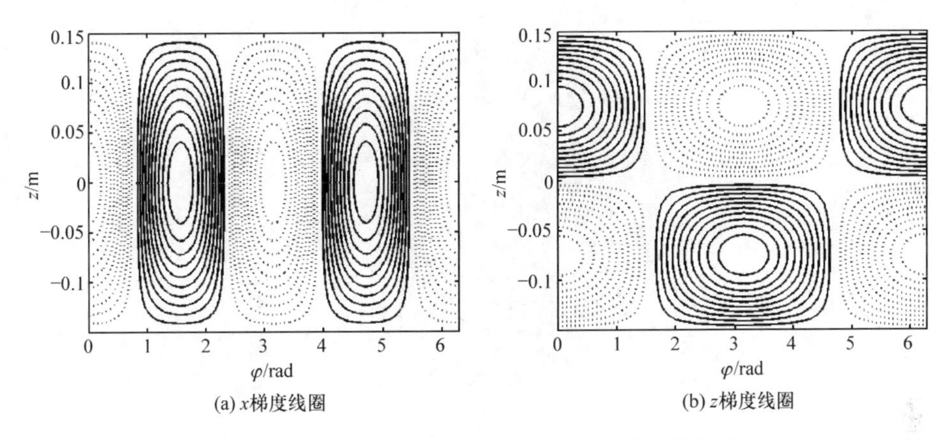

图 4.2.7　x 梯度线圈与 z 梯度线圈流函数等值线图

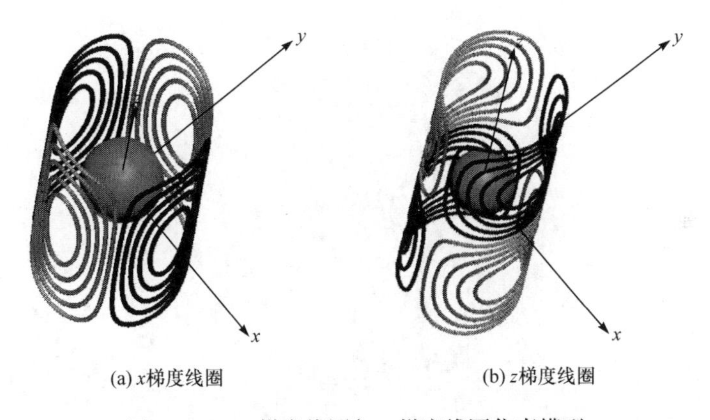

图 4.2.8　x 梯度线圈与 z 梯度线圈仿真模型

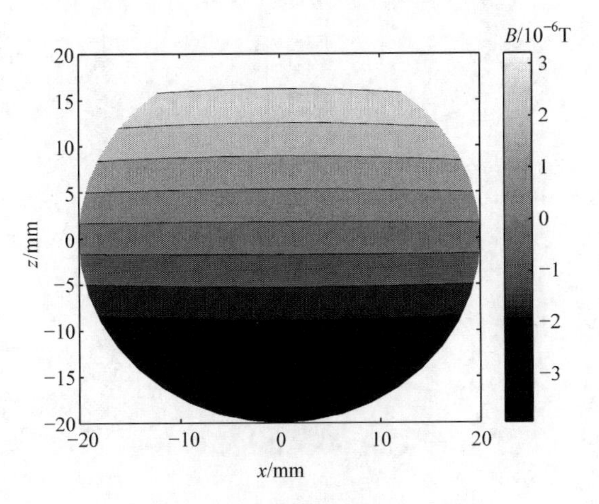

图 4.2.9　z 梯度线圈磁场设计结果

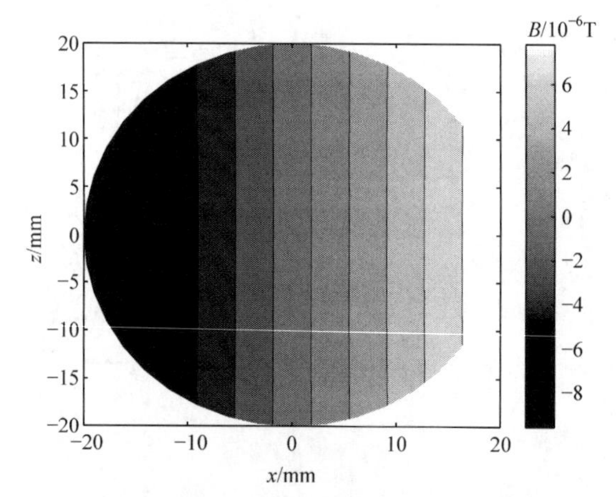

图 4.2.10　x 梯度线圈磁场设计结果

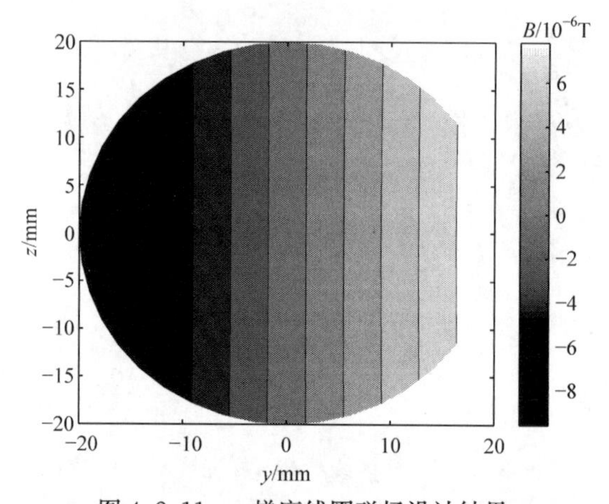

图 4.2.11　y 梯度线圈磁场设计结果

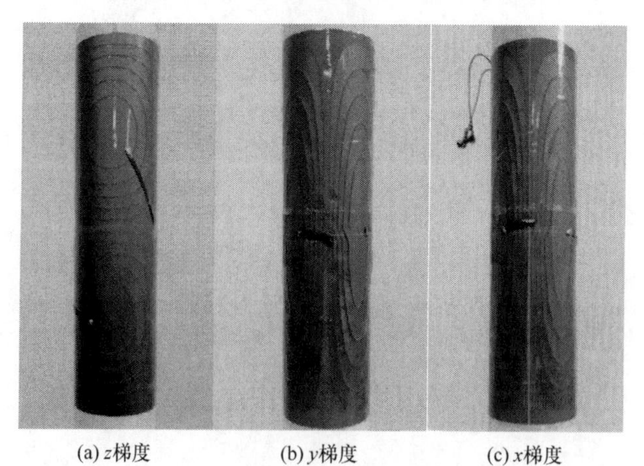

(a) z梯度　　(b) y梯度　　(c) x梯度

图 4.2.12　$z/y/x$ 梯度线圈实物模型

4.3　等效磁偶极子法

4.3.1　等效磁化强度与流函数

在某个平面或者圆柱面上分布的导线环路通有电流时，可以将该区域面剖分为若干个小电流环路[15]，其结构如图 4.3.1 所示，若相邻环路电流相同（规定逆时针方向为正），则相互完全抵消，构成外围电流路径 $\boldsymbol{I}$，否则在两电流环路间将会有电流流过。若单个小电流环相对于分布面足够小，可视为单个磁偶极子。因此，平面或柱面通有电流的线圈均可以采用矩形磁偶极子模型求解。

由磁偶极子 $\mathrm{d}\boldsymbol{m}=\boldsymbol{M}\mathrm{d}V'$ 产生的矢量磁位 $\mathbf{A}$ 可用式(4.3.1)表示：

$$\mathbf{A}(\boldsymbol{r})=\frac{\mu_0}{4\pi}\frac{\boldsymbol{m}\times\boldsymbol{r}}{|\boldsymbol{r}|^3}\tag{4.3.1}$$

式中，$\mu_0=4\pi\times10^{-7}$ (H/m)是空间磁导率，$\boldsymbol{r}$ 是源点和场点之间的距离。磁化强度 $\boldsymbol{M}$ 是许多分子的平均值，这使得随机排列的磁偶极子形成定向阵列。根据文献[16]，不连续分布的磁偶极子产生的矢量磁位表示为

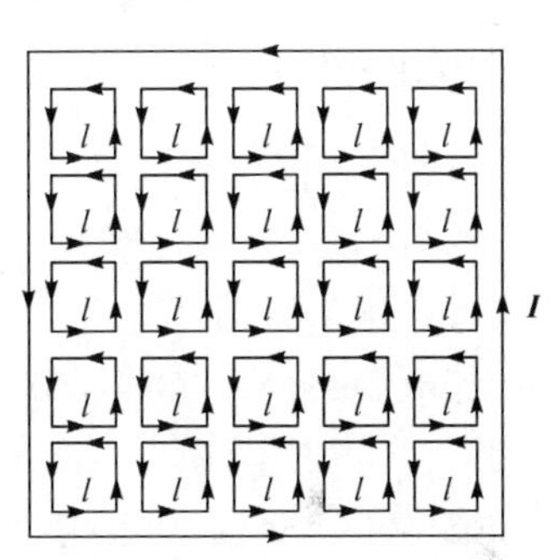

图 4.3.1　磁偶极子示意图

$$\mathbf{A}(\boldsymbol{r})=\frac{\mu_0}{4\pi}\int_{V'}\frac{1}{R}\nabla'\times\boldsymbol{M}(\boldsymbol{r}')\mathrm{d}V'+\frac{\mu_0}{4\pi}\int_S\frac{\boldsymbol{M}(\boldsymbol{r}')\times\boldsymbol{n}}{R}\mathrm{d}S\tag{4.3.2}$$

式中，R 是场点与源点之间的距离。与由普通电流密度产生的磁矢量势表达式相比较，可以推导得出式(4.3.2)中$\nabla'\times\boldsymbol{M}(\boldsymbol{r}')$可等效为体电流密度，$\boldsymbol{M}(\boldsymbol{r}')\times\boldsymbol{n}$ 可等效为面电流密度。

考虑任意磁化体积，其有限面积为 S。认为在逐段可微的边界上 S 是连续而逐段光滑的，$S\in\mathbf{R}^3$，因此 S 面上的法向量 $\boldsymbol{n}$ 存在并逐段连续可微。假设各向同性，刚性非磁滞的磁化体积，其磁化强度 $\boldsymbol{M}(\boldsymbol{r}')$平行于法向量 $\boldsymbol{n}$，因此，在每一个源点 $\boldsymbol{r}'$均有 $\boldsymbol{M}(\boldsymbol{r}')\times\boldsymbol{n}(\boldsymbol{r}')=0$，其中 $\boldsymbol{n}(\boldsymbol{r}')$连续可微。因此，仅剩下等效体电流密度用于等效替代垂直磁化强度 $\boldsymbol{M}(\boldsymbol{r}')$。假设等效磁化电流在厚度为 h 的薄体积内流通，则式(4.3.2)的矢量磁位 $\mathbf{A}$ 可以用等效电流密度 $\boldsymbol{J}_{\mathrm{Seq}}$写为

$$\mathbf{A}(\boldsymbol{r})=\frac{\mu_0}{4\pi}\int_S\frac{1}{R}\boldsymbol{J}_{\mathrm{Seq}}(\boldsymbol{r}')\mathrm{d}S,\quad \boldsymbol{r}'\in S\tag{4.3.3}$$

式中，等效电流密度为

$$\boldsymbol{J}_{\mathrm{Seq}}(\boldsymbol{r}')\approx\nabla'\times\boldsymbol{M}(\boldsymbol{r}')h\tag{4.3.4}$$

如果磁偶极子磁化体积足够薄以使得通过薄体积的磁化矢量 $\boldsymbol{M}(\boldsymbol{r}')$大小和方

向恒定，则上述方法有效。根据 4.1.2 节中的流函数理论，可以得

$$\boldsymbol{J}_S(\boldsymbol{r}')\approx\nabla'\times\boldsymbol{M}(\boldsymbol{r}')h=\nabla\times S(\boldsymbol{r}')\cdot\boldsymbol{n}(\boldsymbol{r}') \tag{4.3.5}$$

式(4.3.5)表明，面电流密度等于薄体积垂直磁化强度的旋度，且它的流函数线可以确定线圈的电流形式。因此，磁化强度和流函数之间的关系可写为

$$\boldsymbol{M}(\boldsymbol{r}')\approx\frac{S(\boldsymbol{r}')\cdot\boldsymbol{n}(\boldsymbol{r}')}{h} \tag{4.3.6}$$

求取线圈结构可根据流函数 S 的等值线获得，因此求解问题的关键在于求取流函数 S 的值分布。

4.3.2 等效磁偶极子方法应用于梯度线圈的设计方法

1. 电磁场计算

Halbach 磁体腔内梯度线圈所在圆柱面可以被离散化为 Q 个厚度为 h、边长为 a 的弧形电流环。此时电流分布区域为一个有限长的圆柱面，如图 4.3.2 所示，如果单个电流环分布面积足够小，对这些环路通以不同的电流 $\boldsymbol{I}_n$，可构造出任意结构的电流路径。如图 4.3.2 中的回路 1 所示，若绕圆柱面一周分布的环路电流值相同，则相邻电流相互抵消，最终形成绕圆柱一周的两条电流路径。若电流值不同导致不完全抵消，则会构成相互交错的电流路径。回路 2 中各个环路电流相同，则构成了绕外围一圈的电流路径。所以首先需将圆柱线圈面网格化，若剖分的单个网格足够小，则可将一个单元作为一个磁偶极子，每一个单元能产生磁化强度 $\boldsymbol{M}$，如图 4.3.2 所示。

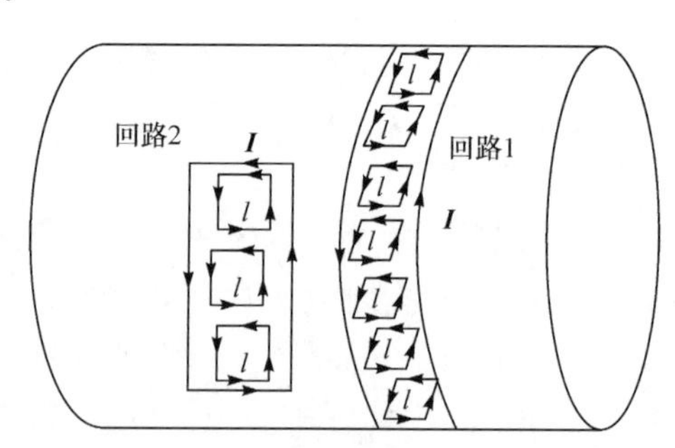

图 4.3.2 圆柱面电流分解实例

图 4.3.3 中，当 a 足够小时，单元 q 的流函数可以用一个常数 S_q 近似表示，单元的面积可近似为 a^2。用 $\boldsymbol{n}_q$ 代表单元 q 的外法线方向，假设柱面沿着圆周划分为 Q_c 列，沿着轴向 z 轴划分为 Q_r 行，总共划分为 $Q=Q_c\times Q_r$ 个单元。单元 q 按照行逐个排序，认为左右相邻的两个单元序号相差 1，上下相邻的两个单元序号相差 Q_c。$q=1\sim Q_c$ 和 $Q-Q_c\sim Q$ 的这些单元分别为柱面的上下边界，为了约束线圈上

的电流在柱面内流通，则要求预设这些边界单元的流函数值为 0，即 $S_q=0$。

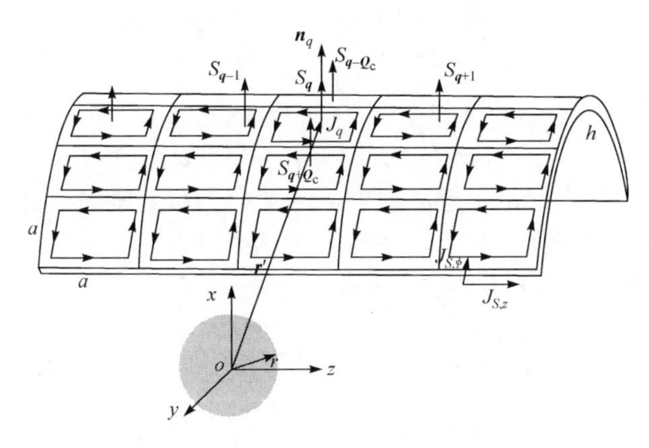

图 4.3.3　网格化圆柱表面线圈结构

ROI 区域为目标区域，如果 $a \ll |\boldsymbol{r}-\boldsymbol{r}'|$，$h \ll a$，由式(4.3.6)所知单个磁偶极子产生的等效磁矩为

$$\boldsymbol{m}_q=\boldsymbol{M}a^2h=a^2S_q\boldsymbol{n}_q \tag{4.3.7}$$

式中，S_q是第 q 个磁偶极子的流函数值。最终的流函数为这些独立的磁偶极子流函数值之和：

$$S(\boldsymbol{r}')=\sum_{q=1}^{Q}s_q\psi_q(\boldsymbol{r}'),\quad \boldsymbol{r}'\in S \tag{4.3.8}$$

如果磁偶极子 q 没有电流，则函数 $\psi_n(\boldsymbol{r}')$为 0，否则为 1。

根据式(4.3.5)，求解电流分布可通过求解流函数 S 在各个偶极子基线圈上的值 S_q 获得。根据式(4.3.1)，等效磁偶极矩 $\boldsymbol{m}$ 产生的磁感应强度计算式为[17]

$$\begin{aligned}\boldsymbol{B}=\nabla\times\boldsymbol{A}&=-\frac{\mu_0}{4\pi}\nabla\times\left(\boldsymbol{m}\times\nabla\frac{1}{|\boldsymbol{r}|}\right)\\&=-\frac{\mu_0}{4\pi}\left[\boldsymbol{m}\left(\nabla^2\frac{1}{|\boldsymbol{r}|}\right)-\nabla\frac{1}{|\boldsymbol{r}|}(\nabla\cdot\boldsymbol{m})+\left(\nabla\frac{1}{|\boldsymbol{r}|}\cdot\nabla\right)\boldsymbol{m}-(\boldsymbol{m}\cdot\nabla)\nabla\frac{1}{|\boldsymbol{r}|}\right]\end{aligned} \tag{4.3.9}$$

式(4.3.9)中前三项均为 0，只余下最后一项。因在电磁场的计算中存在下述关系：

$$\nabla\frac{1}{|\boldsymbol{r}|}=-\frac{\boldsymbol{r}}{|\boldsymbol{r}|^3} \tag{4.3.10}$$

磁感应强度计算式可简化为

$$\boldsymbol{B}=\frac{\mu_0}{4\pi}(\boldsymbol{m}\cdot\nabla)\nabla\frac{1}{r}=\frac{\mu_0}{4\pi}\nabla\left(\boldsymbol{m}\cdot\nabla\frac{1}{r}\right)=-\frac{\mu_0}{4\pi}\nabla\left(\boldsymbol{m}\cdot\frac{\boldsymbol{r}}{|\boldsymbol{r}|^3}\right) \tag{4.3.11}$$

将式(4.3.7)、式(4.3.8)代入式(4.3.11)中，可得单个磁偶极子 q 在场点 $\boldsymbol{r}$ 处产生

的磁感应强度为

$$
\begin{aligned}
\boldsymbol{B}_q &= -\frac{\mu_0 a^2}{4\pi} S_q \nabla \frac{\boldsymbol{n}_q \cdot (\boldsymbol{r}-\boldsymbol{r}_q')}{|\boldsymbol{r}-\boldsymbol{r}_q'|^3} \\
&= -\frac{\mu_0 a^2}{4\pi} S_q \nabla \frac{(n_x, n_y, n_z) \cdot [(x-x_q), (y-y_q), (z-z_q)]}{[(x-x_q)^2+(y-y_q)^2+(z-z_q)^2]^{-\frac{3}{2}}}
\end{aligned} \tag{4.3.12}
$$

在超导核磁共振成像中，感兴趣的磁场通常为沿 z 轴方向的主磁场，但是在 Halbach 磁体中主磁场 $\boldsymbol{B}_0$ 沿径向，此处假设该径向为 x 轴方向，垂直于 z 轴方向。因此在场点 r 处沿 x 轴方向的磁感应强度为

$$
\begin{aligned}
B_{x,q} = &-\frac{\mu_0 a^2}{4\pi} S_q R^{-5} \cdot (-3)(x-x_q)[(x-x_q)n_x + \cdots \\
&+ (y-y_q)n_y + (z-z_q)n_z] + R^{-3} n_x
\end{aligned} \tag{4.3.13}
$$

式中，R 为场点 (x,y,z) 和源点 (x_q, y_q, z_q) 之间的距离：

$$
R = \sqrt{(x-x_q)^2+(y-y_q)^2+(z-z_q)^2} \tag{4.3.14}
$$

化简式(4.3.13)得

$$
B_{x,q} = \frac{\mu_0 a^2}{4\pi} S_q R^{-5} \{3(x-x_q)[(x-x_q)n_x+(y-y_q)n_y+(z-z_q)n_z] - R^2 n_x\} \tag{4.3.15}
$$

进一步化简得

$$
B_{x,q} = \frac{\mu_0 a^2}{4\pi} S_q c_{x,q} \tag{4.3.16}
$$

式中，$c_{x,q}$ 的表达式如下：

$$
\begin{aligned}
c_{x,q} = &R^{-5}[2(x-x_q)^2 n_x - (y-y_q)^2 n_x - (z-z_q)^2 n_x + \cdots \\
&+ 3(x-x_q)(y-y_q)n_y + 3(x-x_q)(z-z_q)n_z]
\end{aligned} \tag{4.3.17}
$$

式中，n_x、n_y、n_z 为柱面单位外法线方向向量 $\boldsymbol{n}_q$ 沿 x、y、z 三个方向的分量。目标区域内某个场点 (x,y,z)，由磁化体积中 Q 个磁偶极子源点共同产生的 x 方向的磁感应强度表达式为

$$
B_x(x,y,z) = \frac{\mu_0 a^2}{4\pi} \sum_{q=1}^{Q} c_{x,q} S_q \tag{4.3.18}
$$

同理可以求得目标区域内 y、z 方向的磁感应强度分别用式(4.3.19a)和式(4.3.19b)表示：

$$
B_y(x,y,z) = \frac{\mu_0 a^2}{4\pi} \sum_{q=1}^{Q} c_{y,q} S_q \tag{4.3.19a}
$$

式中，$c_{y,q}$ 的表达式为

$$
\begin{aligned}
c_{y,q} = &R^{-5}[2(y-y_q)^2 n_y - (x-x_q)^2 n_y - (z-z_q)^2 n_y + \cdots \\
&+ 3(x-x_q)(y-y_q)n_x + 3(y-y_q)(z-z_q)n_z]
\end{aligned}
$$

$$B_z(x,y,z)=\frac{\mu_0 a^2}{4\pi}\sum_{q=1}^{Q}c_{z,q}S_q \tag{4.3.19b}$$

式中，$c_{z,q}$的表达式为

$$c_{z,q}=R^{-5}[2(z-z_q)^2n_z-(x-x_q)^2n_z-(y-y_q)^2n_z+\cdots$$
$$+3(z-z_q)(x-x_q)n_x+3(z-z_q)(y-y_q)n_y]$$

2. 构建优化问题

若仅以梯度磁场分布为优化目标，则会导致梯度线圈结构过于复杂，线圈结构不平滑，从而产生结构不可实现、通电流之后温度过高等问题，因此需以能量损耗最小化为优化目标。用ρ表示线圈的电阻率，$J_{s,c}$和$J_{s,r}$分别代表电流沿偶极子列和行的分量，当剖分得足够小时，单个磁偶极子产生的能耗表达式为

$$\mathrm{d}P=\rho J_q^2\mathrm{d}V=\frac{\rho}{h}J_s^2\mathrm{d}A=\frac{\rho}{h}(J_{q,r}^2+J_{q,c}^2)\mathrm{d}A \tag{4.3.20}$$

式中，$J_{q,c}$和$J_{q,r}$分别是单个正方形单元的电流密度列分量和行分量。当柱面线圈被剖分得单元足够小时，$J_{q,c}$和$J_{q,r}$可写为

$$\begin{aligned}J_{q,c}&=(S_{q+1}-S_q)/a\\J_{q,r}&=(S_{q+Q_c}-S_q)/a\end{aligned} \tag{4.3.21}$$

因此，将式(4.3.21)代入式(4.3.20)中，则一个单元中的能耗可表示为

$$\Delta P=\frac{\rho}{h}[(S_{q+1}-S_q)^2+(S_{q+Q_c}-S_q)^2]\propto[(S_{q+1}-S_q)^2+(S_{q+Q_c}-S_q)^2] \tag{4.3.22}$$

式中，Q_c是柱面剖分的列数。由式(4.3.22)可得所有单元产生的能耗表达式为

$$P\propto\sum[(S_{q+1}-S_q)^2+(S_{q+Q_c}-S_q)^2]=\sum_{n=1}^{Q}\sum_{m=1}^{Q}S_nS_mW_{nm} \tag{4.3.23}$$

对 Halbach 磁体的线圈而言，在中心区域有一个感兴趣的区域(目标区域)，柱面梯度线圈分布在 Halbach 磁体内部，并要求包含目标区域。在目标区域要求线圈产生磁场沿x轴方向的分量，与期望值B_{target}近似一致，在此基础上还要求线圈能耗尽量小。由此构造的数学模型如下：

$$\begin{aligned}&\min f=\sum[(S_{q+1}-S_q)^2+(S_{q+Q_c}-S_q)^2]\\&\text{s.t.}\quad B_x-B_{\mathrm{target}}=0\end{aligned} \tag{4.3.24}$$

该模型可通过构造罚函数把约束问题转化为无约束最优化问题，进而用无约束最优化方法去求解。因此可以将线圈约束条件作为一个罚函数，乘以罚参数λ后添加在最优化函数f中，因罚函数接近 0 值，则要求λ值极大，这样惩罚项才有意义。将目标区域划分为N个场点，则构造最优化目标函数如下：

$$\min F = \sum_{q=1}^{Q} [(S_{q+1} - S_q)^2 + (S_{q+Q_c} - S_q)^2] + \lambda \sum_{n=1}^{N} (B_x - B_{\text{target}})^2 \tag{4.3.25}$$

式(4.3.25)中后一项为目标区域内计算磁感应强度 B_x 与期望磁感应强度 B_{target} 的差值平方和，其中 B_x 按照式(4.3.18)计算获得。B_{target} 可根据设计要求更改，例如，对 x 梯度线圈，设置 $B_{\text{target}} = xG_x$，对 y 梯度线圈，$B_{\text{target}} = y\,G_y$，对 z 梯度线圈，$B_{\text{target}} = z\,G_z$。

求解式(4.3.25)类型的优化问题，可采用 MATLAB 软件的 lsqnonlin 库函数进行求解。lsqnonlin 库函数是用最小二乘法对如下所述的非线性函数问题进行求解：

$$\min_{\boldsymbol{x}} \| f(\boldsymbol{x}) \|_2^2 = \min_{\boldsymbol{x}} (f_1(\boldsymbol{x})^2 + f_2(\boldsymbol{x})^2 + \cdots + f_n(\boldsymbol{x})^2) \tag{4.3.26}$$

式中，$\boldsymbol{x}$ 是向量或矩阵；$f(\boldsymbol{x})$ 是返回向量或矩阵值的函数。式(4.3.25)可以通过适当的变换成为形如(4.3.26)的方程，如式(4.3.27)所示：

$$\min F = \sum_{n=1}^{N} \left(\sqrt{\sum_{q=1}^{Q} [(S_{q+1} - S_q)^2 + (S_{q+Q_c} - S_q)^2] + \lambda (B_x - B_{\text{target}})^2} \right)^2 \tag{4.3.27}$$

求解得到流函数 S_q 的最优值以后，绘制流函数的等值线即可得到线圈结。

除此之外，还需确定罚参数 λ 的最优值。这需要用到梯度均匀度 δ 作为优化指标，表达式为

$$\delta = \frac{1}{V} \iiint_V \left(\frac{B - B_{\text{target}}}{B_{\text{target}}} \right)^2 \mathrm{d}V \tag{4.3.28}$$

计算 δ 时，磁感应强度 B 为式(4.3.18)所计算的 B_x 值，B_{target} 为上文所设置的期望磁感应强度。寻优流程为：①设置 λ 初值为极大值 $\lambda = 10^{10}$；②然后通过式(4.3.27)得到最优解 S_q；③将 S_q 代入式(4.3.18)计算出 B_x 值，进一步计算出梯度均匀度 δ 值；④设置寻优退出条件为 $\delta < \varepsilon$，其中 ε 为梯度均匀度要求值，满足退出条件则循环截止，当前 λ 值为最优罚参数，否则 $\lambda_{k+1} = a\,\lambda_k$，$a$ 通常设置为 10[18]，重复步骤②～④。

4.3.3 线圈计算结果与仿真

1. 适用于 Halbach 磁体的梯度线圈求解

设计的 Halbach 梯度线圈分布在半径为 37.5mm，长为 235mm 的柱面上，按照圆周和轴向长度分别被剖分为 50 个单元，总计 Q=2500 个单元，剖分单元边长 a≈4.7mm，目标区域设置为一个半径为 20mm 的球体，在该球体内取 100 个目标场点，即 N=100。

在 MATLAB 软件中编写相应优化算法，可以得到 x、y、z 梯度线圈的柱面展开结构。设置 $\varepsilon=0.1$ 可以得到满足优化退出条件的罚参数 λ 值均为 1×10^{-14}，由此得到的 y、z 梯度线圈结构如图 4.3.4(a)和图 4.3.5(a)所示。根据设计的线圈结构采用毕奥-萨伐尔定律，可以计算得到在目标区域内 100A 电流下的球面磁场分布图，见图 4.3.4(b)和图 4.3.5(b)。其中 G_y 梯度线圈在 y 方向的磁场梯度为 6.526mT/(m · A)，z 方向磁场梯度为 3.263mT/(m · A)。由于该方法设计的 y 梯度线圈在 B_y 方向同时存在 x 方向的梯度，将该线圈旋转 45°能得到主磁场为 B_x 的 x 方向梯度线圈。

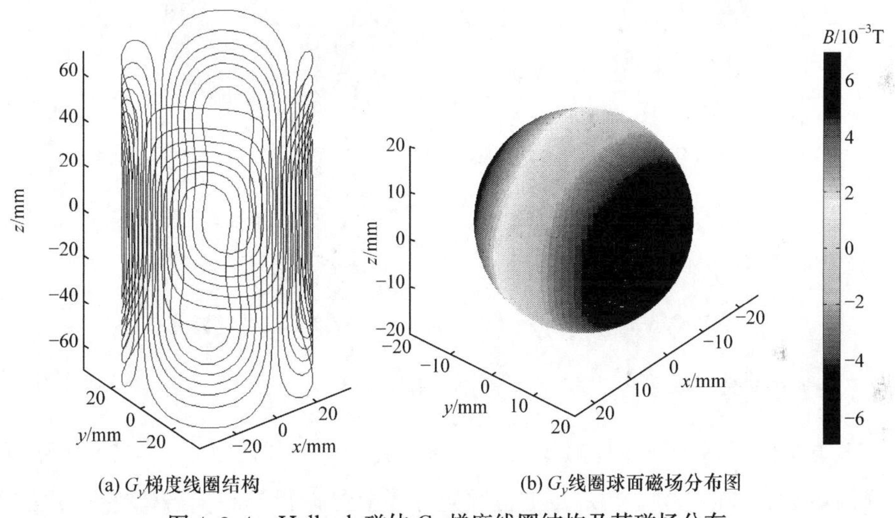

(a) G_y梯度线圈结构　(b) G_y线圈球面磁场分布图

图 4.3.4　Halbach 磁体 G_y 梯度线圈结构及其磁场分布

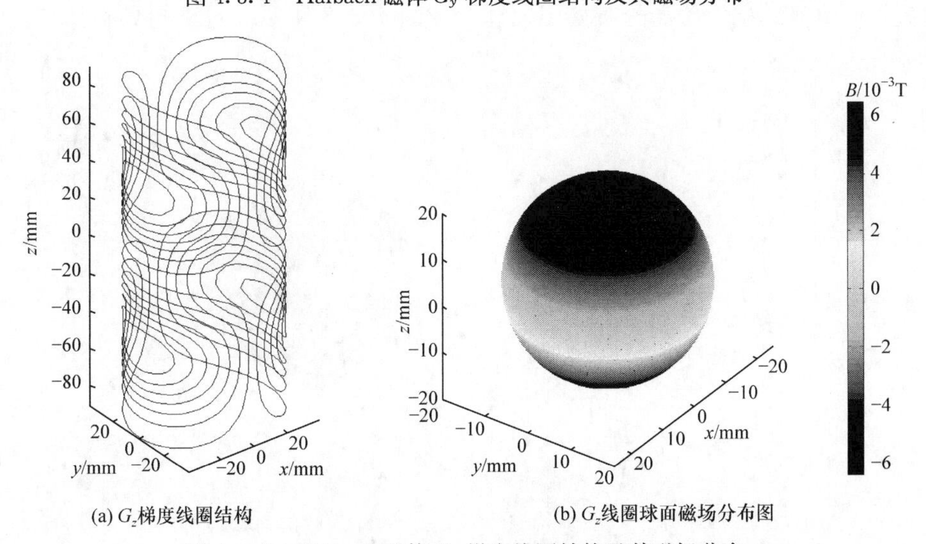

(a) G_z梯度线圈结构　(b) G_z线圈球面磁场分布图

图 4.3.5　Halbach 磁体 G_z 梯度线圈结构及其磁场分布

该方法还可以用于 Halbach 磁体的匀场线圈结构的设计，其二阶匀场线圈的结构及其磁场分布如图 4.3.6 所示，(b)显示在目标区域内磁场分布符合 $2z^2-x^2-y^2$ 的分布规律。该线圈可以用于 Halbach 磁场的有源匀场。

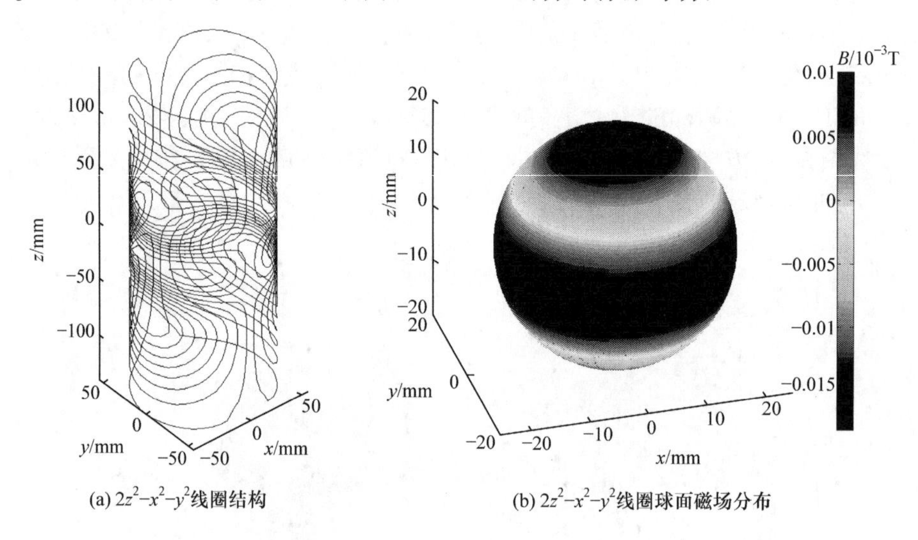

(a) $2z^2-x^2-y^2$线圈结构　　(b) $2z^2-x^2-y^2$线圈球面磁场分布

图 4.3.6　Halbach 磁体 $2z^2-x^2-y^2$ 线圈结构及磁场分布

2. 适用于超导磁体的梯度线圈求解

该方法同样适用于超导磁体梯度线圈的设计。只需将式(4.3.27)中的 B_x 项替换为 B_z 表达式(4.3.19b)，再进行优化计算就可以得到超导磁体在 y、z 方向的梯度线圈，其结构及磁场分布如图 4.3.7 和图 4.3.8 所示。对于超导磁体，其 G_x

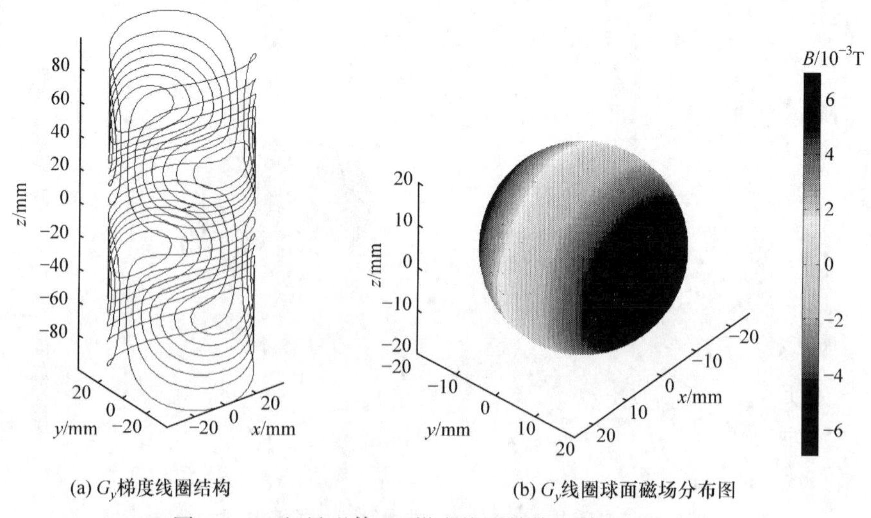

(a) G_y梯度线圈结构　　(b) G_y线圈球面磁场分布图

图 4.3.7　超导磁体 G_y 梯度线圈结构及其磁场分布

梯度线圈可以由 G_y 梯度线圈旋转 90°得到。计算得到其中 G_y 梯度线圈在 y 方向的磁场梯度为 3.498mT/(m · A)，G_z 方向磁场梯度为 4.699mT/(m · A)。

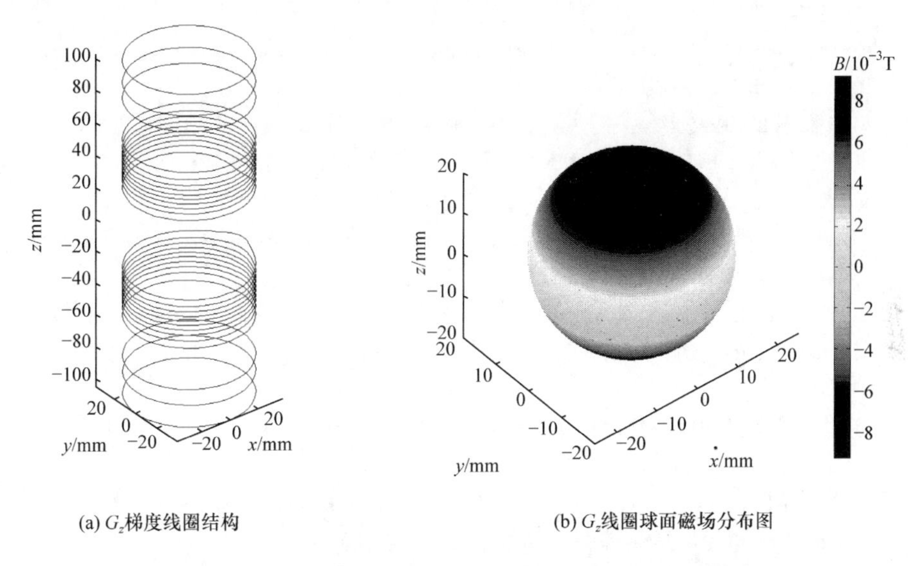

(a) G_z梯度线圈结构　(b) G_z线圈球面磁场分布图

图 4.3.8　超导核磁共振成像 G_z 梯度线圈结构及其磁场分布

参考文献

[1] Turner R. A target field approach to optimal coil design[J]. Journal of Physics D: Applied Physics, 1986, 19(8): L147-L151.

[2] Turner R. Minimum inductance coils[J]. Journal of Physics E: Scientific Instruments, 1988, 21(10): 948-952.

[3] Peeren G N. Stream function approach for determining optimal surface currents[J]. Journal of Computational Physics, 2003, 191(1): 305-321.

[4] Turner R. Gradient coil design: A review of methods[J]. Magnetic Resonance Imaging, 1993, 11(7): 903-920.

[5] Crozier S, Dodd S, Luescher K, et al. The design of biplanar, shielded, minimum energy, or minimum power pulsed B_0 coils[J]. Magnetic Resonance Materials in Physics Biology and Medicine, 1995, 3(1): 49-55.

[6] Preston T W, Reece A B J. Solution of 3-dimensional eddy current problems: The T-Ω method[J]. IEEE Transactions on Magnetics, 1982, 18(2): 486-491.

[7] Brideson M A, Forbes L K, Crozier S. Determining complicated winding patterns for shim coils using stream functions and the target-field method[J]. Concepts in Magnetic Resonance Part A, 2010, 14(1): 9-18.

[8] Lemdiasov R A, Ludwig R. A stream function method for gradient coil design[J]. Concepts in Magnetic Resonance Part B: Magnetic Resonance Engineering, 2010, 26B(1): 67-80.

[9] Mansfield P, Chapman B. Active magnetic screening of coils for static and time-dependent magnetic field generation in NMR imaging[J]. Journal of Physics E: Scientific Instruments, 1986, 19(7): 540-545.

[10] Roméo F, Hoult D I. Magnet field profiling: Analysis and correcting coil design[J]. Magnetic Resonance in Medicine, 1984, 1(1): 44-65.

[11] 俎栋林. 核磁共振成像仪——构造原理和物理设计[M]. 北京:科学出版社,2015.

[12] 刘文韬. 临床 MRI 及便携 NMR 梯度和匀场线圈设计新方法研究[D]. 北京:北京大学,2011.

[13] Morrone T. Optimized gradient coils and shim coils for magnetic resonance scanning systems: US, US5760582A[P]. 1998.

[14] Liu W T, Zu D L, Tang X. A novel approach to designing cylindrical-surface shim coils for a superconducting magnet of magnetic resonance imaging[J]. Chinese Physics B, 2010, 19(1): 563-574.

[15] 褚旭,蒋晓华,姜建国. 磁共振成像系统中射频线圈的优化设计[J]. 中国电机工程学报,2005,25(13):139-143.

[16] Jackson J D. Classical Electrodynamics[M]. 3rd ed. New York: Wiley, 1998: 194-197.

[17] 冯慈璋. 静态电磁场[M]. 西安:西安交通大学出版社,1985.

[18] 施光燕,钱伟懿,庞丽萍. 最优化方法[M]. 北京:高等教育出版社,2007.

第 5 章　低频射频线圈设计方法

5.1　射频线圈简介

射频线圈是核磁共振系统中非常重要的组成部分，它的作用不仅是要发射射频能量来激励样品中的原子核，还要接收样品的核磁共振回波信号[1]。因此射频线圈有接收和发射两种工作模式，当射频线圈工作在发射模式时，希望在目标区域内的每一点处具有相同的射频能量。根据互易原理，这意味着射频线圈工作在接收模式时也可以接收到目标区域内与理论要求相同的信号，同时在接收模式时也需要射频线圈有较高的信噪比。

射频线圈的结构需要根据主磁体结构而定。对医学成像系统而言，通常采用的是收发分离的线圈结构，为了能够均匀地激励样品，激励线圈通常需要较大的体积，如果以此线圈作为接收线圈，其接收效率不够高。为了提高接收效率，需要减小接收线圈的体积，且使线圈尽量贴近样品，小线圈虽然有较高的检测效率，但是其检测区域小，为了能够覆盖较大的区域，通常采用多组线圈同时检测的方式。对测量小样品的核磁共振系统而言，如波谱分析、材料检测等，通常采用收发一体的射频线圈结构。在较低频率的情况下，射频线圈的设计方法和梯度线圈以及匀场线圈的设计理论均有相似之处，只不过是产生的磁场分布规律各不相同而已。因此，当频率较低时，激励信号的波长较长，一般会远大于线圈的几何尺寸，这时线圈产生的磁场可以认为是准静态场，射频线圈设计可以根据静态磁场线圈的设计思路进行设计，这类方法包括 Turner[2] 的目标场设计方法、Forbes 和 Crozier[3-5] 的匀场线圈设计方法、Lemdiasov 和 Ludwig[6] 梯度线圈的流函数设计方法等。按照上述方法设计出了相应的射频线圈后还需要采用电容对线圈进行阻抗匹配[7]，使整个射频线圈在共振频率的激励信号下处于谐振状态。

为了在核磁共振成像中获得更高的信噪比和谱分辨率，通常采用更高频率的射频场[8]，也就是采用更高强度的主磁场，在医学核磁共振成像中要获得更高的主磁场，主要是通过超导线圈来实现。当频率高到一定程度，射频磁场不能看成磁准静态场时，传统的静态场线圈设计方法将不再适用，因此必须采用时谐电磁场分析方法对射频线圈进行设计，如 Lawrence 等[9] 采用时谐电磁场逆问题方法在 4.5T 核磁共振成像系统中对射频线圈进行设计，通过给定目标区域内磁场分布来寻找能够产生该磁场的电流密度分布，将源电流密度以傅里叶级数的形式，并以功率损耗最小化和流函数变化率最小化为优化目标进行优化，最终得到线圈的绕线结构，与之类似，While 等[10]采用时谐目标场法来设计未带屏蔽的射频线圈。

随着人们对信号质量的要求提高，单一的射频线圈由于其激励区域有限，且磁场均匀度不够理想，通常无法满足更大区域范围内的成像要求，因此研究者提出采用多个射频线圈按一定规律组合，形成线圈阵列的方式来增强成像质量，即相控阵列线圈[11]。相控阵列线圈是由多个小线圈按照一定规律分布的，其中每个线圈对特定的目标区域进行成像，这样不仅可以增加线圈的覆盖面积，提高线圈的信噪比和分辨率，还不会增加成像时间。为了得到完整的图像，需要对每个线圈接收的信号通过相位加权重新组合。通常情况下，相控阵列线圈只是用来作为接收线圈，而可用于发射[12]或具备收发并用[13]的相控阵列线圈也有学者在研究。相控阵列线圈的一个缺点就是每个独立的线圈之间都有一定的耦合关系，可以采用线圈间的重叠和具有低输入阻抗的前置放大器来减小线圈间的耦合作用，但是并不能完全解决这种问题，因此很多研究工作都是致力于探索减小相控阵列线圈耦合作用的设计方法。

目前相控阵列线圈的设计也是核磁共振中非常重要的研究方向，并形成了一些关于相控阵列线圈的研究成果。Ohliger 和 Sodickson[14]讨论了并行成像中相控阵列线圈的设计，介绍了由简单的环形线圈组成的相控阵列线圈，以及由更多复杂形状的线圈组成的相控阵列线圈，包括蝶形、马鞍形、四叶苜形、斜纹形、同轴形、鸟笼形以及微带天线，其结构如图 5.1.1 所示。大部分相控阵列线圈的设计都是以确定形状的线圈为基础，如环形、方形等，通过优化每个线圈中激励的振幅与相位来得到最佳结构。Li 等[15]利用时域有限差分法和矩量法介绍了带屏蔽的四通道相控阵列线圈中电流与其感应场的分布，并对激励的振幅与相位进行了优化。

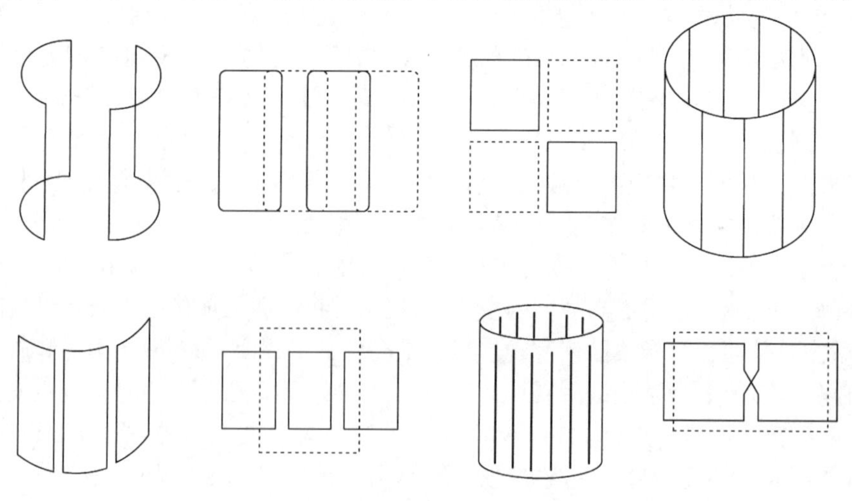

图 5.1.1　相控阵列线圈

本章主要介绍低频情况下的射频线圈设计理论及一些基本的线圈结构，高频线圈设计则在后续章节介绍。

5.2　射频线圈仿真设计方法

因为核磁共振要求主磁场与射频磁场正交，所以为了应对不同的使用情况而设计了多种射频线圈，例如，螺线管射频线圈（图 5.2.1）、平面形射频线圈（图 5.2.2）和马鞍形射频线圈（图 5.2.3）。

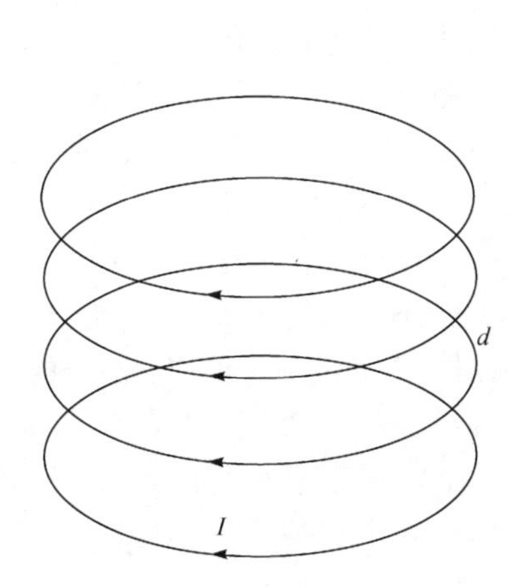

图 5.2.1　螺线管射频线圈

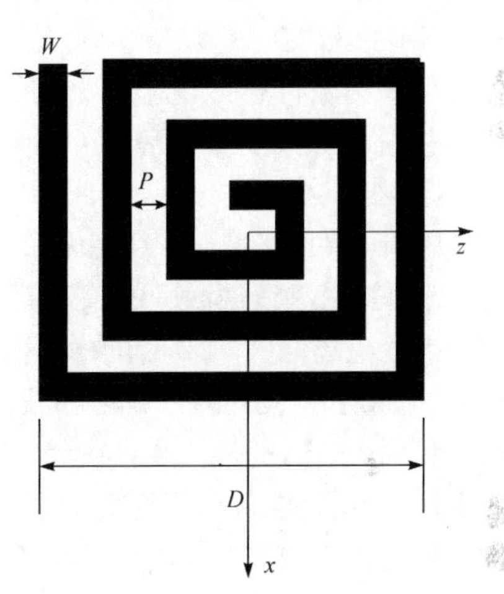

图 5.2.2　平面形射频线圈

以平面形射频线圈为例，该线圈的结构参数：W 为线圈线宽，P 为线间距，D 为线圈布线尺寸，此外线圈匝数表示为 n。对于这种平面分布且布线面积较大的线圈，其射频磁场具有足够大的相对均匀区域，可覆盖较大的区域，但这种线圈的信噪比不及微型线圈，而微型线圈可激励的样品体积又有限[16,17]。基于平面射频线圈的这些特点，本节中所用的优化方法实现了在给定均匀区域范围的前提下，使得射频线圈的信噪比最优。该优化方法分为两步：第一步，以射频磁场的均匀分布范围为优化目标；改变线圈的结构参数：线宽、线间距、匝数与层数，运用毕奥-萨伐尔定律对射频线圈磁场进行计算，确定与静磁场水平目标面尺寸相匹配的一系列线圈结构；第二步，以线圈的信噪比为优化参数；使用有限元仿真软件计算在第一步中已确定的各种线圈的信噪

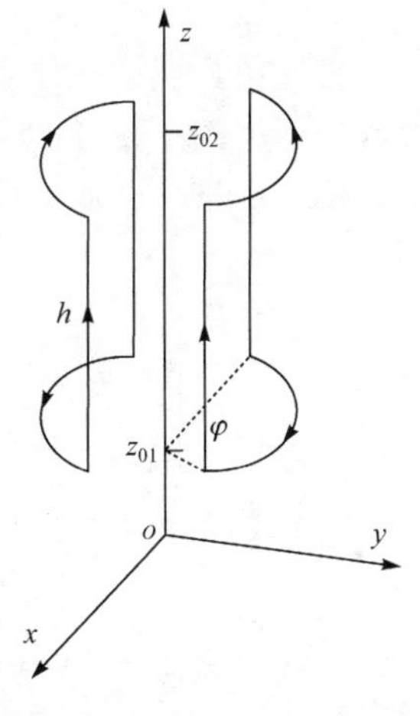

图 5.2.3　马鞍形射频线圈

比，从中选出信噪比最高的线圈。

通过分析目标区域的磁场均匀度和相对信噪比来确定线圈的优化程度。线圈的信噪比可表示为[16]

$$\mathrm{SNR}=\frac{N\gamma^3 h^2 I(I+1)}{6\sqrt{2}(\kappa_{\mathrm{B}}T)^{\frac{3}{2}}4\pi^2}\boldsymbol{B}_0^2\frac{V_{\mathrm{sample}}\boldsymbol{B}_1/i}{\sqrt{\Delta f}\sqrt{R}} \tag{5.2.1}$$

式中，N 为单位体积内的自旋数量；γ 为旋磁比；h 为普朗克常量；I 为自旋量子数；κ_{B} 为玻尔兹曼常量；T 为温度；$\boldsymbol{B}_0$ 为主磁场磁感应强度；Δf 为频带宽；$\boldsymbol{B}_1$ 为射频磁场磁感应强度；V_{sample}为射频线圈所激励样品的体积；i 为射频线圈所通电流的大小；R 为射频线圈在拉莫尔频率点处的交流电阻。

这里举例说明平面形射频线圈的考察方式：为了让主磁场的均匀区域得到最大化的利用，需要使线圈所激励的区域与主磁场的均匀区域相同，而且对于梯度分布的单边核磁共振磁体结构，在一定频带宽下所激励的样品厚度是一定的，所以仅需要射频线圈所激励区域位于线圈表面上方 1.9mm 高度且横向面积 A_{sample}为 10mm×10mm 即可。射频线圈激励的等效横向面积 A_{sample} 可近似认为是以射频磁场下降为中心点处磁场值的 90%时的横向面积，所以对于不同的线宽 W、线间距 P、线圈匝数 n、线圈层数，均可唯一确定布线尺寸 D 使得线圈的激励面积与静磁场的目标面尺寸相同，这样，通过优化，选择合适的 W、P、n 就可以获得最佳的射频线圈。

由以上分析，在静磁场固定的室温环境中，经第一步优化所得的一系列射频线圈的信噪比仅与线圈能量转换效率 $\boldsymbol{B}_1/i$ 和交流电阻 R 相关，式(5.2.1)可改写为相对信噪比的形式：

$$\mathrm{SNR}\propto\frac{\boldsymbol{B}_1/i}{\sqrt{R}} \tag{5.2.2}$$

首先仿真设计螺线管射频线圈，在螺线管射频线圈设计中所关注的主要优化参数包括线圈匝数 n、线圈与线圈之间的匝间距 d、线圈半径 r，一般忽略线圈的线径影响。这是一个典型的线性规划的优化问题，而且在实际的设计当中，上述三个参数常常会受到较大的限制，如受到 Halbach 磁体结构的影响，线圈的半径就只能小于磁体内腔的半径。由于是线性的规划问题，就采取控制变量的方法来寻优。

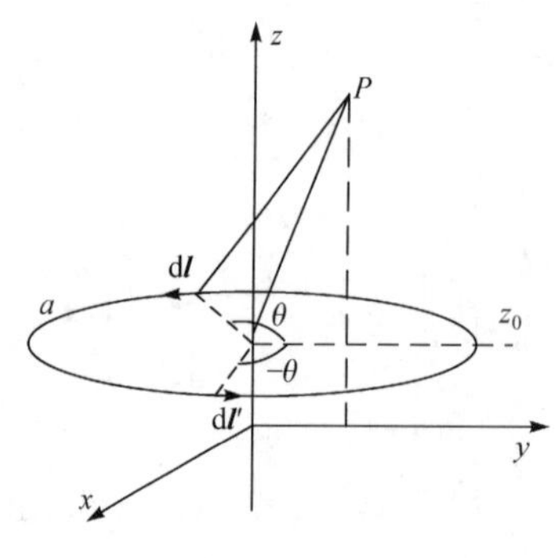

图 5.2.4 单个圆环线圈计算模型

5.2.1 螺线管射频线圈设计方法

图 5.2.1 所示的螺线管等效为若干个同轴的圆环线圈，对于单个圆环线圈，建立直角坐标系(图 5.2.4)，假设线圈位于 $z=z_0$ 平面上，中心点在 z 轴上。

根据式(2.1.11),引入矢量磁位 $\mathbf{A}$ 满足

$$\mathbf{A}=\frac{\mu_0}{4\pi}\int_C\frac{\boldsymbol{J}\mathrm{d}l}{r}=\frac{\mu_0 I}{4\pi}\oint\frac{\mathrm{d}\boldsymbol{l}}{r} \tag{5.2.3}$$

在该坐标系下,电流矢量仅有圆周方向,因此矢量磁位 $\mathbf{A}$ 只有周向分量:

$$\begin{aligned}A_\theta&=\frac{\mu_0 I}{4\pi}\oint\frac{\mathrm{d}l_x}{r}=\frac{\mu_0 I}{4\pi}\int_0^{2\pi}\frac{(a\mathrm{d}\theta)\cos\theta}{[a^2+\rho^2+(z-z_0)^2-2a\rho\cos\theta]^{1/2}}\\&=\frac{\mu_0 Ia}{2\pi}\int_0^{\pi}\frac{\cos\theta\mathrm{d}\theta}{[a^2+\rho^2+(z-z_0)^2-2a\rho\cos\theta]^{1/2}}\end{aligned} \tag{5.2.4}$$

变量代换:$\alpha=\frac{1}{2}(\theta-\pi)$,则$\frac{1}{2}\cos\theta\mathrm{d}\theta=(2\sin^2\alpha-1)\mathrm{d}\alpha$。因此,式(5.2.4)化为

$$A_\theta=\frac{\mu_0 Ia}{\pi}\int_0^{\pi/2}\frac{(2\sin^2\alpha-1)\mathrm{d}\alpha}{\sqrt{(a+\rho)^2+(z-z_0)^2-2a\rho\sin^2\alpha}} \tag{5.2.5}$$

再令 $k^2=4a\rho[(a+\rho)^2+(z-z_0)^2]^{-1}$,则式(5.2.5)化为

$$\begin{aligned}A_\theta&=\frac{\mu_0 Ia}{\pi}\frac{1}{\sqrt{(a+\rho)^2+(z-z_0)^2}}\int_0^{\pi/2}\frac{(2\sin^2\alpha-1)\mathrm{d}\alpha}{\sqrt{1-k^2\sin^2\alpha}}\\&=\frac{\mu_0 Ia}{\pi}\frac{1}{\sqrt{(a+\rho)^2+(z-z_0)^2}}\int_0^{\pi/2}\frac{2\sin^2\alpha-\frac{2}{k^2}+\left(\frac{2}{k^2}-1\right)}{\sqrt{1-k^2\sin^2\alpha}}\mathrm{d}\alpha\\&=\frac{\mu_0 Ik}{2\pi}\left(\frac{a}{\rho}\right)^{\frac{1}{2}}\left[-\frac{2}{k^2}\int_0^{\pi/2}\sqrt{1-k^2\sin^2\alpha}\mathrm{d}\alpha+\left(\frac{2}{k^2}-1\right)\int_0^{\pi/2}\frac{\mathrm{d}\alpha}{\sqrt{1-k^2\sin^2\alpha}}\right]\end{aligned} \tag{5.2.6}$$

得

$$A_\theta=\frac{\mu_0 I}{\pi k}\sqrt{\frac{a}{\rho}}[(1-k^2/2)K(k)-E(k)] \tag{5.2.7}$$

式中,第一类椭圆积分 $K(k)=\int_0^{\pi/2}\frac{\mathrm{d}\alpha}{\sqrt{1-k^2\sin^2\alpha}}$;第二类椭圆积分 $E(k)=\int_0^{\pi/2}\sqrt{1-k^2\sin^2\alpha}\mathrm{d}\alpha$。

通过微分可求得

$$\begin{cases}B_\rho=-\dfrac{\partial A_\theta}{\partial z}\\B_\theta=0\\B_z=\dfrac{1}{\rho}\dfrac{\partial}{\partial\rho}(\rho A_\theta)\end{cases} \tag{5.2.8}$$

由椭圆积分公式知

$$\begin{aligned}\frac{\mathrm{d}K(k)}{\mathrm{d}k}&=\frac{E(k)}{k(1-k^2)}-\frac{K(k)}{k}\\\frac{\mathrm{d}E(k)}{\mathrm{d}k}&=\frac{E(k)}{k}-\frac{K(k)}{k}\end{aligned}\tag{5.2.9}$$

结合式(5.1.7)～式(5.1.9)可得线圈磁场分布：

$$B_\rho=\frac{\mu_0 I}{2\pi}\frac{z}{\rho\sqrt{(a+\rho)^2+(z-z_0)^2}}\left[-K(k)+\frac{a+\rho^2+(z-z_0)^2}{(a-\rho)^2+(z-z_0)^2}E(k)\right]\tag{5.2.10}$$

$$B_z=\frac{\mu_0 I}{2\pi}\frac{1}{\sqrt{(a+\rho)^2+(z-z_0)^2}}\left[K(k)+\frac{a^2-\rho^2-(z-z_0)^2}{(a-\rho)^2+(z-z_0)^2}E(k)\right]\tag{5.2.11}$$

对于螺线管线圈，目标区域在螺线管中间区域，径向分量接近零，因此通常只需要轴向分量，即 B_z 分量。对于具有若干匝数的螺线管线圈，可以利用式(5.2.11)计算得到空间中的磁场分布。为了得到线圈的相对信噪比，还需要利用式(5.2.2)计算，因此需要进一步求解线圈的交流电阻。实际上，在求解交流电阻时，由于射频频率往往在兆赫兹级别，集肤效应比较明显，且当相邻导线距离较近时又会有邻近效应，因此实际上采用解析方法求解线圈的交流电阻是十分复杂的。不过当导线间距大于导线直径的一半时[18]，邻近效应比较小，此时可以忽略邻近效应。实际上，只要每个线圈结构都满足这个条件，则导线每处电流密度分布近似相同，可以近似认为线圈的交流电阻正比于导线的总长度，因此，本节在计算相对信噪比时，交流电阻以正比于导线长度的量表示($R_{\mathrm{ac}}=C_{\mathrm{R}}\times L$)。

假设半径为 r，匝数为 n，匝间距为 d，考虑实际绕线问题，则线圈总长度约为

$$L=2\pi rn+2(n-1)d\tag{5.2.12}$$

以螺线管中心为坐标原点，则线圈产生的磁场的磁感应强度可以表示为

$$\begin{aligned}B_{z\mathrm{coil}}=&\sum_{i=1}^{n}\frac{\mu_0 I}{2\pi}\frac{1}{\sqrt{(a+\rho)^2+[z-0.5(n-1)d+(i-1)d]^2}}\\&\times\left\{K(k)+\frac{a^2-\rho^2-[z-0.5(n-1)d+(i-1)d]^2}{(a-\rho)^2+[z-0.5(n-1)d+(i-1)d]^2}E(k)\right\}\end{aligned}\tag{5.2.13}$$

式中，$k^2=4a\rho\{(a+\rho)^2+[z-0.5(n-1)d+(i-1)d]^2\}^{-1}$。

由于暂时忽略邻近效应的影响，交流电阻正比于线圈长度，那么相对信噪比：

$$\mathrm{SNR}\propto\frac{B_{z\mathrm{coil}}/I}{\sqrt{L}}\tag{5.2.14}$$

因此，需要获得最佳的线圈信噪比，需要对线圈结构参数(半径 r、匝数 n、匝间距 d)进行优化，实际上这是一个多变量寻优问题，针对该问题，可以选择采用遗传算法、粒子群算法等人工智能优化算法，具体的寻优过程不再阐述，读者可自行完

成优化设计，本节仅提供几个简单的实例以供参考。

简单起见，本节选择采用控制变量法来分析各个线圈参数对线圈整体信噪比的影响规律。首先讨论线圈的半径对信噪比的影响，假设线圈匝数均为 4 匝，匝间距为 4mm，调节线圈半径（10mm、20mm、30mm），观察不同半径情况下线圈的轴线上相对信噪比，结果如图 5.2.5 所示，不同线圈间距以及不同匝数的线圈结构对应的相对信噪比规律分别如图 5.2.6 和图 5.2.7 所示。

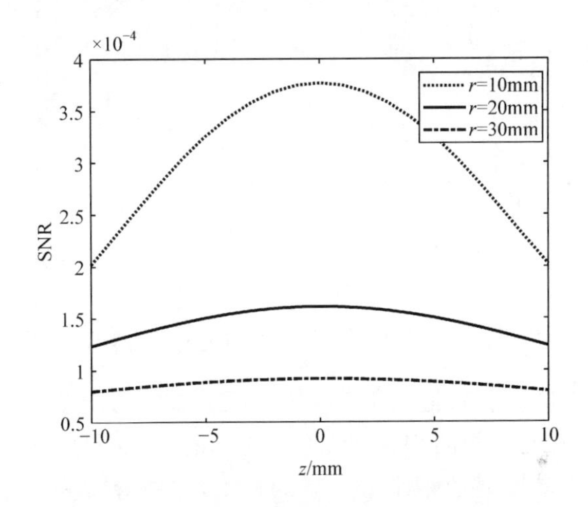

图 5.2.5　不同半径的线圈相对信噪比曲线

不同间距的线圈对相对信噪比的影响如图 5.2.6 所示。

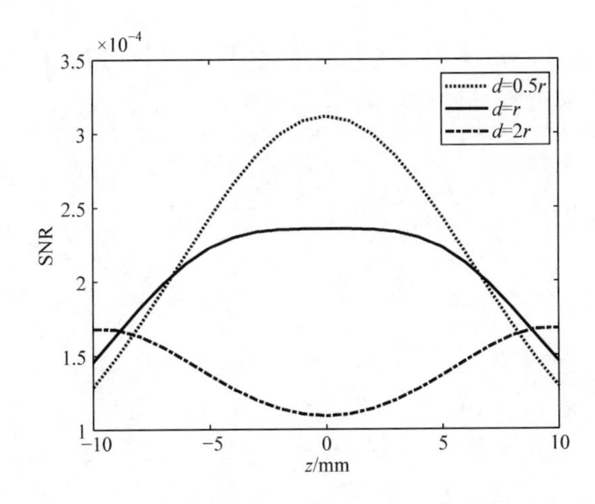

图 5.2.6　不同间距的线圈对应的相对信噪比曲线

其中，d 是两线圈之间的匝间距，r 为线圈的半径，从图中可以看出，当 $d=r$ 时，在中间的目标区域的信噪比和磁场均匀度都具有不错的结果，在实际情况中这

种 $d=r$ 的线圈称为亥姆霍兹线圈。

不同匝数的线圈对相对信噪比的影响如图 5.2.7 所示。

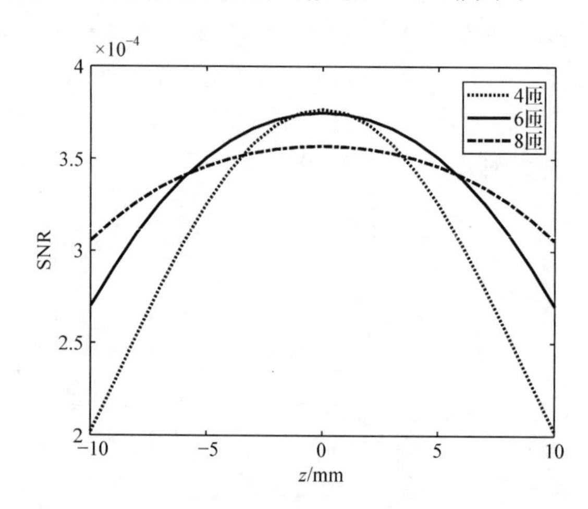

图 5.2.7　不同匝数的线圈对应的相对信噪比曲线

图 5.2.7 为线圈的相对信噪比随着线圈匝数变化的结果，从结果可以看出，随着匝数的增加，信噪比和场的均匀度都有着不同的变化趋势，其中信噪比的降低是由于线圈数量增加的同时也带来了电阻的增加，这些导致相对信噪比反而下降。在实际设计时，需要同时考虑线圈的各个参数变化，以求达到更精确的结果。

5.2.2　平面形射频线圈设计方法

对于图 5.2.2 所示的平面形射频线圈，为方便计算分析，将其简化为同心矩形线圈结构，其中一圈的计算模型如图 5.2.8 所示。

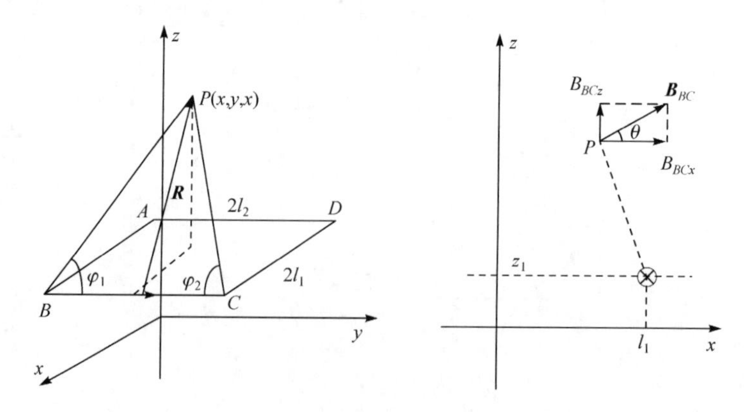

图 5.2.8　矩形线圈计算模型

将该模型分解成四段边分别求解，首先求解 BC 边上电流产生的磁场，根据

式(2.1.13),有

$$\boldsymbol{B}(\boldsymbol{r})=\frac{\mu_0 I}{4\pi}\int_C \frac{\mathrm{d}\boldsymbol{l}'\times\boldsymbol{R}}{R^3} \tag{5.2.15}$$

在导线上取电流微元 $I\mathrm{d}\boldsymbol{l}'=I\mathrm{d}y'\boldsymbol{e}_y$,$\boldsymbol{R}=\boldsymbol{r}-\boldsymbol{r}'=(x-x')\boldsymbol{e}_x+(y-y')\boldsymbol{e}_y+(z-z')\boldsymbol{e}_z$,则

$$\boldsymbol{B}_{BC}(\boldsymbol{r})=\frac{\mu_0 I}{4\pi}\int_C \frac{\mathrm{d}y'\boldsymbol{e}_y\times[(x-l_1)\boldsymbol{e}_x+(y-y')\boldsymbol{e}_y+(z-z_1)\boldsymbol{e}_z]}{[(l_1-x)^2+(y-y')^2+(z-z_1)^2]^{3/2}} \tag{5.2.16}$$

通过求解上述等式,可得

$$B_{BCx}=\frac{\mu_0 I(z-z_0)}{4\pi[(l_1-x)^2+(z-z_1)^2]}\left[\frac{y+l_2}{\sqrt{(l_1-x)^2+(l_2+y)^2+(z-z_1)^2}}+\frac{l_2-y}{\sqrt{(l_1-x)^2+(l_2-y)^2+(z-z_1)^2}}\right]$$

$$B_{BCy}=0$$

$$B_{BCz}=\frac{\mu_0 I(l_1-x)}{4\pi[(l_1-x)^2+(z-z_1)^2]}\left[\frac{y+l_2}{\sqrt{(l_1-x)^2+(l_2+y)^2+(z-z_1)^2}}+\frac{l_2-y}{\sqrt{(l_1-x)^2+(l_2-y)^2+(z-z_1)^2}}\right]$$

同理可以求得 DA 边上电流产生的磁场:

$$B_{DAx}=\frac{\mu_0 I(z-z_1)}{4\pi[(l_1+x)^2+(z-z_1)^2]}\left[\frac{l_2-y}{\sqrt{(l_1+x)^2+(l_2-y)^2+(z-z_1)^2}}+\frac{l_2+y}{\sqrt{(l_1+x)^2+(l_2+y)^2+(z-z_1)^2}}\right]$$

$$B_{DAy}=0$$

$$B_{DAz}=\frac{\mu_0 I(l_1+x)}{4\pi[(l_1+x)^2+(z-z_1)^2]}\left[\frac{l_2-y}{\sqrt{(l_1+x)^2+(l_2-y)^2+(z-z_1)^2}}+\frac{l_2+y}{\sqrt{(l_1+x)^2+(l_2+y)^2+(z-z_1)^2}}\right]$$

CD 边上电流产生的磁场:

$$B_{CDx}=0$$

$$B_{CDy}=\frac{\mu_0 I(z-z_1)}{4\pi[(l_2-y)^2+(z-z_1)^2]}\left[\frac{l_1-x}{\sqrt{(l_1-x)^2+(l_2-y)^2+(z-z_1)^2}}+\frac{l_1+x}{\sqrt{(l_1+x)^2+(l_2-y)^2+(z-z_1)^2}}\right]$$

$$B_{CDz}=\frac{\mu_0 I(l_2-y)}{4\pi[(l_2-y)^2+(z-z_1)^2]}\left[\frac{l_1-x}{\sqrt{(l_1-x)^2+(l_2-y)^2+(z-z_1)^2}}+\frac{l_1+x}{\sqrt{(l_1+x)^2+(l_2-y)^2+(z-z_1)^2}}\right]$$

AB 边上电流产生的磁场：

$$B_{ABx}=0$$

$$B_{ABy}=\frac{\mu_0 I(z-z_1)}{4\pi[(l_2+y)^2+(z-z_1)^2]}\left[\frac{l_1+x}{\sqrt{(l_1+x)^2+(l_2+y)^2+(z-z_1)^2}}+\frac{l_1-x}{\sqrt{(l_1-x)^2+(l_2+y)^2+(z-z_1)^2}}\right]$$

$$B_{ABz}=\frac{\mu_0 I(l_2+y)}{4\pi[(l_2+y)^2+(z-z_1)^2]}\left[\frac{l_1+x}{\sqrt{(l_1+x)^2+(l_2+y)^2+(z-z_1)^2}}+\frac{l_1-x}{\sqrt{(l_1-x)^2+(l_2+y)^2+(z-z_1)^2}}\right]$$

将所有线段上电流产生的磁场叠加可得一圈矩形线圈产生磁场：

$$B_x=\frac{\mu_0 I(z-z_1)}{4\pi[(l_1-x)^2+(z-z_1)^2]}\left[\frac{l_2+y}{\sqrt{(l_1+x)^2+(l_2+y)^2+(z-z_1)^2}}+\frac{l_2-y}{\sqrt{(l_1-x)^2+(l_2-y)^2+(z-z_1)^2}}\right]+\frac{-\mu_0 I(z-z_1)}{4\pi[(l_1+x)^2+(z-z_1)^2]}\left[\frac{l_2-y}{\sqrt{(l_1+x)^2+(l_2-y)^2+(z-z_1)^2}}+\frac{l_2+y}{\sqrt{(l_1+x)^2+(l_2+y)^2+(z-z_1)^2}}\right] \tag{5.2.17}$$

$$B_y=\frac{\mu_0 I(z-z_1)}{4\pi[(l_2-y)^2+(z-z_1)^2]}\left[\frac{l_1-x}{\sqrt{(l_1-x)^2+(l_2-y)^2+(z-z_1)^2}}+\frac{l_1+x}{\sqrt{(l_1+x)^2+(l_2-y)^2+(z-z_1)^2}}\right]+\frac{-\mu_0 I(z-z_1)}{4\pi[(l_2+y)^2+(z-z_1)^2]}\left[\frac{l_1+x}{\sqrt{(l_1+x)^2+(l_2+y)^2+(z-z_1)^2}}+\frac{l_1-x}{\sqrt{(l_1-x)^2+(l_2+y)^2+(z-z_1)^2}}\right] \tag{5.2.18}$$

$$B_z=\frac{\mu_0 I(l_2+y)}{4\pi[(l_2+y)^2+(z-z_1)^2]}\left[\frac{l_1+x}{\sqrt{(l_1+x)^2+(l_2+y)^2+(z-z_1)^2}}\right.$$

$$
+\frac{l_1+x}{\sqrt{(l_1-x)^2+(l_2+y)^2+(z-z_1)^2}}\Bigg]
+\frac{\mu_0 I(l_2-y)}{4\pi[(l_2-y)^2+(z-z_1)^2]}\Bigg[\frac{l_1-x}{\sqrt{(l_1-x)^2+(l_2-y)^2+(z-z_1)^2}}
+\frac{l_1+x}{\sqrt{(l_1+x)^2+(l_2-y)^2+(z-z_1)^2}}\Bigg]
+\frac{\mu_0 I(l_1-x)}{4\pi[(l_1-x)^2+(z-z_1)^2]}\Bigg[\frac{l_2+y}{\sqrt{(l_1-x)^2+(l_2+y)^2+(z-z_1)^2}}
+\frac{l_2-y}{\sqrt{(l_1-x)^2+(l_2+y)^2+(z-z_1)^2}}\Bigg]
+\frac{\mu_0 I(l_1+x)}{4\pi[(l_1+x)^2+(z-z_1)^2]}\Bigg[\frac{l_2-y}{\sqrt{(l_1+x)^2+(l_2-y)^2+(z-z_1)^2}}
+\frac{l_2+y}{\sqrt{(l_1+x)^2+(l_2+y)^2+(z-z_1)^2}}\Bigg] \tag{5.2.19}
$$

若要求解多圈线圈产生的磁场，分别计算每一圈线圈产生的磁场，然后将其相加则可，最后参考式(5.2.14)相对信噪比计算方法，可以计算平面线圈的相对信噪比。图 5.2.9 所示为三种结构的射频线圈相对信噪比结果，其中线圈匝数均为 5 圈，线宽均为 0.5mm，线间距均为 0.5mm，线圈外圈边长分别为 15mm、17.2mm 和 23mm。

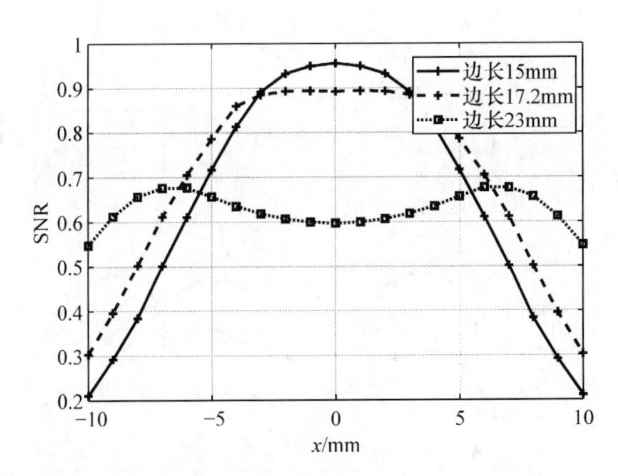

图 5.2.9　不同边长的平面线圈水平方向相对信噪比对比图

希望目标区域内线圈具有较高的信噪比，且目标区域内磁场尽量均匀，从结果看，边长为 17.2mm 结构的线圈，在目标区域内具有较高的信噪比，且在一定区域内磁场比较均匀。

5.2.3 马鞍形射频线圈设计方法

对马鞍形射频线圈仿真优化，先确定马鞍形射频线圈中可以变化的参数：因为马鞍形射频线圈是包裹在磁体或者超导线圈外部的，所以假设线圈的半径是一个确定的值(仅作为实例说明)，在计算时默认其值为 5mm。在马鞍形射频线圈中采用扇形结构，所以可以控制的变量有扇形的角度 φ(图 5.2.3)，线圈的高度 h(图 5.2.3)在本书中仅做部分几个线圈结构的计算工作，要获得特定尺寸的最佳结构，希望读者自行计算。

角度 φ 变化的对比结果如图 5.2.10 和图 5.2.11 所示。

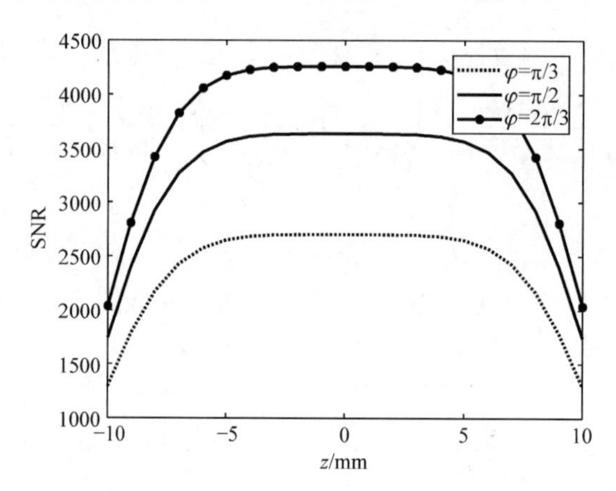

图 5.2.10 线圈角度变化后 z 轴上相对信噪比对比图

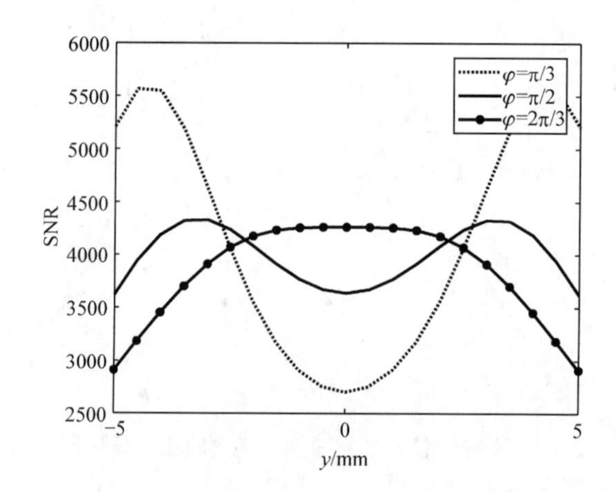

图 5.2.11 线圈角度变化后 y 轴上相对信噪比对比图

变换线圈弧度 $2\pi/3$，高度 h 分别为 5mm、10mm、15mm 的对比结果如图 5.2.12 和图 5.2.13 所示。

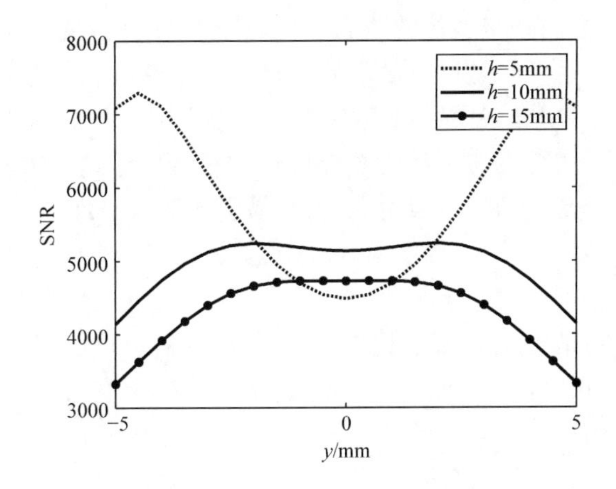

图 5.2.12　线圈高度 h 变化后 y 轴上相对信噪比对比图

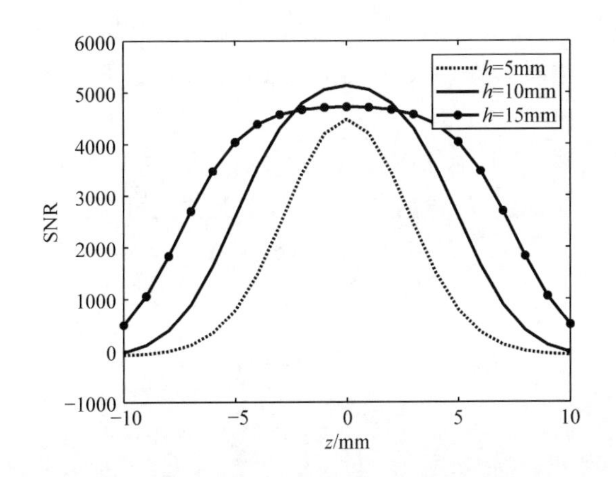

图 5.2.13　线圈高度 h 变化后 z 轴上相对信噪比对比图

在实际设计过程中，如果仅仅观察线圈轴向方向的信噪比还不够，从马鞍形射频线圈结果可知，磁场沿着径向分布规律和沿着轴向分布规律有较大的区别。要更全面地反映整个线圈的性能，则需要从线圈目标区域内整体的信噪比入手进行分析，本质上与仅考虑某条线上信噪比的分析方法并无差别，此处不再赘述。

5.3　射频线圈设计的电磁场逆问题

与梯度线圈设计类似，射频线圈的设计方法大致也可以分为两类：规则的离散式绕线方法和分布式绕线方法。前者主要是通过给定规则的导线分布，如导线的横截面、导线的基本形状、导线间距等，分别计算不同结构下线圈的目标参数(磁场均匀性、信噪比、功率损耗等)，通过采用模拟退火法、遗传算法、混合优化算法等寻优算法进行优化,进而获得最佳的线圈结构,这种方式具有较大的盲目性,而且寻优过程耗时较长。后者则是通过给定的目标区域内磁场分布情况来计算所需要的电流密度分布,然后用分布式导线代替连续的电流密度分布,从而确定线圈绕线的具体形状与尺寸。这种方法则需要额外增加约束条件。这种方法不仅针对性强,而且可以获得电流密度的解析表达式,也容易引入约束条件。

5.3.1 目标场法

目标场法最初是由 Turner[2]提出用于梯度线圈设计的方法,其主要思路就是假定目标磁场是由某种面电流产生的,通过采用傅里叶变换法求得目标磁场与电流密度的关系进而得到源电流密度分布,最后通过电流密度的流函数得到离散的线圈绕线分布。

对永磁体构成的磁体结构,其磁场强度为几百毫特斯拉,对应的共振频率为几十兆赫兹,此时射频线圈尺寸远小于电磁波的波长,可以作为准静态场分析,因此以静态磁场分析方法对其进行求解,在此基础上本节基于平面分布的射频线圈的目标场理论进行阐述。

建立直角坐标系,其模型如图 5.3.1 所示,线圈位于平面 $z=z_0$ 上,假设电流密度分布 $\boldsymbol{J}(x,y)$,根据磁场特性:$\nabla\times\boldsymbol{B}=0$,在无源区可以定义:$\boldsymbol{B}=-\nabla\Phi$,则

$$\nabla\cdot(-\nabla\Phi)=0 \tag{5.3.1}$$

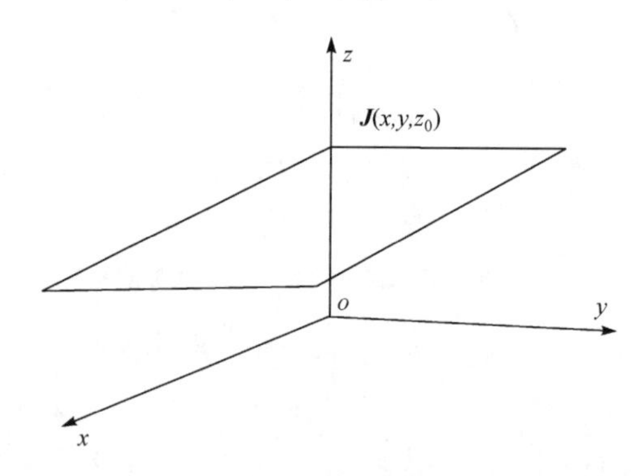

图 5.3.1 平面线圈模型

在直角坐标系下,式(5.3.1)可化为

$$\frac{\partial^2\Phi}{\partial x^2}+\frac{\partial^2\Phi}{\partial y^2}+\frac{\partial^2\Phi}{\partial z^2}=0 \tag{5.3.2}$$

采用分离变量法,假设 $\varphi(x,y,z)=X(x)Y(y)Z(z)$,代入式(5.3.2)中化简得

$$\frac{\mathrm{d}^2X(x)}{\mathrm{d}x^2}+k_x^2X(x)=0 \tag{5.3.3}$$

$$\frac{d^2Y(y)}{dy^2}+k_y^2Y(y)=0 \tag{5.3.4}$$

$$\frac{d^2Z(z)}{dz^2}+k_z^2Z(z)=0 \tag{5.3.5}$$

式中，$k_z=\sqrt{k_x^2+k_y^2}$，因此求解上述方程组可得

$$X(x)=e^{\pm k_x x}$$

$$Y(y)=e^{\pm k_y y}$$

$$Z(z)=Ce^{k_z x}+De^{-k_z x}$$

因为无穷远处磁场为零，所以当 $z\geqslant z_0$ 时，$Z(z)|_{z\to+\infty}=0$，则 $C=0$，当 $z<z_0$ 时，$Z(z)|_{z\to-\infty}=0$，则 $D=0$，故标量磁位 Φ 的表达式为[19]

$$\Phi_1(x,y,z)=\int_{-\infty}^{+\infty}\int_{-\infty}^{+\infty}A^{(+)}(k_x,k_y)e^{i(k_x x+k_y y)}e^{-k_z z}dk_x dk_y,\quad z\geqslant z_0 \tag{5.3.6}$$

$$\Phi_2(x,y,z)=\int_{-\infty}^{+\infty}\int_{-\infty}^{+\infty}A^{(-)}(k_x,k_y)e^{i(k_x x+k_y y)}e^{k_z z}dk_x dk_y,\quad z<z_0 \tag{5.3.7}$$

因此，当 $z\geqslant z_0$ 时，$\boldsymbol{B}_1=-\nabla\Phi_1$；当 $z<z_0$ 时，$\boldsymbol{B}_2=-\nabla\Phi_2$，即

$$\begin{aligned}\boldsymbol{B}_1(x,y,z)=&-\boldsymbol{e}_x\cdot i\cdot\int_{-\infty}^{+\infty}\int_{-\infty}^{+\infty}A^{(+)}(k_x,k_y)e^{i(k_x x+k_y y)-k_z z}\cdot k_x dk_x dk_y\\&-\boldsymbol{e}_y\cdot i\cdot\int_{-\infty}^{+\infty}\int_{-\infty}^{+\infty}A^{(+)}(k_x,k_y)e^{i(k_x x+k_y y)-k_z z}\cdot k_y dk_x dk_y\\&+\boldsymbol{e}_z\cdot\int_{-\infty}^{+\infty}\int_{-\infty}^{+\infty}A^{(+)}(k_x,k_y)e^{i(k_x x+k_y y)-k_z z}\cdot k_z dk_x dk_y\end{aligned} \tag{5.3.8}$$

$$\begin{aligned}\boldsymbol{B}_2(x,y,z)=&-\boldsymbol{e}_x\cdot i\cdot\int_{-\infty}^{+\infty}\int_{-\infty}^{+\infty}A^{(-)}(k_x,k_y)e^{i(k_x x+k_y y)+k_z z}\cdot k_x dk_x dk_y\\&-\boldsymbol{e}_y\cdot i\cdot\int_{-\infty}^{+\infty}\int_{-\infty}^{+\infty}A^{(-)}(k_x,k_y)e^{i(k_x x+k_y y)+k_z z}\cdot k_y dk_x dk_y\\&-\boldsymbol{e}_z\cdot\int_{-\infty}^{+\infty}\int_{-\infty}^{+\infty}A^{(-)}(k_x,k_y)e^{i(k_x x+k_y y)+k_z z}\cdot k_z dk_x dk_y\end{aligned} \tag{5.3.9}$$

在平面 $z=z_0$ 处，根据分界面衔接条件：

$$\begin{cases}\boldsymbol{e}_z\cdot(\boldsymbol{B}_1-\boldsymbol{B}_2)=0\\\boldsymbol{e}_z\times(\boldsymbol{B}_1-\boldsymbol{B}_2)=\mu_0\boldsymbol{J}\end{cases} \tag{5.3.10}$$

将式(5.3.8)、式(5.3.9)代入式(5.3.10)中可得

$$\begin{aligned}&\int_{-\infty}^{+\infty}\int_{-\infty}^{+\infty}[A^{(+)}(k_x,k_y)\cdot e^{-k_z z_0}-A^{(-)}(k_x,k_y)\cdot e^{k_z z_0}]e^{i(k_x x+k_y y)}\cdot k_y dk_x dk_y\\&=-i\mu_0 J_x(x,y)\end{aligned} \tag{5.3.11}$$

$$\int_{-\infty}^{+\infty}\int_{-\infty}^{+\infty}[A^{(+)}(k_x,k_y)\cdot e^{-k_z z_0}+A^{(-)}(k_x,k_y)\cdot e^{k_z z_0}]\cdot e^{i(k_x x+k_y y)}\cdot k_z dk_x dk_y=0 \tag{5.3.12}$$

$$\int_{-\infty}^{+\infty}\int_{-\infty}^{+\infty}[A^{(+)}(k_x,k_y)\cdot e^{-k_z z_0}-A^{(-)}(k_x,k_y)\cdot e^{k_z z_0}]e^{i(k_x x+k_y y)}\cdot k_x dk_x dk_y$$

$$=i\mu_0 J_y(x,y) \tag{5.3.13}$$

采用傅里叶变换法可得

$$k_y\cdot A^{(+)}(k_x,k_y)\cdot e^{-k_z z_0}-k_y\cdot A^{(-)}(k_x,k_y)\cdot e^{k_z z_0}=-i\mu_0 j_x(k_x,k_y) \tag{5.3.14}$$

$$A^{(+)}(k_x,k_y)\cdot e^{-k_z z_0}+A^{(-)}(k_x,k_y)\cdot e^{k_z z_0}=0 \tag{5.3.15}$$

$$k_x\cdot A^{(+)}(k_x,k_y)\cdot e^{-k_z z_0}-k_x\cdot A^{(-)}(k_x,k_y)\cdot e^{k_z z_0}=i\mu_0 j_y(k_x,k_y) \tag{5.3.16}$$

式中

$$j_x(k_x,k_y)=\int_{-\infty}^{+\infty}\int_{-\infty}^{+\infty}J_x(x,y)e^{-i(k_x x+k_y y)}\cdot dxdy \tag{5.3.17}$$

$$j_y(k_x,k_y)=\int_{-\infty}^{+\infty}\int_{-\infty}^{+\infty}J_y(x,y)e^{-i(k_x x+k_y y)}\cdot dxdy \tag{5.3.18}$$

因此求解方程组(5.3.14)～(5.3.16)得

$$A^{(+)}(k_x,k_y)=\frac{i\mu_0}{2k_x}j_y(k_x,k_y)e^{k_z z_0} \tag{5.3.19}$$

$$A^{(-)}(k_x,k_y)=-\frac{i\mu_0}{2k_x}j_y(k_x,k_y)e^{-k_z z} \tag{5.3.20}$$

$$k_y\cdot j_y(k_x,k_y)+k_x\cdot j_x(k_x,k_y)=0 \tag{5.3.21}$$

式(5.3.17)、式(5.3.18)由傅里叶逆变换得电流密度表达式：

$$J_x(k_x,k_y)=\frac{1}{4\pi^2}\int_{-\infty}^{+\infty}\int_{-\infty}^{+\infty}j_x(x,y)e^{i(k_x x+k_y y)}\cdot dk_x dk_y \tag{5.3.22}$$

$$J_y(k_x,k_y)=\frac{1}{4\pi^2}\int_{-\infty}^{+\infty}\int_{-\infty}^{+\infty}j_y(x,y)e^{i(k_x x+k_y y)}\cdot dk_x dk_y \tag{5.3.23}$$

于是将式(5.3.19)、式(5.3.20)代入式(5.3.8)、式(5.3.9)中便可得到空间中磁场分布与电流分布的关系：

$$\begin{aligned}\boldsymbol{B}_1(x,y,z)=&\ \boldsymbol{e}_x\cdot\frac{\mu_0}{2}\int_{-\infty}^{+\infty}\int_{-\infty}^{+\infty}j_y(k_x,k_y)\cdot e^{i(k_x x+k_y y)-k_z(z-z_0)}dk_x dk_y\\&+\boldsymbol{e}_y\cdot\frac{\mu_0}{2}\int_{-\infty}^{+\infty}\int_{-\infty}^{+\infty}\frac{k_y}{k_x}\cdot j_y(k_x,k_y)\cdot e^{i(k_x x+k_y y)-k_z(z-z_0)}dk_x dk_y\\&+\boldsymbol{e}_z\cdot\frac{i\mu_0}{2}\int_{-\infty}^{+\infty}\int_{-\infty}^{+\infty}\frac{k_z}{k_x}\cdot j_y(k_x,k_y)\cdot e^{i(k_x x+k_y y)-k_z(z-z_0)}dk_x dk_y\end{aligned} \tag{5.3.24}$$

$$\boldsymbol{B}_2(x,y,z)=-\boldsymbol{e}_x\cdot\frac{\mu_0}{2}\int_{-\infty}^{+\infty}\int_{-\infty}^{+\infty}j_y(k_x,k_y)\cdot e^{i(k_x x+k_y y)+k_z(z-z_0)}dk_x dk_y$$

$$-\boldsymbol{e}_y \cdot \frac{\mu_0}{2}\int_{-\infty}^{+\infty}\int_{-\infty}^{+\infty}\frac{k_y}{k_x}\cdot j_y(k_x,k_y)\cdot \mathrm{e}^{\mathrm{i}(k_x x+k_y y)+k_z(z-z_0)}\mathrm{d}k_x\mathrm{d}k_y$$
$$+\boldsymbol{e}_z \cdot \frac{\mathrm{i}\mu_0}{2}\int_{-\infty}^{+\infty}\int_{-\infty}^{+\infty}\frac{k_z}{k_x}\cdot j_y(k_x,k_y)\cdot \mathrm{e}^{\mathrm{i}(k_x x+k_y y)+k_z(z-z_0)}\mathrm{d}k_x\mathrm{d}k_y \tag{5.3.25}$$

对于位于平面 $z=z_0$ 上的电流密度 $\boldsymbol{J}(x,y)$，倘若给定目标区域平面 $z=c<z_0$ 上的磁场，假设给定磁场为水平分布，方向为 x 轴正方向，则

$$B_x(x,y,c)=-\frac{\mu_0}{2}\int_{-\infty}^{+\infty}\int_{-\infty}^{+\infty}j_y(k_x,k_y)\cdot \mathrm{e}^{\mathrm{i}(k_x x+k_y y)+k_z(c-z_0)}\mathrm{d}k_x\mathrm{d}k_y \tag{5.3.26}$$

对式(5.3.26)左右两边进行傅里叶变换，两边同时乘以 $\mathrm{e}^{-\mathrm{i}(k'_x x+k'_y y)}$，并对 x、y 在区间$(-\infty,+\infty)$上积分可得

$$\int_{-\infty}^{+\infty}\int_{-\infty}^{+\infty}B_x(x,y,c)\mathrm{e}^{-\mathrm{i}(k'_x x+k'_y y)}\mathrm{d}x\mathrm{d}y$$
$$=-\frac{\mu_0}{2}\int_{-\infty}^{+\infty}\int_{-\infty}^{+\infty}\int_{-\infty}^{+\infty}\int_{-\infty}^{+\infty}j_y(k_x,k_y)\mathrm{e}^{\mathrm{i}(k_x x+k_y y)+k_z(c-z_0)}\mathrm{e}^{-\mathrm{i}(k'_x x+k'_y y)}\mathrm{d}k_x\mathrm{d}k_y\mathrm{d}x\mathrm{d}y$$
$$=-\frac{\mu_0}{2}\cdot 4\pi^2 j_y(k'_x,k'_y)\mathrm{e}^{-k'_z(z_0-c)} \tag{5.3.27}$$

令 $B_x(x,y,z)$的傅里叶逆变换为 $b_x(k_x,k_y,k_x)$，则

$$b_x(k_x,k_y,c)=\frac{1}{4\pi^2}\int_{-\infty}^{+\infty}\int_{-\infty}^{+\infty}B_x(x,y,c)\mathrm{e}^{-\mathrm{i}(k_x x+k_y y)}\mathrm{d}x\mathrm{d}y \tag{5.3.28}$$

因此结合式(5.3.27)、式(5.3.28)和式(5.3.21)可得

$$j_y(k_x,k_y)=-\frac{2}{\mu_0}b_x(k_x,k_y,c)\mathrm{e}^{k_z(z_0-c)} \tag{5.3.29}$$

$$j_x(k_x,k_y)=\frac{2k_y}{\mu_0 k_x}b_x(k_x,k_y,c)\mathrm{e}^{k_z(z_0-c)} \tag{5.3.30}$$

将式(5.3.29)和式(5.3.30)代入式(5.3.22)、式(5.3.23)中则可以得到平面上电流密度分布：

$$J_x(k_x,k_y)=\frac{1}{4\pi^2}\int_{-\infty}^{+\infty}\int_{-\infty}^{+\infty}-\frac{2k_y}{\mu_0 k_z}b_x(k_x,k_y,c)\mathrm{e}^{\mathrm{i}(k_x x+k_y y)+k_z(z_0-c)}\mathrm{d}k_x\mathrm{d}k_y \tag{5.3.31}$$

$$J_y(k_x,k_y)=\frac{1}{4\pi^2}\int_{-\infty}^{+\infty}\int_{-\infty}^{+\infty}-\frac{2}{\mu_0}b_x(k_x,k_y,c)\mathrm{e}^{\mathrm{i}(k_x x+k_y y)+k_z(z_0-c)}\mathrm{d}k_x\mathrm{d}k_y \tag{5.3.32}$$

因此通过式(5.3.28)、式(5.3.31)、式(5.3.32)便可以根据给定的目标磁场求得对应的能够产生这种磁场的电流密度分布。这个电流密度是连续分布的，因此要得到线圈结构，还需要对该电流密度进行离散，即采用某种离散分布的电流来等效该

连续分布的电流密度。

5.3.2 流函数法

根据电流连续性定理：$\nabla \cdot \boldsymbol{J}=0$，因此根据第 4 章的叙述，引入流函数[20] $\boldsymbol{S}(x, y,z)$，满足

$$\nabla \times \boldsymbol{S}=\boldsymbol{J} \tag{5.3.33}$$

前述章节是在柱坐标系下进行计算，由于电流的计算在直角坐标系下完成，本节就直角坐标系下流函数方法进行简要描述，本质上与在其他坐标系下分析是一样的。由于电流仅分布于平面 $z=z_0$ 上，因此电流密度没有 z 分量，则有

$$\nabla \times \boldsymbol{S}=\begin{vmatrix} \boldsymbol{e}_x & \boldsymbol{e}_y & \boldsymbol{e}_z \\ \dfrac{\partial}{\partial x} & \dfrac{\partial}{\partial y} & \dfrac{\partial}{\partial z} \\ S_x & S_y & S_z \end{vmatrix}=J_x\boldsymbol{e}_x+J_y\boldsymbol{e}_y \tag{5.3.34}$$

式(5.3.34)可以分解为以下方程组：

$$\frac{\partial S_z}{\partial y}-\frac{\partial S_y}{\partial z}=J_x \tag{5.3.35}$$

$$\frac{\partial S_x}{\partial z}-\frac{\partial S_z}{\partial x}=J_y \tag{5.3.36}$$

$$\frac{\partial S_y}{\partial x}-\frac{\partial S_x}{\partial y}=0 \tag{5.3.37}$$

将式(5.3.35)、式(5.3.36)代入到$\nabla \cdot \boldsymbol{J}=0$ 可得

$$\frac{\partial}{\partial x}\left(\frac{\partial S_z}{\partial y}-\frac{\partial S_y}{\partial z}\right)+\frac{\partial}{\partial y}\left(\frac{\partial S_x}{\partial z}-\frac{\partial S_z}{\partial x}\right)=0 \tag{5.3.38}$$

将式(5.3.37)对 z 求一次偏导数：

$$\frac{\partial}{\partial z}\frac{\partial S_y}{\partial x}-\frac{\partial}{\partial z}\frac{\partial S_x}{\partial y}=0 \tag{5.3.39}$$

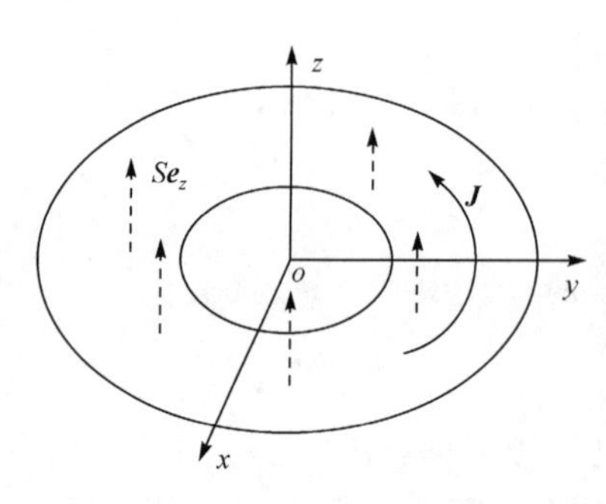

图 5.3.2 电流密度与流函数示意图

通过式(5.3.38)和式(5.3.39)可以得知，当 $\boldsymbol{S}(x,y,z)$二阶偏导数连续时，上述等式恒成立，为了简化问题，可以假设 S_x 和 S_y 为零，则流函数 $\boldsymbol{S}(x,y,z)$仅有 z 向分量，如图 5.3.2 所示。

于是式(5.3.35)、式(5.3.36)则可以简化为

$$\begin{aligned} \frac{\partial S_z}{\partial y}&=J_x \\ \frac{\partial S_z}{\partial x}&=-J_y \end{aligned} \tag{5.3.40}$$

故

$$S_z = \int_{-\infty}^{y} J_x(x,y')\mathrm{d}y' = \int_{-\infty}^{x} J_y(x',y)\mathrm{d}x' \tag{5.3.41}$$

实际上 $S=S_z$ 等值线的走向就是平面电流的走向，也就是实际线圈的绕线方式，下面对其进行证明。因为线圈位于平面 $z=z_0$ 上，为了简化问题，重新建立直角坐标系，将线圈平面定义为 xoy 平面，如图 5.3.2 所示，图中虚线箭头表示流函数等值线，环带区域内是电流密度的流通区域，对于流函数等值线上的任一点，其矢量可以写为

$$\boldsymbol{r}=x\boldsymbol{e}_x+y\boldsymbol{e}_y \tag{5.3.42}$$

则在该点处，流函数等值线的单位切向量为

$$\frac{\mathrm{d}\boldsymbol{r}}{\mathrm{d}|\boldsymbol{r}|}=\frac{\mathrm{d}x}{\mathrm{d}|\boldsymbol{r}|}\boldsymbol{e}_x+\frac{\mathrm{d}y}{\mathrm{d}|\boldsymbol{r}|}\boldsymbol{e}_y \tag{5.3.43}$$

在该等值线上，由于 $S(x,y)$ 为某一常数，因此有

$$\frac{\mathrm{d}S}{\mathrm{d}|\boldsymbol{r}|}=\frac{\partial S}{\partial x}\frac{\mathrm{d}x}{\mathrm{d}|\boldsymbol{r}|}+\frac{\partial S}{\partial y}\frac{\mathrm{d}y}{\mathrm{d}|\boldsymbol{r}|}=0 \tag{5.3.44}$$

故

$$\frac{\mathrm{d}y}{\mathrm{d}|\boldsymbol{r}|}=-\frac{\partial \Psi}{\partial x}\frac{\mathrm{d}x}{\mathrm{d}|\boldsymbol{r}|}\frac{\partial y}{\partial \Psi}=-\frac{\partial y}{\partial x}\frac{\mathrm{d}x}{\mathrm{d}|\boldsymbol{r}|} \tag{5.3.45}$$

将式(5.3.40)代入式(5.3.45)中得

$$\frac{\mathrm{d}y}{\mathrm{d}|\boldsymbol{r}|}=\frac{J_y}{J_x}\frac{\mathrm{d}x}{\mathrm{d}|\boldsymbol{r}|} \tag{5.3.46}$$

将式(5.3.46)代入式(5.3.43)得

$$\frac{\mathrm{d}\boldsymbol{r}}{\mathrm{d}|\boldsymbol{r}|}=\frac{\mathrm{d}x}{\mathrm{d}|\boldsymbol{r}|}\boldsymbol{e}_x+\frac{J_y}{J_x}\frac{\mathrm{d}x}{\mathrm{d}|\boldsymbol{r}|}\boldsymbol{e}_y=\frac{1}{J_x}\frac{\mathrm{d}x}{\mathrm{d}|\boldsymbol{r}|}(J_x\boldsymbol{e}_x+J_y\boldsymbol{e}_y) \tag{5.3.47}$$

因此流函数等值线上每点处的切向量与该点处电流密度矢量方向一致，也就说明了流函数等值线可以表示电流的流通路径。

为了寻找流函数与导线中电流大小的关系，假设相邻两条流函数等值线穿过 x 轴上两点 $x=x_1$，$x=x_2$，如图 5.3.3 所示，图中两条曲线($S=C$，$S=C+\Delta C$)表示流函数等值线，根据电流密度分布，可以得知区域内电流 I 的大小为

$$I=\int_l \boldsymbol{J}\cdot \mathrm{d}l \tag{5.3.48}$$

式中，l 为面电流密度沿 x 轴扫过的宽度。

因此在两条等值线之间的电流 ΔI 为

$$\Delta I=\int_{x_1}^{x_2}\boldsymbol{J}\cdot \boldsymbol{e}_y\mathrm{d}x=\int_{x_1}^{x_2}J_y\cdot \mathrm{d}x \tag{5.3.49}$$

再根据式(5.3.40)可知

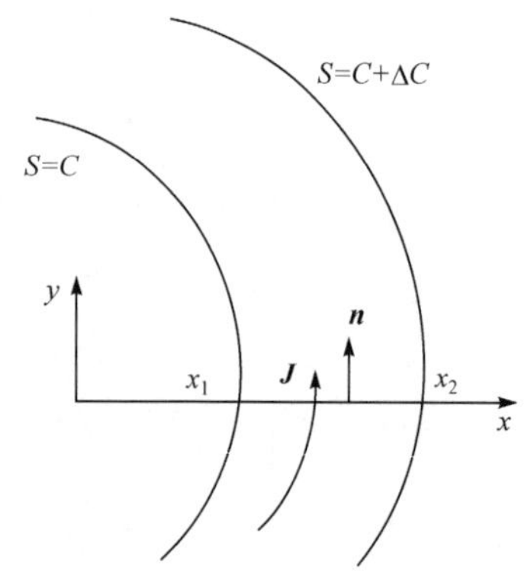

图 5.3.3 电流流通路径与流函数关系

$$\Delta I=\int_{x_1}^{x_2} J_y \cdot \mathrm{d}x=\int_{x_1}^{x_2} \frac{\partial S}{\partial x} \cdot \mathrm{d}x = S_2 - S_1 = \Delta S \tag{5.3.50}$$

由此可知，该流函数等值线不仅可以表示线圈的绕线走势，而且两条相邻的等值线间区域内就是流通电流的区域，也就是说相邻等值线间的区域就是实际的布线区域。

因此要将连续的电流密度离散成有限条导线的形式，导线中电流的大小则为

$$I=\frac{S_{\max}-S_{\min}}{n} \tag{5.3.51}$$

式中，n 为导线的匝数。

5.3.3 多目标优化

实际上，如果仅仅只是给定目标磁场的分布来设计射频线圈往往不能满足最佳的设计要求，因为决定射频线圈性能的参数不是只有磁场一个，对某些核磁共振应用而言，希望线圈具有较小的电感，死区时间就会较小。在要求输出功率尽量大的同时要求线圈本身的功率损耗尽量小，所以实际中，射频线圈的设计往往是多目标优化问题。

首先讨论加入最小电感约束的理论计算过程。为了不失一般性，还是按如图 5.3.1 建立直角坐标系，由线圈储存能量的计算公式得

$$W=\frac{1}{2}LI^2=\frac{1}{2}\int_V \boldsymbol{A}\cdot \boldsymbol{J}_V \mathrm{d}V \tag{5.3.52}$$

式中，L 为待求的线圈电感；I 为线圈中的电流；$\boldsymbol{A}$ 为空间中线圈电流产生的矢量磁位，则电感可表示为

$$\begin{aligned} L &= \frac{\mu_0}{4\pi I^2}\int_V\int_{V'} \frac{\boldsymbol{J}_V \cdot \boldsymbol{J}_{V'}}{R}\mathrm{d}V\mathrm{d}V' \\ &= \frac{\mu_0}{4\pi I^2}\iiint_{\infty}\iiint_{\infty} \frac{\boldsymbol{J}(x,y,z)\cdot \boldsymbol{J}(x',y',z')}{R}\mathrm{d}x\mathrm{d}y\mathrm{d}z\mathrm{d}x'\mathrm{d}y'\mathrm{d}z' \end{aligned} \tag{5.3.53}$$

式中，$\dfrac{1}{R}=\dfrac{1}{|\boldsymbol{r}-\boldsymbol{r}'|}=\dfrac{1}{\sqrt{(x-x')^2+(y-y')^2+(z-z')^2}}$。

采用格林函数法分解$\dfrac{1}{R}$，因为

$$\nabla^2\frac{1}{R}=-4\pi\delta(\boldsymbol{R})=-4\pi\delta(x-x')\delta(y-y')\delta(z-z')$$

所以可以假设$\frac{1}{R}=\frac{1}{|\boldsymbol{r}-\boldsymbol{r}'|}=G(\boldsymbol{r}-\boldsymbol{r}')$。

因为

$$\int_{-\infty}^{+\infty}\mathrm{e}^{\mathrm{i}k(x-x')}\mathrm{d}k=2\pi\delta(x-x'),\quad \int_{-\infty}^{+\infty}\mathrm{e}^{\mathrm{i}k(y-y')}\mathrm{d}k=2\pi\delta(y-y')$$

所以

$$\nabla^2\frac{1}{R}=\nabla^2G(\boldsymbol{r}-\boldsymbol{r}')=-4\pi\delta(z-z')\cdot\frac{1}{4\pi^2}\cdot\int_{-\infty}^{+\infty}\mathrm{e}^{\mathrm{i}k_x(x-x')}\mathrm{d}k_x\cdot\int_{-\infty}^{+\infty}\mathrm{e}^{\mathrm{i}k_y(y-y')}\mathrm{d}k_y \tag{5.3.54}$$

令

$$G=\frac{1}{4\pi^2}\cdot\int_{-\infty}^{+\infty}\mathrm{e}^{\mathrm{i}k_x(x-x')}\mathrm{d}k_x\cdot\int_{-\infty}^{+\infty}\mathrm{e}^{\mathrm{i}k_y(y-y')}\mathrm{d}k_y\cdot g_m(z,z') \tag{5.3.55}$$

当 $z\neq z'$时，$\nabla^2G=0$，结合式(5.3.55)可得

$$\begin{aligned}&-k_y^2\frac{1}{4\pi^2}\cdot\int_{-\infty}^{+\infty}\mathrm{e}^{\mathrm{i}k_x(x-x')}\mathrm{d}k_x\cdot\int_{-\infty}^{+\infty}\mathrm{e}^{\mathrm{i}k_y(y-y')}\mathrm{d}k_y\cdot g_m(z,z')\\&+\frac{1}{4\pi^2}\cdot\int_{-\infty}^{+\infty}\mathrm{e}^{\mathrm{i}k_x(x-x')}\mathrm{d}k_x\cdot\int_{-\infty}^{+\infty}\mathrm{e}^{\mathrm{i}k_y(y-y')}\mathrm{d}k_y\cdot\frac{\mathrm{d}^2g_m(z,z')}{\mathrm{d}z^2}\\&-k_x^2\frac{1}{4\pi^2}\cdot\int_{-\infty}^{+\infty}\mathrm{e}^{\mathrm{i}k_x(x-x')}\mathrm{d}k_x\cdot\int_{-\infty}^{+\infty}\mathrm{e}^{\mathrm{i}k_y(y-y')}\mathrm{d}k_y\cdot g_m(z,z')=0\end{aligned} \tag{5.3.56}$$

由此可得

$$\frac{\mathrm{d}^2g_m(z,z')}{\mathrm{d}z^2}-k_z^2g_m(z,z')=0 \tag{5.3.57}$$

式中，$k_z^2=k_x^2+k_y^2$。

由式(5.3.57)可解得

$$g_m(z,z')=\begin{cases}A_1\mathrm{e}^{k_zz}, & z<z'\\ A_2\mathrm{e}^{-k_zz}, & z>z'\end{cases}$$

因此 g_m 可以写成如下形式：

$$g_m(z,z')=A\mathrm{e}^{k_zz_<}\mathrm{e}^{-k_zz_>} \tag{5.3.58}$$

式中

$$z_<=\begin{cases}0, & z\geqslant z'\\ z, & z<z'\end{cases},\quad z_>=\begin{cases}0, & z\leqslant z'\\ z, & z>z'\end{cases}$$

当 $z=z'$时，有

$$\frac{\mathrm{d}^2g_m(z,z')}{\mathrm{d}z^2}-k_z^2g_m(z,z')=-4\pi\delta(z,z')$$

对上式两边同时积分：

$$\int_{-\infty}^{+\infty}\frac{\mathrm{d}^2 g_m(z,z')}{\mathrm{d}z^2}\mathrm{d}z-\int_{-\infty}^{+\infty}k_z^2 g_m(z,z')\mathrm{d}z=-\int_{-\infty}^{+\infty}4\pi\delta(z,z')\mathrm{d}z$$

将其化简可得

$$\frac{\mathrm{d}g_m(z,z')}{\mathrm{d}z}\Bigg|_{z'-\varepsilon}^{z'+\varepsilon}-k_z^2 g_m(z,z')\,|_{z'-\varepsilon}^{z'+\varepsilon}=-4\pi\ ,\quad \varepsilon\to 0$$

故

$$\frac{\mathrm{d}g_m(z,z')}{\mathrm{d}z}\Bigg|_{z'+\varepsilon}-\frac{\mathrm{d}g_m(z,z')}{\mathrm{d}z}\Bigg|_{z'-\varepsilon}=-4\pi \tag{5.3.59}$$

将式(5.3.58)代入式(5.3.59)中有

$$-k_z A\mathrm{e}^{k_z z'}\mathrm{e}^{-k_z z}\,|_{y=y'+\varepsilon}-k_z A\mathrm{e}^{k_z z}\mathrm{e}^{-k_z z'}\,|_{y=y'-\varepsilon}=-4\pi$$

于是可以求得待定系数 A：

$$A=\frac{2\pi}{k_z} \tag{5.3.60}$$

结合式(5.3.55)、式(5.3.58)、式(5.3.60)可得

$$\begin{aligned}\frac{1}{R}&=\frac{1}{4\pi^2}\int_{-\infty}^{+\infty}\mathrm{e}^{\mathrm{i}k_x(x-x')}\mathrm{d}k_x\cdot\int_{-\infty}^{+\infty}\mathrm{e}^{\mathrm{i}k_y(y-y')}\mathrm{d}k_y\,\frac{2\pi}{k_z}\mathrm{e}^{k_z z_<}\cdot\mathrm{e}^{-k_z z_>}\\&=\frac{1}{2\pi}\int_{-\infty}^{+\infty}\int_{-\infty}^{+\infty}\mathrm{e}^{\mathrm{i}k_x(x-x')+\mathrm{i}k_y(y-y')-k_z|z-z'|}\,\frac{1}{k_z}\mathrm{d}k_x\mathrm{d}k_y\end{aligned} \tag{5.3.61}$$

把式(5.3.61)代入式(5.3.53)得

$$\begin{aligned}L=&\frac{\mu_0}{8\pi^2 I^2}\cdot\iint_{\infty}\iiint_{\infty}\iiint_{\infty}\mathrm{e}^{\mathrm{i}k_x(x-x')+\mathrm{i}k_y(y-y')-k_z|z-z'|}\\&\times\frac{(J_x\boldsymbol{e}_x+J_y\boldsymbol{e}_y)\cdot(J_{x'}\boldsymbol{e}_{x'}+J_{y'}\boldsymbol{e}_{y'})}{k_z}\mathrm{d}k_x\mathrm{d}k_y\mathrm{d}x\mathrm{d}y\mathrm{d}z\mathrm{d}x'\mathrm{d}y'\mathrm{d}z'\end{aligned}$$

因为电流密度分布在平面 $z=z_0$ 上，所以根据式(5.3.17)、式(5.3.18)、式(5.3.21)可以将上式化简为

$$L=\frac{\mu_0}{8\pi^2 I^2}\int_{-\infty}^{+\infty}\int_{-\infty}^{+\infty}|\,j_y(k_x,k_y)\,|^2\,\frac{k_z}{k_x^2}\mathrm{d}k_x\mathrm{d}k_y \tag{5.3.62}$$

在实际设计线圈时，希望电感尽量小，因此在考虑目标射频磁场分布的前提下，再增加一个电感最小化约束，构造拉格朗日函数：

$$F=L[j_y(k_x,k_y)]+\frac{1}{I}\sum_{n=1}^{N}\lambda_n\{B_n^{\mathrm{desired}}-B_n[j_y(k_x,k_y)]\} \tag{5.3.63}$$

式中，B_n^{desired} 为给定的第 n 个空间点处的目标磁场；N 为给定的目标点数；λ_n 为权重系数。

当 F 取极值时，有 $\frac{\mathrm{d}F}{\mathrm{d}j_y}=0$。因此有

$$\frac{\mathrm{d}L[j_y(k_x,k_y)]}{\mathrm{d}j_y(k_x,k_y)}-\frac{1}{I}\sum_{n=1}^{N}\lambda_n\frac{\mathrm{d}B_n[j_y(k_x,k_y)]}{\mathrm{d}j_y(k_x,k_y)}=0 \tag{5.3.64}$$

由式(5.3.26)、式(5.3.62)，可得

$$\frac{\mathrm{d}B_n}{\mathrm{d}j_y}=-\frac{\mu_0}{2}\int_{-\infty}^{+\infty}\int_{-\infty}^{+\infty}\mathrm{e}^{k_z(z_n-z_0)}\cdot\mathrm{e}^{\mathrm{i}(k_xx_n+k_yy_n)}\mathrm{d}k_x\mathrm{d}k_y \tag{5.3.65}$$

$$\frac{\mathrm{d}L}{\mathrm{d}j_y}=\frac{\mu_0}{4\pi^2I^2}\int_{-\infty}^{+\infty}\int_{-\infty}^{+\infty}j_y(k_x,k_y)\frac{k_z}{k_x^2}\mathrm{d}k_x\mathrm{d}k_y \tag{5.3.66}$$

联合式(5.3.64)～式(5.3.66)得

$$j_y(k_x,k_y)=-2\pi^2I\frac{k_x^2}{k_z}\sum_{n=1}^{N}\lambda_n\mathrm{e}^{k_z(z_n-z_0)}\mathrm{e}^{\mathrm{i}(k_xx_n+k_yy_n)} \tag{5.3.67}$$

有

$$B_x(x,y,z)=\pi^2\mu_0I\int_{-\infty}^{+\infty}\int_{-\infty}^{+\infty}\frac{k_x^2}{k_z}\sum_{n=1}^{N}\lambda_n\mathrm{e}^{\mathrm{i}[k_x(x+x_n)+k_y(y+y_n)]+k_z(z+z_n-2z_0)}\mathrm{d}k_x\mathrm{d}k_y \tag{5.3.68}$$

因此由给定的目标值 $\boldsymbol{B}=[B_1\quad B_2\quad\cdots\quad B_N]^{\mathrm{T}}$，可以得到方程组：

$$\boldsymbol{A\lambda}=\boldsymbol{B} \tag{5.3.69}$$

式中，$\boldsymbol{\lambda}=[\lambda_1\quad\lambda_2\quad\cdots\quad\lambda_N]^{\mathrm{T}}$，矩阵 $\boldsymbol{A}$ 中的元素分别为

$$A_{mn}=\pi^2\mu_0I\int_{-\infty}^{+\infty}\int_{-\infty}^{+\infty}\frac{k_x^2}{k_z}\cdot\sum_{n=1}^{N}\lambda_n\mathrm{e}^{\mathrm{i}[k_x(x_m+x_n)+k_y(y_m+y_n)]+k_z(z_m+z_n-2z_0)}\mathrm{d}k_x\mathrm{d}k_y \tag{5.3.70}$$

于是在给定目标磁场以及最小电感约束后，根据式(5.3.69)可以求出系数 $\lambda_1,\lambda_2,\cdots,\lambda_N$，将其代入式(5.3.67)以及式(5.3.22)、式(5.3.23)中便可以得到电流密度分布，再根据 5.1.2 节中流函数法可以得到离散的线圈绕线结构。

同样，也可以按照上述理论加入最小功率损耗的约束条件，假设线圈厚度为 t，电导率为 σ，由于在实际工程中采用的线圈导线为印制电路板(PCB)工艺或者薄铜条结构，其厚度与核磁共振频率下的集肤深度相当，且线圈间距相距较远，线圈中的电流密度在厚度方向上能够近似为均匀分布，因此线圈中功率损耗近似为

$$\begin{aligned}P&=\frac{1}{\sigma t}\int_{-\infty}^{+\infty}\int_{-\infty}^{+\infty}[J_x^2(x,y)+J_y^2(x,y)]\mathrm{d}x\mathrm{d}y\\&=\frac{1}{4\pi^2\sigma t}\int_{-\infty}^{+\infty}\int_{-\infty}^{+\infty}[j_x^2(k_x,k_y)+j_y^2(k_x,k_y)]\mathrm{d}k_x\mathrm{d}k_y\end{aligned} \tag{5.3.71}$$

因此，将式(5.3.71)添加到式(5.3.63)表示的函数中进行求解便可以得到最小功率损耗和最小线圈电感的平面线圈结构。

5.4 有限区域内射频线圈的设计方法

5.3 节介绍的电磁场逆问题分析方法是以傅里叶变换为基础的，由于这种傅里叶变换是在整个空间中进行的，也就是说最终得到的电流密度分布是无限大区域内的，故所得到的绕线结构非常大。为了限制电流的分布区域，Chronik 和 Rutt[21]通过增加绕线在固定区域内闭合以及固定区域之外的电流密度为零两个约束条件，然后与目标磁场结合，采用构造拉格朗日函数的方法来得到线圈结构。但是为了保证结构的精确性，需要增加很多约束点，因此需要求解的系数矩阵将会非常大，而且结果的高频分量会增加，对线圈结构的求解不利。

Liu 等[22]在设计梯度线圈时，采用预先将源电流密度写成傅里叶级数的形式，然后通过给定的目标磁场来求解各个级数分量的系数，进而得到平面内电流密度分布，最后利用流函数法获得绕线分布结构。本节所考虑的是平面射频线圈，因此可以将这种思想应用于射频线圈的设计中，并结合目标场方法的思路，添加最小电感与最小功率损耗等约束条件，实现产生水平磁场和竖直磁场的射频线圈的设计。

如图 5.4.1 所示，假设射频线圈的分布区域为平面上半径 ρ_0 到 ρ_{m} 的圆环区域，在此区域内电流密度可以写成如下级数形式：

$$\begin{cases} J_\rho = \sum_{q=1}^{Q} U_q \dfrac{k}{\rho} \sin\left[q \dfrac{\pi}{\rho_{\mathrm{m}} - \rho_0}(\rho - \rho_0)\right]\sin(k\varphi) \\ J_\varphi = \sum_{q=1}^{Q} U_q q \dfrac{\pi}{\rho_{\mathrm{m}} - \rho_0} \cos\left[q \dfrac{\pi}{\rho_{\mathrm{m}} - \rho_0}(\rho - \rho_0)\right]\cos(k\varphi) \end{cases} \tag{5.4.1}$$

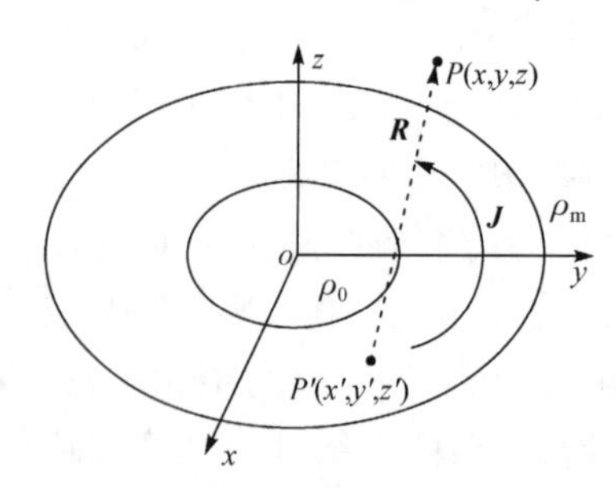

图 5.4.1 平面射频线圈模型

式中，ρ_{m}、ρ_0 分别表示电流分布区域的最大半径和最小半径；Q 为级数的总项数；U_q 为第 q 项基函数的系数；k 为与线圈磁场类型有关的量（$k=0$ 表示线圈产生的磁场沿着 z 轴方向，$k=1$ 表示线圈产生的磁场沿着 xoy 平面方向，$k=2$ 或更大的值则表示线圈产生其他更复杂的磁场）。

根据毕奥-萨伐尔定律，空间中 P 点处的磁场可表示为

$$\begin{aligned} \boldsymbol{B}(x,y,z) &= \frac{\mu_0}{4\pi}\int_V \frac{\boldsymbol{J}\times\boldsymbol{R}}{R^3}\mathrm{d}V \\ &= \frac{\mu_0}{4\pi}\int_s \frac{(J_x\boldsymbol{e}_x + J_y\boldsymbol{e}_y)\times[(x-x')\boldsymbol{e}_x + (y-y')\boldsymbol{e}_y + (z-z')\boldsymbol{e}_z]}{[(x-x')^2+(y-y')^2+(z-z')^2]^{3/2}}\mathrm{d}x\mathrm{d}y \end{aligned} \tag{5.4.2}$$

根据直角坐标与极坐标的变换关系可知：

$$J_x = J_\rho \cos\varphi - J_\varphi \sin\varphi$$
$$J_y = J_\rho \sin\varphi + J_\varphi \cos\varphi$$

于是由式(5.4.1)、式(5.4.2)可得出磁感应强度的三个分量：

$$B_x = \sum_{q=1}^{Q} U_q\left(-\frac{\mu_0}{4\pi}\right)\int_{\rho_0}^{\rho_m}\int_0^{2\pi}\left\{\frac{k}{\rho}\sin\left[q\frac{\pi}{\rho_m-\rho_0}(\rho-\rho_0)\right]\sin(k\varphi)\sin\varphi + q\frac{\pi}{\rho_m-\rho_0}\cos\left[q\frac{\pi}{\rho_m-\rho_0}(\rho-\rho_0)\right]\cos(k\varphi)\cos\varphi\right\}R^{-\frac{3}{2}}z\rho\,\mathrm{d}\rho\,\mathrm{d}\varphi \tag{5.4.3}$$

$$B_y = \sum_{q=1}^{Q} U_q\left(-\frac{\mu_0}{4\pi}\right)\int_{\rho_0}^{\rho_m}\int_0^{2\pi}\left\{\frac{k}{\rho}\sin\left[q\frac{\pi}{\rho_m-\rho_0}(\rho-\rho_0)\right]\sin(k\varphi)\cos\varphi - q\frac{\pi}{\rho_m-\rho_0}\cos\left[q\frac{\pi}{\rho_m-\rho_0}(\rho-\rho_0)\right]\cos(k\varphi)\sin\varphi\right\}R^{-\frac{3}{2}}z\rho\,\mathrm{d}\rho\,\mathrm{d}\varphi \tag{5.4.4}$$

$$B_z = \sum_{q=1}^{Q} U_q\left\{\frac{\mu_0}{4\pi}\int_{\rho_0}^{\rho_m}\int_0^{2\pi}\frac{\mathrm{d}\rho\,\mathrm{d}\varphi}{R^3}\left[\sin\left(q\frac{\pi}{\rho_m-\rho_0}\right)-q\frac{\pi}{\rho_m-\rho_0}\rho\cos\left(q\frac{\pi}{\rho_m-\rho_0}\right)\right]\times(y-\rho\sin\varphi)\sin(k\varphi)\cos\varphi - \left[\sin\left(q\frac{\pi}{\rho_m-\rho_0}\right)\sin(k\varphi)\sin\varphi + q\frac{\pi}{\rho_m-\rho_0}\rho\cos\left(q\frac{\pi}{\rho_m-\rho_0}\right)\cos(k\varphi)\cos\varphi\right](x-\rho\cos\varphi)\right\} \tag{5.4.5}$$

因此若对于产生水平磁场的射频线圈，则 $k=1$，为方便计算，假设其磁场为 y 方向，则应满足

$$\begin{aligned} B_x &= 0 \\ B_y &= B_y^{\text{desired}} \\ B_z &= 0 \end{aligned} \tag{5.4.6}$$

若产生垂直方向的磁场，则磁感应强度只有 z 向分量不为零，实际上，平面射频线圈很难达到上述理想状态，因此只需要满足其与目标磁场的偏差最小化就可以。本节以产生水平磁场的射频线圈为例，将式(5.4.3)、式(5.4.4)、式(5.4.5)代入式(5.4.6)中可以得到一系列方程，从上述表达式中可以得知式中除了有待求解的变量 $U_q(q=1,2,\cdots,Q)$ 之外，剩下的部分只与空间点的坐标有关，因此对于给定的 N 个目标点，式(5.4.6)则可以写成矩阵形式：

$$\begin{bmatrix}[\boldsymbol{B}_x]_{N\times1}\\ [\boldsymbol{B}_y]_{N\times1}\\ [\boldsymbol{B}_z]_{N\times1}\end{bmatrix} = \left[[\boldsymbol{D}_x]_{N\times Q}\quad[\boldsymbol{D}_y]_{N\times Q}\quad[\boldsymbol{D}_z]_{N\times Q}\right]\begin{bmatrix}U_1\\ \vdots\\ U_Q\end{bmatrix} \tag{5.4.7}$$

式中，$\boldsymbol{D}_x$、$\boldsymbol{D}_y$、$\boldsymbol{D}_z$ 分别表示式(5.4.3)～式(5.4.5)中除 U_q 外的积分部分。

功率损耗 P 为

$$P = \frac{1}{\sigma t}\int_{-\infty}^{+\infty}\int_{-\infty}^{+\infty}\left[J_x^2(x,y)+J_y^2(x,y)\right]\mathrm{d}x\,\mathrm{d}y$$

$$= \frac{1}{\sigma t}\int_{-\infty}^{+\infty}\int_{-\infty}^{+\infty}[(J_\rho\cos\varphi - J_\varphi\sin\varphi)^2 + (J_\rho\sin\varphi + J_\varphi\cos\varphi)^2]\rho \mathrm{d}\rho \mathrm{d}\varphi$$

将式(5. 4. 1)代入上式，得

$$P = \frac{1}{\sigma t}\sum_{q_1=1}^{Q}\sum_{q_2=1}^{Q}U_{q_1}U_{q_2}\int_{\rho_0}^{\rho_\mathrm{m}}\int_0^{2\pi}\left\{\frac{1}{\rho}\sin\left[q_1\frac{\pi}{\rho_\mathrm{m}-\rho_0}(\rho-\rho_0)\right]\sin^2\varphi \right.$$
$$\times\frac{1}{\rho}\sin\left[q_2\frac{\pi}{\rho_\mathrm{m}-\rho_0}(\rho-\rho_0)\right] + q_1q_2\left(\frac{\pi}{\rho_\mathrm{m}-\rho_0}\right)^2\cos\left[q_1\frac{\pi}{\rho_\mathrm{m}-\rho_0}(\rho-\rho_0)\right]$$
$$\left.\times\cos\left[q_2\frac{\pi}{\rho_\mathrm{m}-\rho_0}(\rho-\rho_0)\right]\right\}\rho \mathrm{d}\rho \mathrm{d}\varphi \tag{5.4.8}$$

因此 P 也可以写成矩阵形式：

$$P = [U_1 \quad \cdots \quad U_Q][\boldsymbol{G}]_{Q\times Q}\begin{bmatrix}U_1\\ \vdots \\ U_Q\end{bmatrix} \tag{5.4.9}$$

式中

$$G_{q_1q_2} = \frac{1}{\sigma t}\int_{\rho_0}^{\rho_\mathrm{m}}\int_0^{2\pi}\left\{\frac{1}{\rho}\sin\left[q_1\frac{\pi}{\rho_\mathrm{m}-\rho_0}(\rho-\rho_0)\right]\sin^2\varphi \right.$$
$$\times\frac{1}{\rho}\sin\left[q_2\frac{\pi}{\rho_\mathrm{m}-\rho_0}(\rho-\rho_0)\right] + q_1q_2\left(\frac{\pi}{\rho_\mathrm{m}-\rho_0}\right)^2\cos\left[q_1\frac{\pi}{\rho_\mathrm{m}-\rho_0}(\rho-\rho_0)\right]$$
$$\left.\times\cos\left[q_2\frac{\pi}{\rho_\mathrm{m}-\rho_0}(\rho-\rho_0)\right]\right\}\rho \mathrm{d}\rho \mathrm{d}\varphi$$

线圈的储存能量与线圈电感成正比，在电流相同时，线圈电感最小化可以等效为线圈储能最小化，因此线圈的储存能量[23]：

$$E = \frac{1}{2}\int_V \boldsymbol{A}\cdot\boldsymbol{J}\mathrm{d}V$$
$$= \frac{1}{2}\iint_S (J_xA_x + J_yA_y)\mathrm{d}s \tag{5.4.10}$$

将式(5. 4. 1)代入式(5. 4. 10)得

$$E = \frac{1}{2}\sum_{q_1=1}^{Q}\sum_{q_2=1}^{Q}U_{q_1}W_{q_1q_2}U_{q_2} \tag{5.4.11}$$

式中

$$W_{q_1q_2} = \int_{\rho_0}^{\rho_\mathrm{m}}\int_0^{2\pi}(\sin\beta_1 - q_1c\rho_1\cos\beta_1)\sin\varphi_1\cos\varphi_1 \mathrm{d}\rho_1\mathrm{d}\varphi_1$$
$$\times\frac{\mu_0}{2\pi}\int_{\rho_0}^{\rho_\mathrm{m}}\int_0^{2\pi}\frac{(\sin\beta_2 - q_2c\rho_2\cos\beta_2)\sin\varphi_2\cos\varphi_2}{\sqrt{(\rho_1\cos\varphi_1 - \rho_2\cos\varphi_2)^2 + (\rho_1\sin\varphi_1 - \rho_2\sin\varphi_2)^2}}\mathrm{d}\rho_2\mathrm{d}\varphi_2$$
$$+\int_{\rho_0}^{\rho_\mathrm{m}}\int_0^{2\pi}(\sin\beta_1\sin^2\varphi_1 + q_1c\rho_1\cos\beta_1\cos^2\varphi_1)\mathrm{d}\rho_1\mathrm{d}\varphi_1$$

$$\times \frac{\mu_0}{2\pi}\int_{\rho_0}^{\rho_m}\int_0^{2\pi}\frac{(\sin\beta_2\sin^2\varphi_2+q_1c\rho_1\cos\beta_2\cos^2\varphi_2)}{\sqrt{(\rho_1\cos\varphi_1-\rho_2\cos\varphi_2)^2+(\rho_1\sin\varphi_1-\rho_2\sin\varphi_2)^2}}\mathrm{d}\rho_1\mathrm{d}\varphi_1$$

式中，$\beta_1=q_1\dfrac{\pi(\rho_1-\rho_0)}{\rho_m-\rho_0}$，$\beta_2=q_2\dfrac{\pi(\rho_2-\rho_0)}{\rho_m-\rho_0}$。

因此按照式(5.3.63)的思路构建目标函数：

$$F=\sum_{j=1}^{N}(B_j-B_j^{\text{desired}})^2+\lambda_1E+\lambda_2P \tag{5.4.12}$$

求解目标函数 F 最小情况下($F\to 0$)的 $\boldsymbol{U}$：

$$\boldsymbol{U}=(2\boldsymbol{D}^{\mathrm{T}}\boldsymbol{D}+\lambda_1\boldsymbol{W}+\lambda_2\boldsymbol{G})(2\boldsymbol{D}^{\mathrm{T}}\boldsymbol{B}_{\text{desired}}) \tag{5.4.13}$$

将式(5.4.13)代入电流密度的表达式中再利用流函数公式便可以得到最终的线圈结构。

5.5　阵列射频线圈设计方法

5.5.1　均匀样品下射频线圈的信噪比

国内外学者开展过大量关于射频线圈信噪比的研究，本小节只是对其做一个简单的归纳。实际上，在核磁共振系统中，射频线圈发射能量与接收信号本质上是等效的，也就是说当给线圈施加激励信号时，如果线圈在目标区域内能够产生越大的磁场，那么把这个线圈作为接收线圈时，它能够接收到来自于目标区域内的信号越强，这一关系称为互易定理[24]。线圈终端的感应电动势可以表示为

$$v(t)=-\frac{\partial}{\partial t}\int_V\boldsymbol{B}_1\cdot\boldsymbol{M}_{xy}\mathrm{d}V \tag{5.5.1}$$

式中，$v(t)=\mathrm{Re}[\dot{V}_{\text{signal}}\mathrm{e}^{\mathrm{i}\omega t}]$，$\omega=\gamma B_0$，$B_0$ 为核磁共振静态主磁场；$\boldsymbol{B}_1$ 为线圈通过单位电流时目标区域内某点处的磁场；$\boldsymbol{M}_{xy}$ 为单位体积样品的横向磁化强度，依赖于主磁场强度、脉冲序列以及样品材料的性质。除极少数情况外[25]，可以认为线圈的极化是固定不变的，因此，为了分析其感应电动势，忽略弛豫效应，则可以采用相量形式简化感应电动势：

$$\dot{V}_{\text{signal}}=-\mathrm{i}\omega\int_V\dot{\boldsymbol{B}}_1\cdot\dot{\boldsymbol{M}}_{xy}\mathrm{d}V \tag{5.5.2}$$

式中，对于更一般的情况，考虑体积 ΔV 微元中的信噪比 SNR，假设该微体积元中的主磁场和射频磁场均不变。则式(5.5.2)简化为

$$V_{\text{signal}}=\sqrt{2}\omega\Delta VM_{xy}B_t \tag{5.5.3}$$

式中，M_{xy} 为横向磁化矢量的有效值；B_t 为 $\boldsymbol{B}_1$ 沿着磁化矢量方向的投影。

噪声信号幅值为

$$V_{\text{noise}}=\sqrt{4kT\Delta fR_{\text{in}}} \tag{5.5.4}$$

式中，Δf 为线圈带宽；R_{in} 为线圈终端特征阻抗；T 为有效温度；k 为玻尔兹曼常量。

那么检测信噪比：

$$\mathrm{SNR}_k=\frac{V_{\mathrm{signal}}}{V_{\mathrm{noise}}}=\frac{\sqrt{2}\omega\Delta VM_{xy}\,|B_t|}{\sqrt{4kT\Delta fR_{\mathrm{in}}}} \tag{5.5.5}$$

利用式(5.5.5)，可以确定给定线圈的最小检测体积。尽管决定核磁共振实验信噪比的参数很多，但是有两个参数是可以独立于特定的成像参数而进行优化的，这两个参数分别为线圈及样品的参数。当主磁场、样品以及测试环境确定后，由式(5.5.5)可得

$$\mathrm{SNR}_c=\frac{\sqrt{2}\,|B_t|}{\sqrt{R_{\mathrm{in}}}} \tag{5.5.6}$$

式(5.5.6)可以认为是线圈的信噪比或者线圈的效率，通过式(5.5.6)可知，通过增大线圈产生的磁场以及降低线圈的输入电阻可以增大线圈的信噪比。

5.5.2 阵列射频线圈的基本结构

对单个线圈而言，简单分析了不同大小的线圈在目标区域内的信噪比。线圈为正方形单匝铜线，边长 a 分别为 12cm、6cm、3cm 以及 1.5cm，线圈导线宽度为 3.75mm，运行频率为 63.5MHz。线圈结构如图 5.5.1 所示，分别选择平行于线圈所在平面的线段区域(X-line：$y=0$cm，$z=1$cm，x：$-8\sim8$cm)和垂直于线圈所在平面的线圈区域(Z-line：$x=0$cm，$y=0$cm，z：$1\sim15$cm)作为研究区域。图 5.5.2 和图 5.5.3 分别展示了在 X-line 上的相对信噪比和 Z-line 上的相对信噪比。

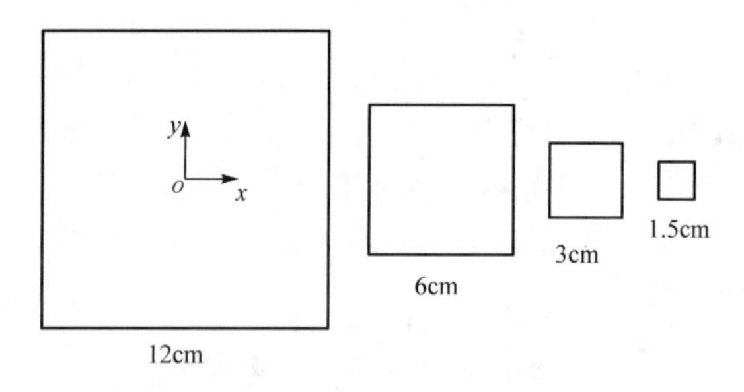

图 5.5.1 单匝线圈模型

从上述结果可知，当样品距离线圈越近时，线圈产生的磁场越强，检测的信噪比也就越高。小线圈在中心区域附近的信噪比要高于大线圈信噪比，但是随着高度的增大，小线圈信噪比衰减速度比大线圈信噪比衰减速度大。因此，小线圈只适合测量距离线圈表面近的区域，而大线圈可以测量较远距离处的样品，但是效率不高。对于待测区域较小的样品，可以选择面积更小且可以贴近样品的线圈，平面线

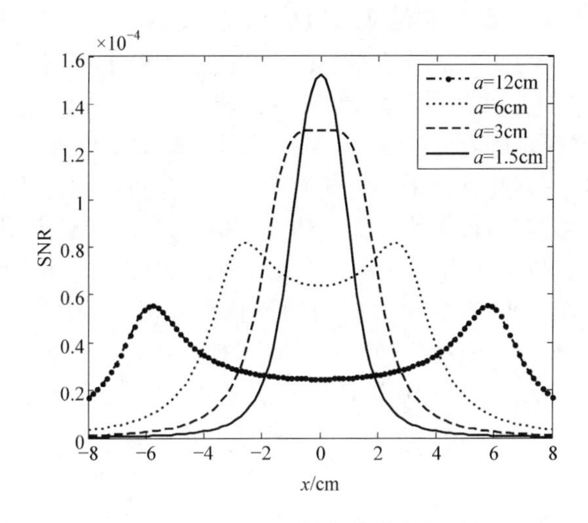

图 5.5.2　X-line 上不同线圈结构的相对信噪比

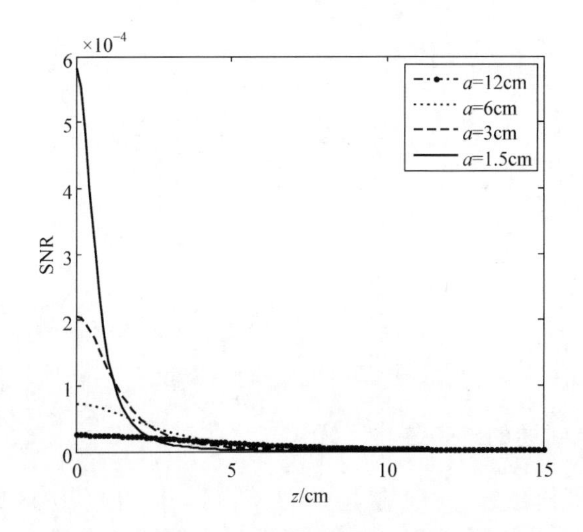

图 5.5.3　Z-line 上不同线圈结构的相对信噪比

圈正是这样一种可以很好贴合被测样品的线圈结构，当然可以根据实际检测的样品进行适当的改进。例如，测量弧面时，可以将平面线圈进行适当的弯曲，使其正好与样品的几何形状对应，将这种分布于平面或弧面的线圈称为广义的平面线圈。

对于一个平面线圈，改善其信噪比只能在某个限定的区域内，而且其有效的激励区域比较小。通常所用的平面线圈产生的磁场都是线极化磁场，很显然如果在该平面线圈的正交位置上放置另一个线圈，并且线圈中的激励滞后原线圈 90°的相位，那么两个线圈产生的磁场在目标区域内刚好是圆极化磁场，且其幅值增加到 $\sqrt{2}$倍，很显然这种处理方式（正交检测方法）能够提高线圈的信噪比[26]。除此之外，增加额外的线圈单元，将它们适当地组合在一起形成一个阵列也可以进一步提高线圈的信噪比，高线圈的信噪比，例如，图 5.5.4 所示的多个单元的阵列线圈结构（图中 i、j 分别表示线圈的编号），在目标区域（如 P 点位置），其磁场是由多个线圈共同产生的，磁场是两者的矢量和，相比于单个线圈来讲磁场强度提高了，而单个线圈的阻抗不变，因此整体信噪比提高了。不过这种排列方式有个缺点，即每个线圈之间存在互感，会对整体线圈测量的性能造成影响，因此希望消除互感带来的不利影响。常用的消除互感方式大致分为两种：①相邻两个线圈覆盖区域有一定的重叠，重叠区域的互感和非重叠区域的互感符号相反，因此只要重叠的面积合适，互感可以抵消为零；②线圈之间串接电容，使串接电容的电抗和互感的电抗大小相等，由于其符号相反，叠加后能够使互感抵消，本质上这不是使互感为零，而是整个电路等效的互感为零，与前一种方式稍有不同。

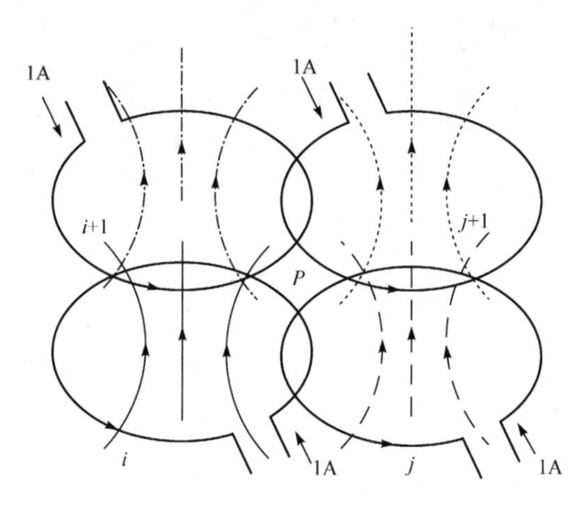

图 5.5.4 线圈阵列模型

5.5.3 阵列射频线圈的电磁参数计算

因为这种阵列线圈一般应用于 1.5T 以下的核磁共振中，频率低于 63.87MHz，也就是波长要大于 4.67m，通常每个线圈的直径为十几厘米，所以线圈尺寸对于电磁波长来说可以忽略。因此，关于线圈的电磁参数计算问题可以等效为准静态电磁场问题，大大简化了分析的难度。

对于端口开路的线圈，以图 5.5.4 为例，假设阵列线圈包含 n 个子线圈，图中线圈在众多线圈中的编号为 i、$i+1$、j、$j+1$，选择编号为 i、j 的两个线圈进行讨论，其开口处的阻抗特性可以根据线圈电场与电流的关系式表示为[27]

$$Z_{ij} = \frac{-1}{I_i I_j}\int_V \boldsymbol{E}^j(\boldsymbol{r}) \cdot \boldsymbol{J}_{\text{coil}}^i(\boldsymbol{r})\mathrm{d}V \tag{5.5.7}$$

式中，$\boldsymbol{E}^j(\boldsymbol{r})$为线圈 j 中通电流 I_j 时空间中的电场分布；$\boldsymbol{J}_{\text{coil}}^i(\boldsymbol{r})$为线圈 i 中的电流密度分布；$\boldsymbol{r}$ 为坐标原点到积分点的矢量，根据式(5.5.7)可以计算得到线圈的自

阻抗 Z_{ii} 以及线圈之间的互阻抗 Z_{ij}。实际上，当将样品放入检测区域中时，若被测样品电导率不为零(如生物组织)，假设为 $\sigma(\boldsymbol{r})$，射频线圈会在样品中感应涡流，将该涡流密度表示为 $\boldsymbol{J}_s^i(\boldsymbol{r})$：

$$\boldsymbol{J}_s^i(\boldsymbol{r})=\sigma(\boldsymbol{r})\boldsymbol{E}^i(\boldsymbol{r}) \tag{5.5.8}$$

式中，$\boldsymbol{E}^i(\boldsymbol{r})$ 为线圈 i 中通过电流 I_i 时空间中的电场分布。对于这种情况，相当于线圈带有负载，其等效的阻抗参数由式(5.5.7)变为

$$Z_{ij}=\frac{-1}{I_iI_j}\left\{\int_{\text{sample}}\boldsymbol{E}^j(\boldsymbol{r})\cdot\boldsymbol{J}_s^i(\boldsymbol{r})\mathrm{d}V+\int_{\text{coil}}\boldsymbol{E}^j(\boldsymbol{r})\cdot\boldsymbol{J}_{\text{coil}}^i(\boldsymbol{r})\mathrm{d}V\right\} \tag{5.5.9}$$

由于 $\boldsymbol{E}=-\mathrm{i}\omega A(\boldsymbol{r})$，因此结合式(5.5.8)，假设线圈中均通过 1A 的电流，则可以将式(5.5.9)拆分为电阻和电抗的表达式：

$$R_{ij}=\mathrm{Re}\{Z_{ij}\}\approx\mathrm{Re}\int_{\text{sample}}\boldsymbol{E}^j(\boldsymbol{r})\cdot\boldsymbol{J}_{\text{coil}}^i(\boldsymbol{r})\mathrm{d}V=\sigma\omega^2\int_{\text{sample}}\boldsymbol{A}^j(\boldsymbol{r})\cdot\boldsymbol{A}_s^i(\boldsymbol{r})\mathrm{d}V \tag{5.5.10}$$

$$X_{ij}=\mathrm{Im}\{Z_{ij}\}\approx\mathrm{Im}\int_{\text{coil }i}\boldsymbol{E}^j(\boldsymbol{r})\cdot\boldsymbol{J}_s^i(\boldsymbol{r})\mathrm{d}V=\omega\int_{\text{coil }i}\boldsymbol{A}^j(\boldsymbol{r})\cdot\boldsymbol{J}_s^i(\boldsymbol{r})\mathrm{d}V \tag{5.5.11}$$

值得注意的是，上述分析是一个简化的模型，忽略了线圈的铜耗以及样品电感耦合引起的扰动等问题，以此上述表达式只是近似结果，并不影响对线圈整体性能的判断。

5.5.4　阵列射频线圈的效率及信噪比优化

式(5.5.6)给出了线圈的信噪比，实际上希望能够在线圈中施加尽量小的功率便可以在目标区域中产生大的磁场，这样一种以输入功率和空间磁场来衡量线圈性能的参量可以定义为线圈的效率[28]：

$$\eta_{\mathrm{c}}=\frac{|B_{\mathrm{t}}|^2}{P_{\mathrm{abs}}}=\frac{B_{\mathrm{t}}^*B_{\mathrm{t}}}{0.5I^2R_{\mathrm{in}}} \tag{5.5.12}$$

式中，B_{t} 为线圈中流过单位电流时产生的横向磁化分量(与主磁场垂直的分量)；P_{abs} 为线圈输入功率。根据式(5.5.6)与式(5.5.12)可知，线圈的信噪比与线圈的效率之间满足一定的关系：

$$\eta_{\mathrm{c}}=\mathrm{SNR}_{\mathrm{c}}^2=\frac{|B_{\mathrm{t}}|^2}{P_{\mathrm{abs}}} \tag{5.5.13}$$

对于具有 N 个线圈的阵列，假定第 i 个线圈中电流为 I_i，第 i 个线圈通单位电流时在空间产生的磁场为 $B_{\mathrm{t}i}$，那么电流为 I_i 时产生的磁场为 $B_{\mathrm{t}i}I_i$，所有线圈在空间中产生的有效磁感应强度为 $B_{\mathrm{t,array}}$，该磁感应强度为所有线圈磁感应强度之和：

$$B_{\mathrm{t,array}}=\sum_{i=1}^{N}B_{\mathrm{t}i}I_i=\boldsymbol{B}_{\mathrm{t}}^{\mathrm{T}}\boldsymbol{I} \tag{5.5.14}$$

式中

$$\boldsymbol{B}_{\mathrm{t}}=\begin{bmatrix} B_{\mathrm{t1}} \\ B_{\mathrm{t2}} \\ \vdots \\ B_{\mathrm{t}N} \end{bmatrix}, \quad \boldsymbol{I}=\begin{bmatrix} I_1 \\ I_2 \\ \vdots \\ I_N \end{bmatrix}$$

为了计算效率，需要计算式(5.5.13)中分子和分母两部分，首先是分子部分$|B_{\mathrm{t,array}}|^2$：

$$|B_{\mathrm{t,array}}|=B_{\mathrm{t,array}}^{*}B_{\mathrm{t,array}}=\boldsymbol{I}^{*\mathrm{T}}\boldsymbol{B}\boldsymbol{I} \tag{5.5.15}$$

式中

$$\boldsymbol{B}=\boldsymbol{B}_{\mathrm{t}}^{*}\boldsymbol{B}_{\mathrm{t}}^{\mathrm{T}}=\begin{bmatrix} B_{\mathrm{t1}}^{*}B_{\mathrm{t1}} & B_{\mathrm{t1}}^{*}B_{\mathrm{t2}} & \cdots & B_{\mathrm{t1}}^{*}B_{\mathrm{t}N} \\ B_{\mathrm{t2}}^{*}B_{\mathrm{t1}} & B_{\mathrm{t2}}^{*}B_{\mathrm{t2}} & \cdots & B_{\mathrm{t2}}^{*}B_{\mathrm{t}N} \\ \vdots & \vdots & & \vdots \\ B_{\mathrm{t}N}^{*}B_{\mathrm{t1}} & B_{\mathrm{t}N}^{*}B_{\mathrm{t2}} & \cdots & B_{\mathrm{t}N}^{*}B_{\mathrm{t}N} \end{bmatrix}$$

$\boldsymbol{I}^{*\mathrm{T}}=[I_1^{*} \quad I_2^{*} \quad \cdots \quad I_N^{*}]$，即向量$\boldsymbol{I}$的共轭转置。

输入功率P_{abs}：

$$P_{\mathrm{abs}}=\frac{1}{2}\boldsymbol{I}^{*\mathrm{T}}\boldsymbol{R}\boldsymbol{I} \tag{5.5.16}$$

式中，$\boldsymbol{R}$为线圈阵列的阻抗矩阵的实部：

$$\boldsymbol{R}=\begin{bmatrix} R_{11} & R_{12} & \cdots & R_{1N} \\ R_{21} & R_{22} & \cdots & R_{2N} \\ \vdots & \vdots & & \vdots \\ R_{N1} & R_{N2} & \cdots & R_{NN} \end{bmatrix} \tag{5.5.17}$$

线圈效率为

$$\eta_{\mathrm{c}}=\frac{|B_{\mathrm{t,array}}|^2}{P_{\mathrm{abs}}}=\frac{\boldsymbol{I}^{*\mathrm{T}}\boldsymbol{B}\boldsymbol{I}}{\frac{1}{2}\boldsymbol{I}^{*\mathrm{T}}\boldsymbol{R}\boldsymbol{I}} \tag{5.5.18}$$

事实上，需要获得最大的线圈运行效率。对于给定的线圈结构，阻抗$\boldsymbol{R}$和单位电流下的空间磁场$\boldsymbol{B}$系数矩阵是确定的，由于式(5.5.18)为二阶埃尔米特形式，使其达到最大值的解为特征向量$\boldsymbol{I}$，假设在忽略损耗的情况下，可以设定每个线圈中通1A的电流，那么实际的变量则简化为线圈中电流的相位，或者说电流的权重系数，在实际优化时只需根据线圈的情况施加不同相位的等幅值电流即可。具体的优化过程可以简述如下。

将式(5.5.18)写成二重和形式：

$$\eta_{\mathrm{c}}=2\frac{\sum_{i,j}^{N}I_i^{*}B_{ij}I_j}{\sum_{i,j}^{N}I_i^{*}R_{ij}I_j} \tag{5.5.19}$$

对每个电流的共轭量 I_i^* 求偏导数,得到 N 个方程:

$$\frac{\partial \eta_c}{\partial I_i^*} = \frac{2}{P_{\text{abs}}^2}\left[\left(\sum_{i,j}^{N} I_i^* R_{ij} I_j\right)\left(\sum_j B_{ij} I_j\right) - \left(\sum_{i,j}^{N} I_i^* B_{ij} I_j\right)\left(\sum_j R_{ij} I_j\right)\right], \quad i = 1,2,\cdots,N \tag{5.5.20}$$

令每个方程都为零,得

$$\boldsymbol{BI} = \eta_c \boldsymbol{RI} \tag{5.5.21}$$

把式(5.5.18)代入式(5.5.21),得

$$\boldsymbol{BI} = 2\frac{\boldsymbol{I}^{*\mathrm{T}}\boldsymbol{BI}}{\boldsymbol{I}^{*\mathrm{T}}\boldsymbol{RI}}\boldsymbol{RI} \tag{5.5.22}$$

由于 $\boldsymbol{B} = \boldsymbol{B}_t^* \boldsymbol{B}_t^{\mathrm{T}}$,将其代入式(5.5.22)中,有

$$\boldsymbol{B}_t^* \boldsymbol{B}_t^{\mathrm{T}} \boldsymbol{I} = 2\frac{\boldsymbol{I}^{*\mathrm{T}}\boldsymbol{B}_t^* \boldsymbol{B}_t^{\mathrm{T}}\boldsymbol{I}}{\boldsymbol{I}^{*\mathrm{T}}\boldsymbol{RI}}\boldsymbol{RI} \tag{5.5.23}$$

由于 $\boldsymbol{B}_t^{\mathrm{T}}\boldsymbol{I}$ 为标量,因此式(5.5.23)可以化简为

$$\boldsymbol{B}_t^* = \left(2\frac{\boldsymbol{I}^{*\mathrm{T}}\boldsymbol{B}_t^*}{\boldsymbol{I}^{*\mathrm{T}}\boldsymbol{RI}}\right)\boldsymbol{RI} \tag{5.5.24}$$

式(5.5.24)括号中的量是个标量,且并不影响线圈的实际效率,因此可以指定它为 $1/\lambda$,则式(5.5.24)简化为

$$\boldsymbol{B}_t^* = \frac{1}{\lambda}\boldsymbol{RI} \tag{5.5.25}$$

求解式(5.5.25)得电流分布:

$$\boldsymbol{I} = \lambda \boldsymbol{R}^{-1}\boldsymbol{B}_t^* \tag{5.5.26}$$

选择不同阵列的线圈结构作为对比,图 5.5.5 为总分布面积 12cm×12cm 的四种线圈结构,线宽 3.75mm,计算时考虑了铜耗,假定线圈之间的耦合完全抵消,分析的信噪比区域还是以线段(X-line:y=7.5mm,z=1cm,x:−8～8cm)进行分析。相应的相对信噪比结果如图 5.5.6 所示。从结果看多线圈阵列结构的信噪比要远远大于单个线圈的情况。

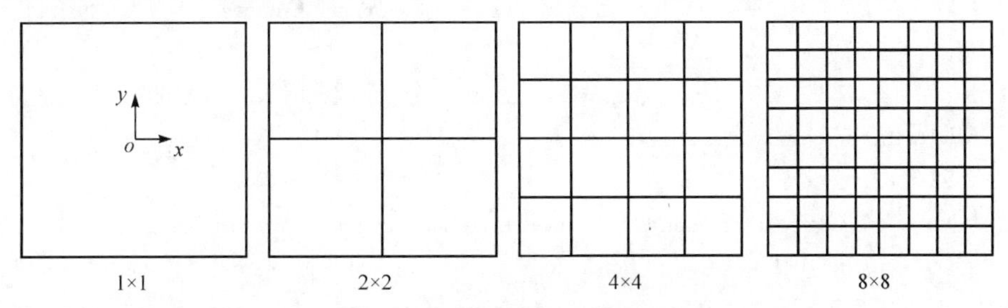

图 5.5.5　不同组成单元的阵列线圈模型

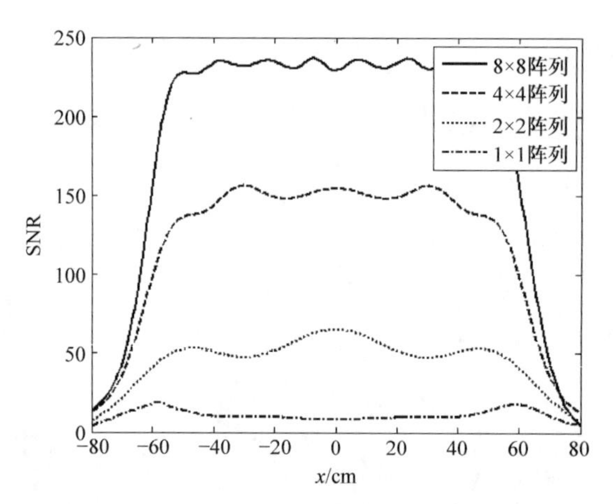

图 5.5.6 不同组成单元的阵列线圈相对信噪比

参考文献

[1] While P T, Forbes L K, Crozier S. An inverse method for designing loaded RF coils in MRI[J]. Measurement Science and Technology, 2006, 17(9): 2506-2518.

[2] Turner R. A target field approach to optimal coil design[J]. Journal of Physics D: Applied Physics, 1986, 19(8): L147-L151.

[3] Forbes L K, Crozier S. A novel target-field method for finite-length magnetic resonance shim coils: I. Zonal shims[J]. Journal of Physics D: Applied Physics, 2001, 34(24): 3447-3455.

[4] Forbes L K, Crozier S. A novel target-field method for finite-length magnetic resonance shim coils: II. Tesseral shims[J]. Journal of Physics D: Applied Physics, 2002, 35(9): 839-849.

[5] Forbes L K, Crozier S. A novel target-field method for magnetic resonance shim coils: III. Shielded zonal and tesseral coils[J]. Journal of Physics D: Applied Physics, 2003, 36(2): 68-80.

[6] Lemdiasov R A, Ludwig R. A stream function method for gradient coil design[J]. Concepts in Magnetic Resonance Part B: Magnetic Resonance Engineering, 2010, 26B(1): 67-80.

[7] Eagan T P, Cheng Y N, Kidane T K, et al. A group theory approach to RF coil design[J]. Concepts in Magnetic Resonance Part B: Magnetic Resonance Engineering, 2010, 25B(1): 42-52.

[8] Xu B, Li B K, Crozier S, et al. An inverse methodology for high-frequency RF coil design for MRI with de-emphasized B1 fields[J]. Journal of Magnetic Resonance, 2005, 52(9): 1582-1587.

[9] Lawrence B G, Crozier S, Yau D D, et al. A time-harmonic inverse methodology for the design of RF coils in MRI[J]. IEEE Transactions on Bio-Medical Engineering, 2002, 49(1): 64-71.

[10] While P T, Forbes L K, Crozier S. A time-harmonic target-field method for designing shielded RF coils in MRI[J]. Measurement Science and Technology, 2005, 16(6): 997-1006.

[11] Wright S M, Wald L L. Theory and application of array coils in MR spectroscopy[J]. NMR in Biomedicine, 1997, 10(8): 394-410.

[12] Kurpad K N, Wright S M, Boskamp E B. RF current element design for independent control of current amplitude and phase in transmit phased arrays[J]. Concepts in Magnetic Resonance Part B: Magnetic Resonance Engineering, 2010, 29B(2): 75-83.

[13] Pinkerton R G, Barberi E A, Menon R S. Transceive surface coil array for magnetic resonance imaging of the human brain at 4T[J]. Magnetic Resonance in Medicine, 2005, 54(2): 499-503.

[14] Ohliger M A, Sodickson D K. An introduction to coil array design for parallel MRI[J]. NMR in Biomedicine, 2006, 19(3): 300-315.

[15] Li B K, Xu B, Liu F, et al. Multiple-acquisition parallel imaging combined with a transceive array for the amelioration of high-field RF distortion: A modeling study[J]. Concepts in Magnetic Resonance Part B: Magnetic Resonance Engineering, 2010, 29B(2): 95-105.

[16] Watzlaw J, Glogler S, Blumich B, et al. Stacked planar micro coils for single-sided NMR applications[J]. Journal of Magnetic Resonance, 2013, 230: 176-185.

[17] Perlo J, Casanova F, Blümich B. Profiles with microscopic resolution by single-sided NMR[J]. Journal of Magnetic Resonance, 2005, 176(1): 64-70.

[18] Webb A G. Magnetic Resonance Technology: Hardware and System Component Design [M]. Cambridge: The Royal Society of Chemistry. 2016: 81-165.

[19] Jin J M. Electromagnetic Analysis and Design in Magnetic Resonance Imaging[M]. Boca Raton: CRC Press Inc. 1998.

[20] Brideson M A, Forbes L K, Crozier S. Determining complicated winding patterns for shim coils using stream functions and the target-field method[J]. Concepts in Magnetic Resonance Part A, 2010, 14(1): 9-18.

[21] Chronik B A, Rutt B K. Constrained length minimum inductance gradient coil design[J]. Magnetic Resonance in Medicine, 1998, 39(2): 270-278.

[22] Liu W T, Zu D L, Tang X, et al. Target-field method for MRI biplanar gradient coil design[J]. Journal of Physics D: Applied Physics, 2007, 40(15): 4418-4424.

[23] Zhang R, Xu J, Fu Y Y, et al. An optimized target-field method for MRI transverse biplanar gradient coil design[J]. Measurement Science and Technology, 2011, 22(12): 1863-1868.

[24] Hoult D I, Richards R E. Signal-to-noise ratio of nuclear magnetic-resonance experiment [J]. Journal of Magnetic Resonance, 1976, 24(1): 71-85.

[25] Trakic A, Wang H, Weber E, et al. Image reconstructions with the rotating RF coil[J]. Journal of Magnetic Resonance, 2009, 201(2): 186-198.

[26] Hoult D I, Chen C N, Sank V J. Quadrature detection in the laboratory frame[J]. Magnetic Resonance in Medicine, 2010, 1(3): 339-353.

[27] Harrington R F. Characteristic modes for antennas and scatterers[M]//Mittra R. Numerical and Asymptotic Techniques in Electromagnetics. Berlin: Springer, 1975: 51-87.

[28] Wright S M. Receiver Loop Arrays[M]. Hoboken: Wiley, 2011.

第6章　鸟笼线圈设计方法

鸟笼线圈由于其形似鸟笼而得名。特殊的几何结构也决定了其特定的理论分析方法,本章主要讲述鸟笼线圈的基本结构及其设计理论。

6.1　鸟笼线圈简介

20世纪80年代初,超导核磁共振成像中使用的射频线圈多为马鞍形线圈和开槽共振器。但是随着超导磁体场强的逐渐增大,这两种射频线圈的磁场均匀性越来越不能满足需求。1985年,美国通用电气公司医疗部的Hayes博士首先提出了一种新型结构的射频线圈:鸟笼线圈[1]。鸟笼线圈较前面所提两种射频线圈,能获得更好的射频磁场均匀性、更小的射频功率需求和更高的信噪比,且产生的射频磁场垂直于主磁场,因此深受核磁共振成像设备生产商的青睐。目前,1.5T的MRI系统均使用鸟笼线圈作为体线圈。但是,3T以上MRI系统,由于共振频率达到128MHz,对应的电磁波波长约为2.35m,电磁波的相位延迟不能忽略,因此鸟笼线圈在高场核磁共振成像设备中的使用受到一定的限制[2]。

鸟笼线圈的基本结构如图6.1.1所示[3],线圈如鸟笼状,由上下两个端环(end ring)和若干条腿(leg)组成。端环和腿一般采用铜导线或铜皮制成条状导线。在频率不高的情况下,端环及腿可以等效成集总电路元件:电感及电阻,通过在端环或腿上焊接电容实现对鸟笼线圈的阻抗匹配和频率调谐。根据电容所在的位置可将鸟笼线圈分为高通鸟笼线圈(图6.1.1(a))、低通鸟笼线圈(图6.1.1(b))和带通(或混合)鸟笼线圈(图6.1.1(c))。

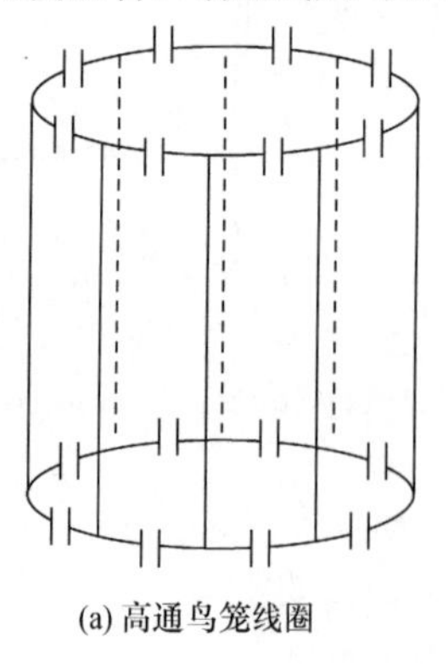

(a) 高通鸟笼线圈

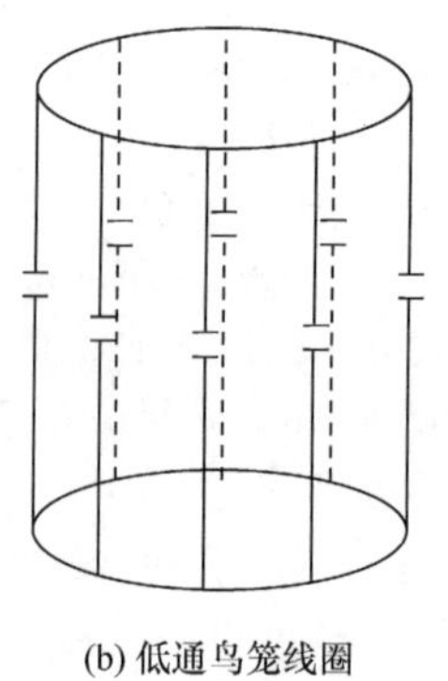

(b) 低通鸟笼线圈

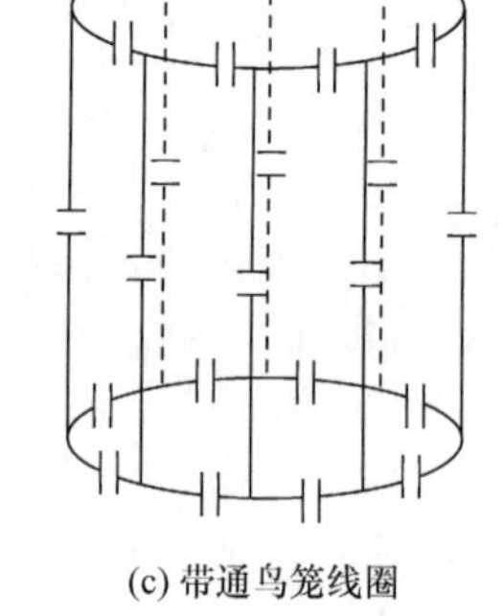

(c) 带通鸟笼线圈

图6.1.1　鸟笼线圈结构

理想情况下的鸟笼线圈应该是由无限根腿组成，当流过腿的电流幅值随腿所在位置角度 θ 呈正弦或余弦关系连续变化时，鸟笼线圈内部区域的射频磁场 $\boldsymbol{B}_1$ 是均匀的[4]。

如图6.1.2所示，理想情况下，鸟笼线圈为无限长圆柱面导体(厚度接近于零)，圆柱表面流过 z 轴方向的面电流，电流密度为

$$J_z=\boldsymbol{e}_\phi J_0\sin\phi \tag{6.1.1}$$

无源空间中，标量磁位 Φ 满足拉普拉斯方程：

$$\nabla^2\Phi=0 \tag{6.1.2}$$

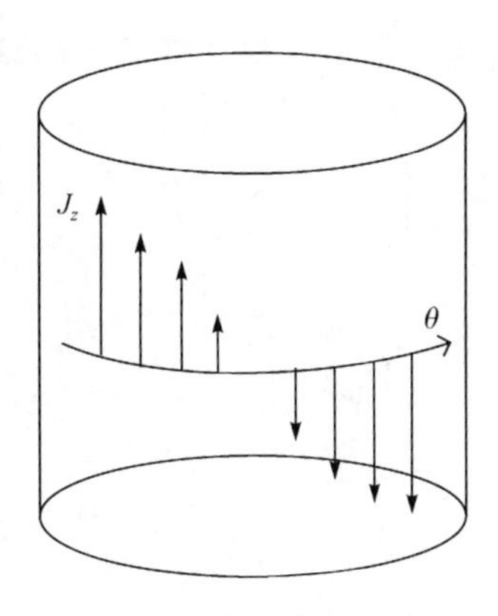

图6.1.2　鸟笼线圈等效面电流模型

在柱坐标系下，假设 Φ 的分布与空间坐标 z 无关，通过分离变量法可得式(6.1.2)的通解如下：

$$\Phi(\rho,\phi)=\sum_{m=-\infty}^{\infty}\rho^m[A_m\cos(m\phi)+B_m\sin(m\phi)] \tag{6.1.3}$$

式中，A_m、B_m 为待定的常量，主要通过特定问题的限制条件来确定。

磁感应强度 $\boldsymbol{B}$：

$$\begin{aligned}\boldsymbol{B}(\rho,\phi)=-\nabla\Phi=&-\boldsymbol{e}_\rho\sum_{m=-\infty}^{\infty}m\rho^{m-1}[A_m\cos(m\phi)+B_m\sin(m\phi)]\\&+\boldsymbol{e}_\phi\sum_{m=-\infty}^{\infty}m\rho^{m-1}[A_m\sin(m\phi)-B_m\cos(m\phi)]\end{aligned} \tag{6.1.4}$$

在鸟笼线圈柱面内，当 ρ 趋近于0时，磁感应强度为有限值，因此式(6.1.4)可以化简为

$$\begin{aligned}\boldsymbol{B}_1(\rho,\phi)=&-\boldsymbol{e}_\rho\sum_{m=1}^{\infty}m\rho^{m-1}[A_m\cos(m\phi)+B_m\sin(m\phi)]\\&+\boldsymbol{e}_\phi\sum_{m=1}^{\infty}m\rho^{m-1}[A_m\sin(m\phi)-B_m\cos(m\phi)]\end{aligned} \tag{6.1.5}$$

在鸟笼线圈柱面外，磁感应强度随着 ρ 的增大而减小，因此 $m\leqslant 0$，所以：

$$\begin{aligned}\boldsymbol{B}_2(\rho,\phi)=&-\boldsymbol{e}_\rho\sum_{m=1}^{\infty}m\rho^{m-1}[A_m\cos(m\phi)+B_m\sin(m\phi)]\\&+\boldsymbol{e}_\phi\sum_{m=1}^{\infty}m\rho^{m-1}[A_m\sin(m\phi)-B_m\cos(m\phi)]\end{aligned} \tag{6.1.6}$$

在鸟笼线圈柱面分界面上，其边界条件如下：

$$\begin{cases}B_{1n}=B_{2n}\\H_{1t}-H_{2t}=J_z\end{cases} \tag{6.1.7}$$

式(6.1.7)求解出非零的常数解为

$$\begin{cases} A_1 = -\dfrac{\mu_0 J_0}{2} \\ A_{-1} = -\dfrac{\mu_0 J_0}{2} a^2 \end{cases} \tag{6.1.8}$$

根据上述 A_m、B_m 系数解，可以推导出鸟笼线圈圆柱内的磁场分布为

$$\begin{aligned} \boldsymbol{B}_1(\rho,\phi) &= \boldsymbol{e}_\rho \frac{\mu_0 J_0}{2}\cos\phi - \boldsymbol{e}_\phi \frac{\mu_0 J_0}{2}\sin\phi \\ &= \boldsymbol{e}_x \frac{\mu_0 J_0}{2} \end{aligned} \tag{6.1.9}$$

由以上推导的结果可知，若在鸟笼线圈圆柱内，磁场分布沿 x 轴方向，且为常数。因此，鸟笼线圈理想状态下的磁场分布呈现均匀、统一的特性。

鸟笼线圈中的电流分布情况类似驻波：不同空间角度位置上的腿中的电流幅值呈正弦或余弦变化，也具有波腹和波节，因此可以说鸟笼线圈是工作在驻波状态下的射频线圈。实际中，无限多条腿组成的鸟笼线圈是不能实现的，只能取理想情况的离散化，等间隔地保留一定数量的腿，当然，这种离散化操作必然会降低目标区域内射频磁场的均匀度，但是这种均匀性的降低是可接受的。

因此鸟笼线圈作为射频线圈需要满足的条件有两点：一是阻抗匹配，在核磁共振频率处，鸟笼线圈的输入阻抗 $Z_{in} = \alpha + j\beta$，其中虚部分量 $\beta = 0$，实部分量 α 匹配到所需的阻抗值；二是流过各腿的电流幅值随其所在的角度位置呈正弦或余弦变化[5]，即

$$(I_i)_m = \begin{cases} \sin\left(2\dfrac{i}{N}m\pi\right), & m=1,2,\cdots,\dfrac{N}{2}-1 \\ \cos\left(2\dfrac{i}{N}m\pi\right), & m=0,1,2,\cdots,\dfrac{N}{2} \end{cases} \tag{6.1.10}$$

式中，$(I_i)_m$ 表示第 m 个模式下第 i 条腿中流过电流大小；N 表示鸟笼线圈腿的数量。

鸟笼线圈的共振模式：对于 N 条腿的鸟笼线圈，其共振模式总共有 $N/2$ 种[6]。不同共振模式下，鸟笼线圈产生的射频磁场不一样。以一个 8 条腿的鸟笼线圈为例，共有四种共振模式，分别产生的射频磁场如图 6.1.3 所示。

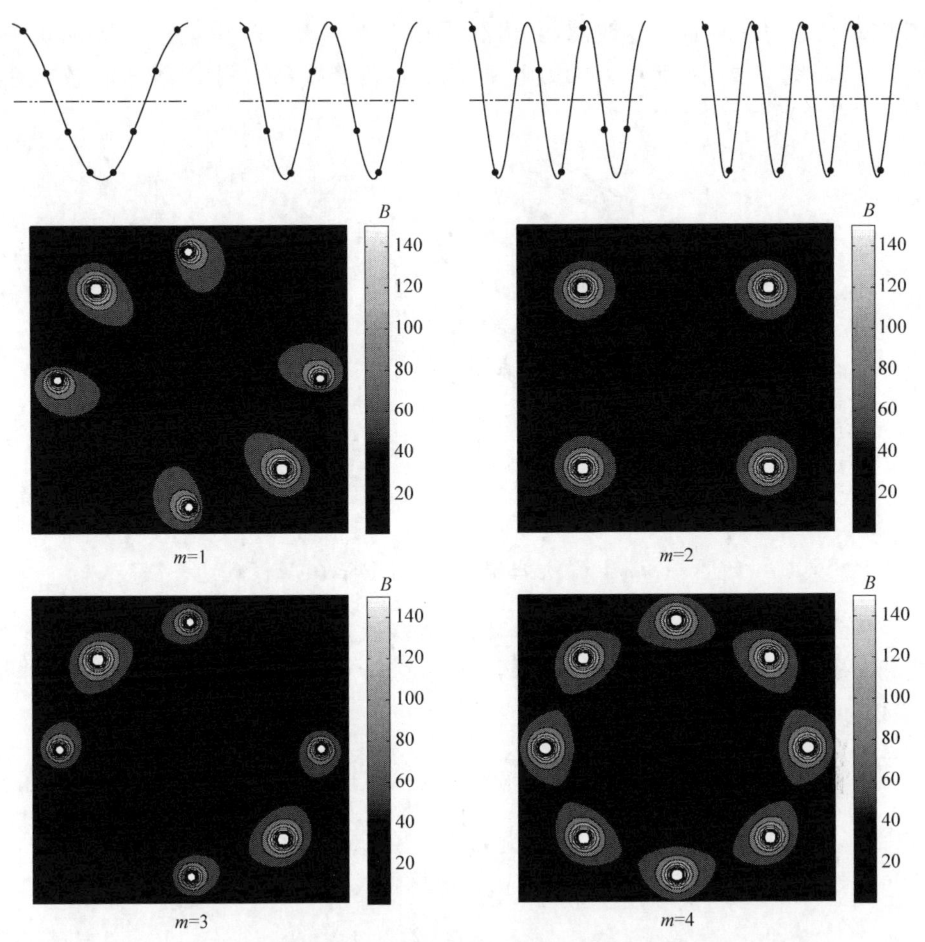

图 6.1.3　鸟笼线圈在不同共振模式下各腿上流过电流幅值分布情况以及中心水平面上射频磁场的分布情况

6.2　鸟笼线圈的分析

在低频情况下，因为射频线圈的整体尺寸相对电磁波的波长来说是非常小的，所以可以采用等效电路的方法去分析鸟笼线圈。首先，确立等效集总参数电路模型；然后，运用电路原理知识对该电路模型进行分析计算，确定元件参数和谐振频率以及阻抗的关系；最后，利用毕奥-萨伐尔定律对射频场 $\boldsymbol{B}_1$ 的分布进行计算验证。

6.2.1　鸟笼线圈等效电路模型介绍

鸟笼线圈由端环与腿组成，电容根据鸟笼线圈的类型分布在腿上、端环上，

图 6.2.1(a)为一高通鸟笼线圈,其电容焊接在端环上。利用集总电路的等效分析,可以将铜导线铜皮带等效为纯电感,以高通鸟笼线圈为例,其等效电路模型如图 6.2.1(b)所示。

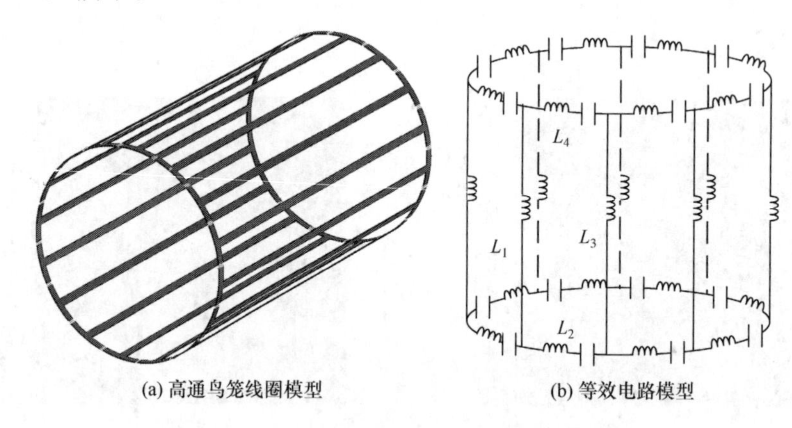

图 6.2.1　高通鸟笼线圈模型及等效电路模型

鸟笼射频线圈的腿和端环一般采用铜导线或铜皮带制作,多用扁铜带。铜导线和铜皮带的等效电感都能通过其具体尺寸来计算。对铜导线而言,其等效电感(单位:μH)为[7]

$$L=0.002l\left(\ln\frac{2l}{a}-1\right) \tag{6.2.1}$$

式中,l 表示铜导线长度,cm;a 表示铜导线半径,cm。

对于扁铜带,其等效电感(单位:μH)计算公式为

$$L=0.002l\left(\ln\frac{2l}{w}+\frac{1}{2}\right) \tag{6.2.2}$$

式中,l 表示扁铜带长度,cm;w 表示扁铜带宽度,cm。

M_1 是两个竖直铜导线(或铜皮带)间的互感,即 L_1 与 L_3 之间的互感;M_2 是两个水平铜导线(或铜皮带)间的互感,即 L_2 与 L_4 之间的互感;水平部分与竖直部分之间是没有互感的。互感(单位:μH)的计算公式为

$$M=0.002l\left[\ln\left(\frac{l}{d}+\sqrt{1+\frac{l^2}{d^2}}\right)-\sqrt{1+\frac{d^2}{l^2}}+\frac{d}{l}\right] \tag{6.2.3}$$

式中,d 表示两铜导线(或铜皮带)之间的距离,cm。

首先对鸟笼线圈中各个腿中流过的电流大小进行分析与验证,忽略铜导线自身的电阻,为简化分析过程中的公式,将图 6.2.1 中的电感和电容用阻抗表示,其集总参数等效电路模型如图 6.2.2 所示。当鸟笼线圈为高通鸟笼线圈时,Z_1 由端环片段等效电感和电容组成,Z_2 由腿的等效电感组成;当鸟笼线圈为低通鸟笼线

圈时，Z_1 由端环片段等效电感组成，Z_2 由腿的等效电感和电容组成；当鸟笼线圈为带通鸟笼线圈时，Z_1 由端环片段等效电感和电容组成，Z_2 由腿的等效电感和电容组成。

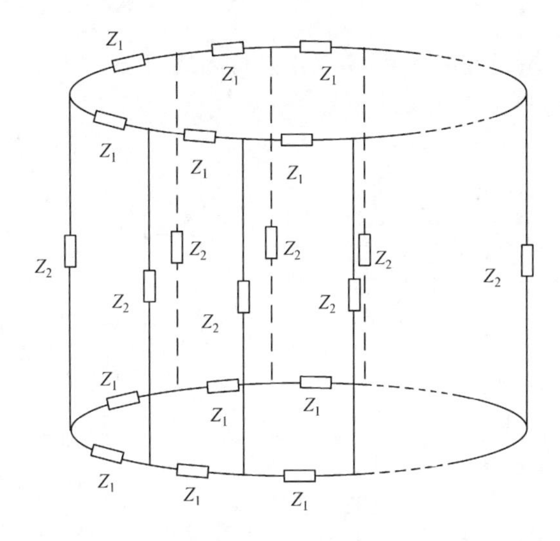

图 6.2.2　通用鸟笼线圈等效电路模型

6.2.2　鸟笼线圈等效电路模型分析

1. 利用传输线理论的鸟笼线圈等效模型分析

对于通用的鸟笼线圈等效电路模型，可以在端环任意位置处将闭环打开，展平等效成如图 6.2.3 所示的二端口级联网络，两个相邻的 Z_1 和它们之间的 Z_2 构成基本的 T 形子单元[8]。

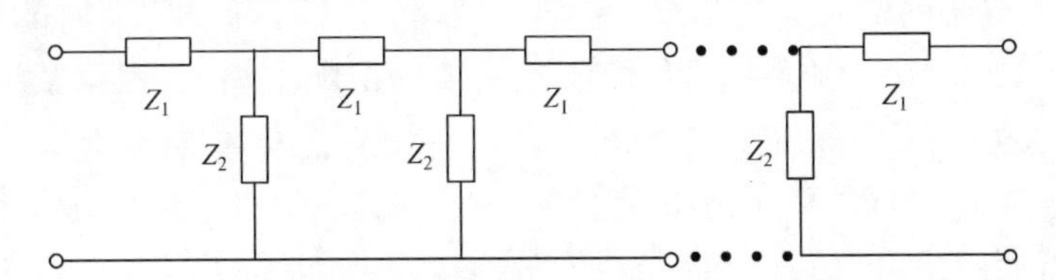

图 6.2.3　鸟笼线圈等效的 T 形级联网络（虚线中部分为 T 形子单元）

鸟笼线圈等效的 T 形级联网络由多个平衡对称的 T 形子单元组成，取其中一个平衡对称的 T 形子单元（图 6.2.4），该网络具有输入、输出两个端口，其输入、输出端电压、电流关系如下：

$$\begin{bmatrix} U_2 \\ I_2 \end{bmatrix} = \begin{bmatrix} A_{11} & A_{12} \\ A_{21} & A_{22} \end{bmatrix} \begin{bmatrix} U_1 \\ I_1 \end{bmatrix} = \begin{bmatrix} 1+\dfrac{Z_1}{2Z_2} & -\left(Z_1+\dfrac{Z_1^2}{4Z_2}\right) \\ -\dfrac{1}{Z_2} & 1+\dfrac{Z_1}{2Z_2} \end{bmatrix} \begin{bmatrix} U_1 \\ I_1 \end{bmatrix} \tag{6.2.4}$$

T 形子单元二端口网络互易，传输矩阵行列式为 1：

$$|A_{ij}| = A_{11}A_{22} - A_{12}A_{21} = 1 \tag{6.2.5}$$

对比双曲函数恒等式 $\text{ch}\gamma^2 - \text{sh}\gamma^2 = 1$，可以令

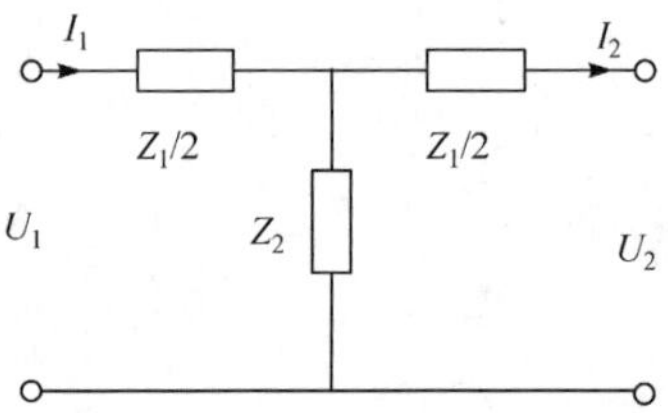

$$A_{ij} = \begin{bmatrix} \text{ch}\gamma & Z_c \text{sh}\gamma \\ \dfrac{1}{Z_c}\text{sh}\gamma & \text{ch}\gamma \end{bmatrix} \tag{6.2.6}$$

图 6.2.4　鸟笼线圈其中一个 T 形子单元

式中，$Z_c = \sqrt{Z_2\left(Z_1 + \dfrac{Z_1{}^2}{4Z_2}\right)} = \sqrt{Z_1 Z_2 + \dfrac{Z_1^2}{4}}$；$\text{ch}\gamma = 1 + \dfrac{Z_1}{2Z_2}$；$\gamma = \alpha + \text{i}\beta$，其中 α 为衰减常数，β 为相移常数。

根据式(6.2.4)及式(6.2.5)可得

$$\begin{bmatrix} U_2 \\ Z_c I_2 \end{bmatrix} = \begin{bmatrix} \text{ch}\gamma & -\text{sh}\gamma \\ -\text{sh}\gamma & \text{ch}\gamma \end{bmatrix} \begin{bmatrix} U_1 \\ Z_c I_1 \end{bmatrix} \tag{6.2.7}$$

当 N 节 T 形二端口网络连接时，利用双曲函数和差化积公式有

$$\begin{bmatrix} U_N \\ Z_c I_N \end{bmatrix} = \begin{bmatrix} \text{ch}\gamma & -\text{sh}\gamma \\ -\text{sh}\gamma & \text{ch}\gamma \end{bmatrix}^N \begin{bmatrix} U_1 \\ Z_c I_1 \end{bmatrix} = \begin{bmatrix} \text{ch}(N\gamma) & -\text{sh}(N\gamma) \\ -\text{sh}(N\gamma) & \text{ch}(N\gamma) \end{bmatrix} \begin{bmatrix} U_1 \\ Z_c I_1 \end{bmatrix} \tag{6.2.8}$$

下面主要以图 6.2.2 所示通用鸟笼模型进行分析[9]。

1) 鸟笼线圈的输入阻抗及输入导纳

如图 6.2.5 所示，假设射频激励输入从第一根腿上输入，根据戴维宁等效定理，该射频激励源可以等效于一个电压源 V_s 串联一个电源内阻 R_s。图 6.2.3 中第一个 T 形二端口网络属于被激励的第一个 T 形二端口网络。因此，整个鸟笼线圈的频率特性就是由它的输入阻抗决定的。

对于第 $N/2$ 节的输入电压、电流就可以使用第一节的输入电压、电流进行表示：

$$\begin{bmatrix} U_{N/2} \\ Z_c I_{N/2} \end{bmatrix} = \begin{bmatrix} \text{ch}\left[\left(\dfrac{N}{2}-1\right)\gamma\right] & -\text{sh}\left[\left(\dfrac{N}{2}-1\right)\gamma\right] \\ -\text{sh}\left[\left(\dfrac{N}{2}-1\right)\gamma\right] & \text{ch}\left[\left(\dfrac{N}{2}-1\right)\gamma\right] \end{bmatrix} \begin{bmatrix} U_1 \\ Z_c I_1 \end{bmatrix} \tag{6.2.9}$$

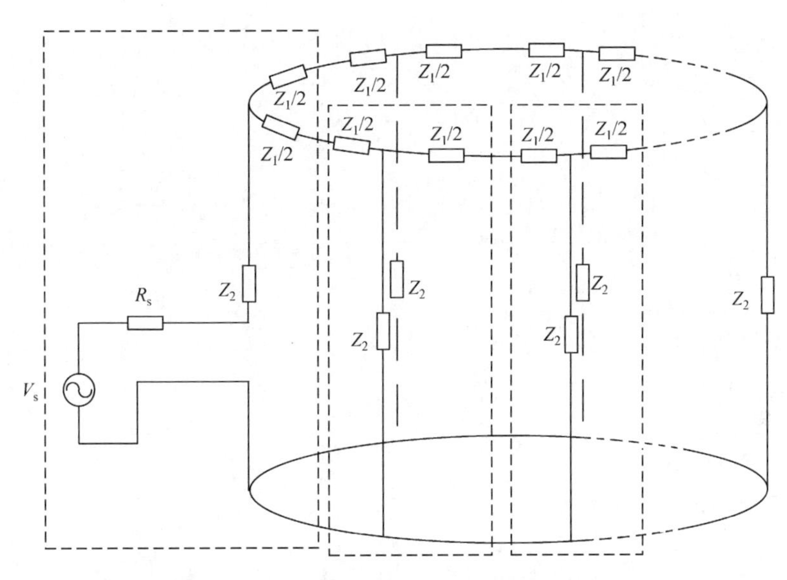

图 6.2.5　鸟笼线圈施加激励计算等效阻抗图

鉴于鸟笼线圈的对称性，将第 $N/2$ 个 T 形子单元分为对称的两半，其等效电路如图 6.2.6 所示。第 $N/2$ 节同时接受两边来的电压、电流，Z_2 等效为两个 $2Z_2$ 并联，其腿电流可看成两半之和，于是，第 $N/2$ 节的输入电压可写为

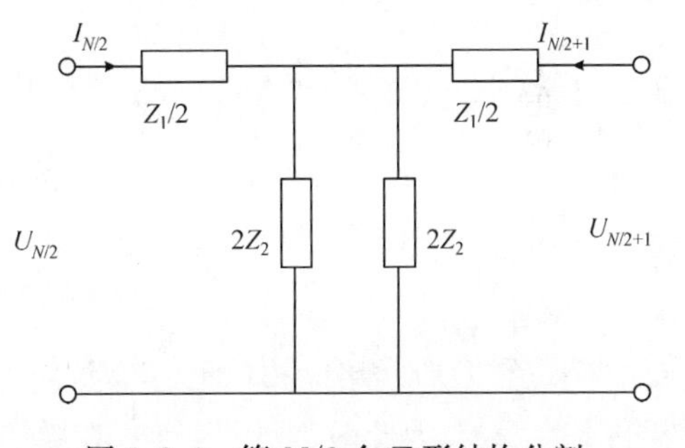

图 6.2.6　第 $N/2$ 个 T 形结构分割

$$U_{N/2}=\left(\frac{Z_1}{2}+2Z_2\right)I_{N/2} \tag{6.2.10}$$

为了求解出鸟笼线圈的输入阻抗 $Z_{\text{in}}(\omega)$，先对第 1 节 T 形网络的输入阻抗进行求解。根据式(6.2.9)所给出的第 $N/2$ 节 T 形网络的电压、电流关系，可以对第 1 节 T 形网络的电压、电流进行逆推，得

$$\begin{bmatrix} U_1 \\ Z_c I_1 \end{bmatrix}=\begin{bmatrix} \operatorname{ch}\left[\left(\frac{N}{2}-1\right)\gamma\right] & \operatorname{sh}\left[\left(\frac{N}{2}-1\right)\gamma\right] \\ \operatorname{sh}\left[\left(\frac{N}{2}-1\right)\gamma\right] & \operatorname{ch}\left[\left(\frac{N}{2}-1\right)\gamma\right] \end{bmatrix}\begin{bmatrix} U_{N/2} \\ Z_c I_{N/2} \end{bmatrix} \tag{6.2.11}$$

因此，T 形网络的输入阻抗 Z_{in} 为

$$Z_{in1}=\frac{U_1}{I_1}=Z_c\frac{\frac{U_{N/2}}{I_{N/2}}\mathrm{ch}\left[\left(\frac{N}{2}-1\right)\gamma\right]+Z_c\mathrm{sh}\left[\left(\frac{N}{2}-1\right)\gamma\right]}{\frac{U_{N/2}}{I_{N/2}}\mathrm{sh}\left[\left(\frac{N}{2}-1\right)\gamma\right]+Z_c\mathrm{ch}\left[\left(\frac{N}{2}-1\right)\gamma\right]}$$

$$=Z_c\left[\frac{\left(\frac{Z_1}{2}+2Z_2\right)\mathrm{ch}\left[\left(\frac{N}{2}-1\right)\gamma\right]+Z_c\mathrm{sh}\left[\left(\frac{N}{2}-1\right)\gamma\right]}{\left(\frac{Z_1}{2}+2Z_2\right)\mathrm{sh}\left[\left(\frac{N}{2}-1\right)\gamma\right]+Z_c\mathrm{ch}\left[\left(\frac{N}{2}-1\right)\gamma\right]}\right] \tag{6.2.12}$$

从第 0 节看进去的输入阻抗则为

$$Z_{in}(\gamma)=Z_2+\frac{\left(\frac{Z_1}{2}+Z_{in1}\right)}{2}=\frac{Z_1}{4}+Z_2+\frac{Z_{in1}}{2} \tag{6.2.13}$$

将之前计算出的 Z_{in1} 代入式(6.2.13)，式(6.2.13)可化为

$$Z_{in}(\gamma)=\left(\frac{Z_1}{4}+Z_2\right)\left[\frac{Z_c\mathrm{ch}\left[\left(\frac{N}{2}-1\right)\gamma\right]+\left(\frac{Z_1}{2}+Z_2\right)\mathrm{sh}\left[\left(\frac{N}{2}-1\right)\gamma\right]}{\frac{Z_c}{2}\mathrm{ch}\left[\left(\frac{N}{2}-1\right)\gamma\right]+\left(\frac{Z_1}{4}+Z_2\right)\mathrm{sh}\left[\left(\frac{N}{2}-1\right)\gamma\right]}\right] \tag{6.2.14}$$

利用双曲函数恒等式，式(6.2.14)可以化简为

$$Z_{in}=\frac{Z_c\mathrm{sh}\left(\frac{N}{2}\gamma\right)}{2\mathrm{sh}\frac{\gamma}{2}\mathrm{sh}\left(\frac{N-1}{2}\gamma\right)} \tag{6.2.15}$$

考虑在 T 形网络无损(即无电阻存在)的情况下，$\alpha=0,\gamma=\mathrm{i}\beta\omega$，由于直接计算阻抗比较困难，因此改为计算导纳，其导纳为

$$Y_{in}(\gamma)=Z_{in}^{-1}(\gamma)=\frac{2\mathrm{sh}\frac{\gamma}{2}\mathrm{sh}\left(\frac{N-1}{2}\gamma\right)}{Z_c\mathrm{sh}\left(\frac{N}{2}\gamma\right)} \tag{6.2.16}$$

对于四腿鸟笼线圈和八腿鸟笼线圈，分别将 N 代入式(6.2.16)，并利用双曲恒等式，可以将四腿鸟笼线圈和八腿鸟笼线圈的导纳 Y 化简为

$$Y_{in}(\mathrm{i}\omega)_4=\frac{2(Z_1+3Z_2)}{(Z_1+2Z_2)(Z_1+4Z_2)} \tag{6.2.17}$$

$$Y_{in}(\mathrm{i}\omega)_8=\frac{2(Z_1+0.753Z_2)(Z_1+2.445Z_2)(Z_1+3.802Z_2)}{[Z_1+(2-\sqrt{2})Z_2](Z_1+2Z_2)[Z_1+(2+\sqrt{2})Z_2](Z_1+4Z_2)} \tag{6.2.18}$$

输入阻抗的零点即输入导纳的极点，对应的是谐振峰的位置。从式(6.2.17)和式(6.2.18)中，可以发现四腿鸟笼线圈和八腿鸟笼线圈分别具有两个和四个谐振频率点，并且它们分母的子式都是 $Z_1+k_nZ_2$ 的形式。其中系数 k_n 满足如下规律：

$$k_n=4\sin^2(n\pi/N),\quad n=1,2,3,\cdots,N/2 \tag{6.2.19}$$

故极点方程应该满足

$$Z_1+k_nZ_2=0 \tag{6.2.20}$$

2）流经鸟笼线圈各个腿中电流关系

鸟笼线圈能够作为射频线圈应用在核磁共振成像系统中，主要原因是它能产生一个均匀的射频磁场，而均匀的射频磁场产生的关键则在于鸟笼线圈的腿中流过的电流是否满足正弦或余弦的分布规律。根据上述推导中所展示的输入阻抗，在外加激励为电压源 U_s(带内阻 R_s)时，如图 6.2.5 所示。

鸟笼线圈中第 m 根腿中流过的电流 I_{lm} 应为腿所在 T 形网络的输入电流 I_m 与下一 T 形网络的输入电流 I_{m+1} 之差，即

$$I_{lm}=I_m-I_{m+1} \tag{6.2.21}$$

根据前文对 T 形二端口网络的分析，第 m 节 T 形子单元输入电压、电流与第 1 节的关系为

$$\begin{bmatrix} U_m \\ Z_cI_m \end{bmatrix}=\begin{bmatrix} \mathrm{ch}[(m-1)\gamma] & -\mathrm{sh}[(m-1)\gamma] \\ -\mathrm{sh}[(m-1)\gamma] & \mathrm{ch}[(m-1)\gamma] \end{bmatrix}\begin{bmatrix} U_1 \\ Z_cI_1 \end{bmatrix} \tag{6.2.22}$$

因此可以求解出：

$$I_m=-\mathrm{sh}[(m-1)\gamma]\frac{U_1}{Z_c}+I_1\mathrm{ch}[(m-1)\gamma] \tag{6.2.23}$$

同理也能求解出：

$$I_{m+1}=-\mathrm{sh}(m\gamma)\frac{U_1}{Z_c}+I_1\mathrm{ch}(m\gamma) \tag{6.2.24}$$

于是将 I_m 和 I_{m+1} 代入式(6.2.21)中，求解出第 lm 根腿中流过的电流为

$$I_{lm}=I_m-I_{m+1}=\frac{U_1}{Z_c}\{\mathrm{sh}(m\gamma)-\mathrm{sh}[(m-1)\gamma]\}+I_1\{\mathrm{ch}(m\gamma)-\mathrm{ch}[(m-1)\gamma]\} \tag{6.2.25}$$

化简得

$$I_{lm}=-I_s\mathrm{ch}(m\gamma)+\frac{Z_{in}}{Z_c}I_s\{\mathrm{sh}(m\gamma)-\mathrm{sh}[(m-1)\gamma]\} \tag{6.2.26}$$

将腿电流归一化得

$$\frac{I_{lm}}{I_s}=-\mathrm{ch}(m\gamma)+\frac{Z_{in}}{Z_c}\{\mathrm{sh}(m\gamma)-\mathrm{sh}[(m-1)\gamma]\},\quad m=1,2,\cdots,N \tag{6.2.27}$$

一般鸟笼线圈都是工作在谐振频率点上，因此式(6.2.27)可以化简为

$$\frac{I_{bm}}{I_s}=-\mathrm{ch}(m\gamma) \tag{6.2.28}$$

并将式(6.2.15)输入阻抗 Z_{in}代入，并简化，得

$$\frac{I_{bm}}{I_s}=\mathrm{ch}\left[\left(\frac{N}{2}-m\right)\gamma\right]\frac{\mathrm{sh}\,\frac{\gamma}{2}}{\mathrm{sh}\left(\frac{N-1}{2}\gamma\right)} \tag{6.2.29}$$

一般考虑射频线圈是无损耗线圈，结合 $Z_{in}=\alpha+\mathrm{i}\beta$，有 $\alpha=0$，$\gamma=\mathrm{i}\beta$，因此对于通频带内的线圈谐振点，应该满足以下关系：

$$\begin{cases}\gamma=\mathrm{i}\beta\\ \mathrm{sh}(N\gamma/2)=0\end{cases} \tag{6.2.30}$$

即

$$\sin(N\beta/2)=0 \tag{6.2.31}$$

结合式(6.2.30)中 $\gamma=\mathrm{i}\beta$，于是有

$$\beta_n=\frac{2n\pi}{N} \tag{6.2.32}$$

将式(6.2.32)代入式(6.2.29)中，可得鸟笼线圈中各条腿中流过的电流：

$$\frac{I_{bm}}{I_s}=-\mathrm{ch}(m\mathrm{i}\beta_n)=-\cos\frac{2mn\pi}{N} \tag{6.2.33}$$

因此，在上述激励施加方式下，鸟笼线圈中腿中流过的电流大小与腿所在空间角度位置呈余弦关系。

2. 考虑互感的鸟笼线圈分析

上面所述的采用二端口网络及传输线理论的分析方法，未考虑到端环片段之间以及各条腿之间的等效互感作用，在设计工作频率相对较低的鸟笼线圈时，腿之间的互感对设计的影响可以忽略，但是当鸟笼线圈的工作频率比较高时，互感将会对鸟笼线圈的设计有重大的影响。因此，本节主要讲述当考虑到鸟笼线圈各等效元件之间的互感时鸟笼线圈的分析计算。

下面主要以高通鸟笼线圈为例，分别分析不考虑互感以及考虑互感两种情况下鸟笼线圈的分析计算[10]。

1) 不考虑互感

如图 6.2.7 所示，是高通鸟笼线圈等效电路的一部分。考虑到理想鸟笼线圈的对称性，鸟笼线圈中各个端环片段的电感相等，即 $L_1=L_2=\cdots=L_N=L$；鸟笼线圈中外加电容均相等，即：$C_1=C_2=\cdots=C_N=C$；鸟笼线圈中各腿等效电感均相等，

即：$M_1=M_2=\cdots=M_N=M$。根据基尔霍夫定律，列第 j 个回路的方程。

$$2\left(\mathrm{i}\omega L+\frac{1}{\mathrm{i}\omega C}\right)I_j+(I_j-I_{j+1})\mathrm{i}\omega M+(I_j-I_{j-1})\mathrm{i}\omega M=0 \tag{6.2.34}$$

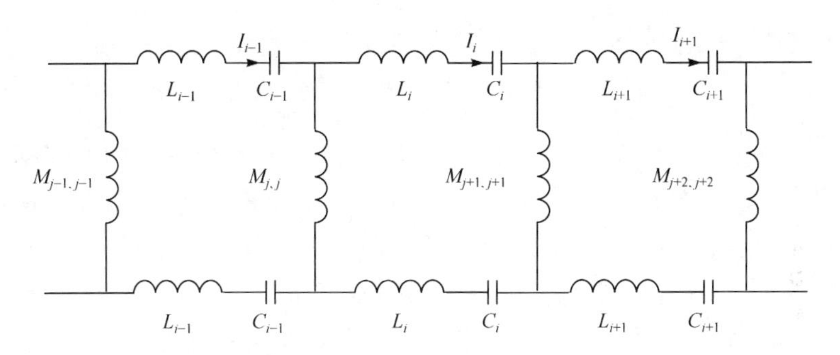

图 6.2.7　鸟笼线圈等效电路部分回路

式中，I_j 表示的是第 j 个回路的回路电流，即流过第 j 个端环片段的电流。式(6.2.34)可以改写为

$$M(I_{j+1}+I_{j-1})+2\left(\frac{1}{\omega^2 C}-L-M\right)I_j=0 \tag{6.2.35}$$

由于圆柱的对称性，电流 I_j 满足周期特性，即 $I_{j+N}=I_j$。因此，式(6.2.35)的解具有以下形式：

$$(I_j)_m=\begin{cases}\sin\dfrac{2m\pi j}{N}, & m=1,2,\cdots,\dfrac{N}{2}-1\\ \cos\dfrac{2m\pi j}{N}, & m=0,1,2,\cdots,\dfrac{N}{2}\end{cases} \tag{6.2.36}$$

式中，$(I_j)_m$ 代表 I_j 的第 m 个解。故鸟笼线圈腿电流可以表示为

$$(I_j)_m-(I_{j-1})_m=\begin{cases}-2\sin\dfrac{m\pi}{N}\sin\dfrac{2m\pi(j-1/2)}{N}, & m=1,2,\cdots,\dfrac{N}{2}-1\\ 2\sin\dfrac{m\pi}{N}\cos\dfrac{2m\pi(j-1/2)}{N}, & m=0,1,2,\cdots,\dfrac{N}{2}\end{cases} \tag{6.2.37}$$

将式(6.2.36)代入式(6.2.35)中得

$$M\cos\frac{2n\pi}{N}+\left(\frac{1}{w^2 C}-L-M\right)=0 \tag{6.2.38}$$

则有

$$\omega_m=\frac{1}{\sqrt{C\left(L+2M\sin^2\dfrac{n\pi}{N}\right)}} \tag{6.2.39}$$

2) 考虑互感

当计算更通用、更精确的结果时，需要考虑到互感的影响。根据基尔霍夫电压定律，重新列图 6.2.7 的回路方程，有

$$\sum_{k=1}^{N} \mathrm{i}\omega M_{j,k}(I_k - I_{k-1}) + \sum_{k=1}^{N} \mathrm{i}\omega M_{j+1,k}(I_{k-1} - I_k) + \sum_{k=1}^{N} 2\mathrm{i}\omega(L_{j,k} - \widetilde{L}_{j,k})I_k - \frac{2\mathrm{i}}{\omega C_j}I_j = 0 \tag{6.2.40}$$

式中，当 $j \neq k$ 时，$L_{j,k}$代表第 j 个端环片段与第 k 个端环片段之间的互感；当$j=k$时，$L_{j,k}$代表第 j 个端环片段的自感。对应的，当 $j \neq k$ 时，$M_{j,k}$代表第 j 条腿与第 k 条腿之间的互感；当 $j=k$ 时，$M_{j,k}$代表第 j 条腿的自感。其中，$L_{j,k}=L_{k,j}$，$M_{j,k}=M_{k,j}$。I_k 代表该回路的电流，I_{k-1}代表上一回路的电流，I_{k+1}代表下一回路的电流。因为腿与端环片段之间是垂直的，所以它们之间是没有互感的。

式(6.2.40)可以改写成：

$$\sum_{k=1}^{N} (M_{j,k} - M_{j+1,k})(I_k - I_{k-1}) + 2\sum_{k=1}^{N} (L_{j,k} - \widetilde{L}_{j,k})I_k = \frac{2\lambda}{C_j}I_j \tag{6.2.41}$$

式中，$\lambda = 1/\omega^2$。为了将式(6.2.41)写成矩阵的形式，继续改写，得

$$\sum_{k=1}^{N} (M_{j,k} - M_{j+1,k})I_k - \sum_{k=1}^{N} (M_{j,k+1} - M_{j+1,k+1})I_{k-1} + 2\sum_{k=1}^{N} (L_{j,k} - \widetilde{L}_{j,k})I_k = \frac{2\lambda}{C_j}I_j \tag{6.2.42}$$

$$\sum_{k=1}^{N} (M_{j,k} - M_{j+1,k})I_k - \sum_{k=0}^{N-1} (M_{j,k+1} - M_{j+1,k+1})I_k + 2\sum_{k=1}^{N} (L_{j,k} - \widetilde{L}_{j,k})I_k = \frac{2\lambda}{C_j}I_j \tag{6.2.43}$$

写成矩阵的形式：

$$\boldsymbol{KI} = \lambda \boldsymbol{HI} \tag{6.2.44}$$

式中，$\boldsymbol{I}$ 表示电流的列向量，$\boldsymbol{I}=[I_1, I_2, \cdots, I_N]^{\mathrm{T}}$；$\boldsymbol{K}$、$\boldsymbol{H}$ 分别表示 $N \times N$ 的方阵。两方阵中的元素分别为

$$K_{j,k} = M_{j,k} - M_{j+1,k} - M_{j,k+1} + M_{j+1,k+1} + 2(L_{j,k} - \widetilde{L}_{j,k}) \tag{6.2.45}$$

$$H_{j,k} = 2\delta_{j,k}/C_j \tag{6.2.46}$$

式中，$\delta_{j,k}$为克罗内克 δ 函数，定义为：当 $j=k$ 时，$\delta_{j,k}=1$；当 $j \neq k$ 时，$\delta_{j,k}=0$。显然 $\boldsymbol{K}$ 是一个对称矩阵，而 $\boldsymbol{H}$ 则是一个对角矩阵。

对于式(6.2.44)要有非零解，则矩阵$[\boldsymbol{K}-\lambda\boldsymbol{H}]$必须为非满秩矩阵。有

$$\det[\boldsymbol{K} - \lambda \boldsymbol{H}] = 0 \tag{6.2.47}$$

显然，$m=1$ 时的解能够提供一个电流大小完美符合正弦或余弦关系的电流分布。因为，根据 6.1.1 节所述，这样的电流分布能够在线圈内产生一个非常均匀的横向磁场。

高场鸟笼线圈分析(波长大于 $\lambda/6$)不再适用于周期集总电路。

6.3　鸟笼线圈的屏蔽

射频线圈所产生的射频磁场 B_1 与主磁场 B_0 是垂直的，因此 B_1 场的场线很容易到达梯度线圈以及有源匀场线圈中去，交变的射频 B_1 场会在梯度线圈和匀场线圈中产生感应电流，这种情况下就增加了射频线圈的损耗，使得射频线圈的性能变差，从而影响图像的质量，甚至产生寄生共振，使得射频线圈的工作频率发生偏移，影响射频线圈的正常工作。因此需要对射频线圈进行射频屏蔽。

鸟笼线圈的屏蔽主要是在结构外加一个同心的圆柱筒屏蔽材料，减少或消除射频能量与梯度线圈以及匀场线圈之间的作用。

利用镜像法，鸟笼线圈外加屏蔽圆柱可以等效为如图 6.3.1 所示模型，导体圆柱筒内电流所产生的磁场分布可以等效为筒内电流与筒外镜像电流的共同作用效果，镜像与源分布在同一轴线上，其电流流向相反，镜像离中心的距离为[11]

$$R_{\mathrm{i}}=R_{\mathrm{s}}^2/R \tag{6.3.1}$$

式中，R_s 为屏蔽圆柱的半径；R 为鸟笼线圈的半径。

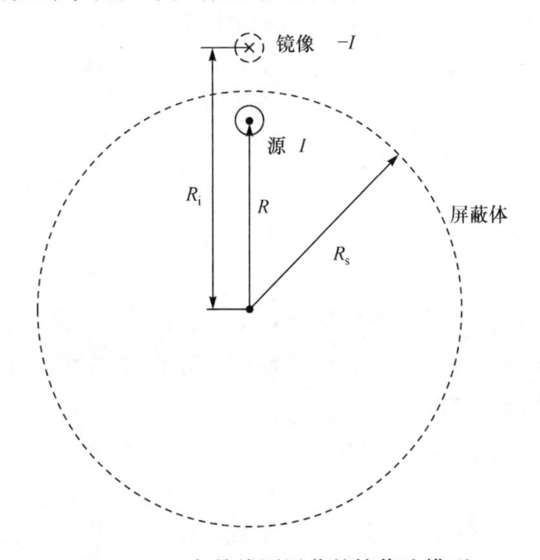

图 6.3.1　鸟笼线圈屏蔽的镜像法模型

6.4　鸟笼线圈的结构、导体、电容选择

6.4.1　鸟笼线圈的结构选择

低通鸟笼线圈各腿中的净电容值与高通鸟笼线圈各端环中的电容值有明显差

别。低通鸟笼中电容本质上是并联的，而高通鸟笼中电容本质上是串联的。因此低通鸟笼线圈各腿中净电容比高通鸟笼线圈端环中所用电容要小，通过低通鸟笼快速变化的射频磁通产生的最大电压必定由电流最大的两条腿中的电容承担，这两条腿中净电容必定小，因为只有鸟笼中总电流的一部分通过这两条腿。而在高通鸟笼中，有最大电流时端环电容承载一半总电流，只承载总电压的一部分。因此，需要注意，低通鸟笼腿中电容要有足够高的击穿电压，而高通鸟笼端环电容要有足够大的导电面积或功率容量。

6.4.2 鸟笼线圈腿及端环材料的选择

鸟笼线圈中构建端环和腿所用的导体，存在电感和电阻，这会影响鸟笼线圈的实际工作运行。其中，电阻会降低信号的信噪比(SNR)，因此需要选择合适的材料、形状、横截面来降低导体的电阻；电感是描述导体储存磁场能量的能力的参数，同电阻相似，电感也是由材料、横截面、形状等来决定(如 6.2 节中铜皮带的等效电感值计算)。

在设计鸟笼线圈时，除应该尽量降低导体电阻外，还需避免导体电感的过大或过小，要选择在一个合适的范围内。当导体电感过大时，对应选择的电容则小很多，将会造成大部分电压通过阻抗，射频能量发射时，产生大的电场，而这个大电场将会影响信号接收的噪声以及病人体内的能量沉积；当导体电感过小时，所需的电容会很大，在射频信号发射电路共振时产生相当大的能量损耗，这是因为对于特定的厂家生产的电容，电容器的级联会导致电容的等效串联电阻急速增加，这样就会增加电路共振时的损耗。因此，在鸟笼线圈的设计时要避免导体电感的过大和过小。

现有室温下的材料所具有的电导率排第一的是银，接着就是铜。银价格昂贵，且其力学性能不佳，所以，一般搭建鸟笼线圈采用的都是铜。在高频情况下，铜表面镀银是一个不错的选择。

6.4.3 匹配电容的选择

为了使鸟笼线圈获得最好的性能，需要谨慎地选择电容。在选择电容时，需要关心其数据手册中的一些关键参数，如 ESR(等效串联电阻)、电压额定值、电流额定值、温度系数、串联谐振频率等。ESR 参数应该尽可能小，有损耗的电容不仅会引进接收噪声，还会在高能量传输时发热。电容发热导致的温度上升对病人存在安全隐患，除此之外，若电容的温度系数不是足够低，还会导致射频线圈谐振频率的偏移，更甚者造成射频线圈无法正常工作。电容还需要有足够大的额定电压以防被射频信号击穿。因此，鸟笼线圈中的电容一般采用具有小正切损耗角、高温度稳定系数、高电介质强度的陶瓷电介质电容。

除了上面设计的电容参数外,电容的误差大小对鸟笼线圈也非常重要,因为非对称结构将会降低线圈正交性和磁场均匀性。但是也没有必要购买误差最小的昂贵电容,一般采用误差 1%的电容就够了,因为它不是完完全全的电容,相反电容之间的差别还能维持线圈的对称性。

射频线圈中使用贴片式电容比直插式电容具有更好的效果。后者具有导线引脚,能够更好地进行测量和焊接操作,但是它所引入的串联电感却不能被忽视,尤其是在频率高于 100MHz 时,并且直插式电容很难在设计线圈阶段建立模型和计算。如果用同样容值的直插式电容代替贴片电容会导致线圈在不同的频率谐振。

6.5　鸟笼线圈的调谐、匹配与正交驱动

6.5.1　鸟笼线圈的调谐

在鸟笼线圈装配好之后,为了使鸟笼线圈的谐振频率与目标谐振频率的差距在几个百分比以内,需要对线圈进行粗略的调谐。在调谐过程中,应该保持线圈的电气对称,例如,若一条腿上匹配的电容增大或减小,则所有腿都应该进行相同的改变。主要的粗调方法有:在线圈原有电容的位置处增加或者减小电容;在高通鸟笼线圈的腿上添加电容或在低通鸟笼线圈的端环上添加电容;通过移动端环调节鸟笼线圈腿的长度;通过焊接或剪切改变构成端环和腿的导线或铜皮条的宽度;改变射频线圈屏蔽罩的直径或位置。

经过粗调之后,由于鸟笼线圈的电气不对称或不平衡,鸟笼线圈在 $m=1$ 模式下的两个共振频率可能会分离开来。在忽略鸟笼线圈机械结构不对称的情况下,其主要的不平衡因素是电容误差造成的电容值不一致。

6.5.2　鸟笼线圈的匹配

鸟笼线圈的匹配需要和核磁共振系统使用的同轴电缆联系起来。因为早期的鸟笼线圈为了保持线圈的电气平衡,采用感性耦合的方式来激励线圈和接收信号,这样就可以给线圈和同轴电缆提供一个良好的电气隔离,但是这种情况下的射频能量传输效率就降低了,所以需要更强的射频信号,而这股信号的电流会影响鸟笼线圈的射频磁场均匀性。

6.5.3　正交驱动

对鸟笼线圈施加单个激励时,根据前面所述的鸟笼线圈中各条腿之间电流大小的关系,在鸟笼线圈区域内将会有一个线性极化磁场。根据电磁波的知识,一个线性极化场可以分解为两个反向的圆极化场,同理,一个圆极化场也可以分解为两

个线性极化场：

$$\boldsymbol{B}_1 = \boldsymbol{i}B_0\cos(\omega t) + \boldsymbol{j}B_0\sin(\omega t)$$

一个线极化场分解成的两个圆极化场，其中仅有一个圆极化场是对质子的自旋共振起作用的，另外一个圆极化场就相当于浪费了。为了避免这种浪费现象，可以采用正交激励的方式对鸟笼线圈进行激励，在两个相隔 90°的端环片段或腿上施加 90°相位差的信号(图 6.5.1)。正交激励产生的圆极化场相比单个激励产生的线性极化场，能够减少一半的射频能量需求，并且提高了$\sqrt{2}$倍的信噪比。

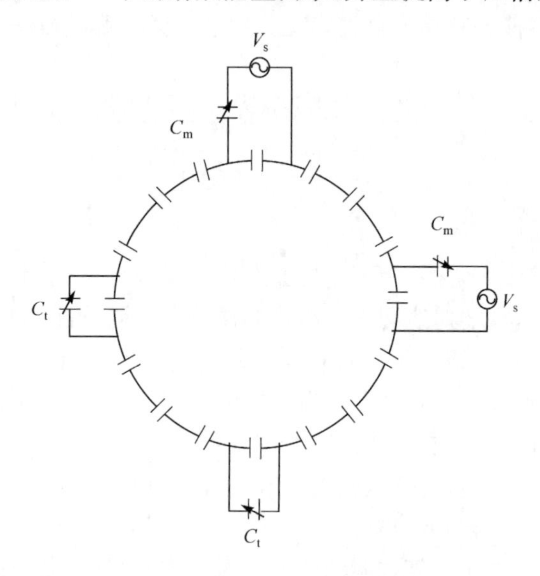

图 6.5.1 正交驱动示意图

参考文献

[1] Hayes C E, Edelstein W A, Schenck J F, et al. An efficient, highly homogeneous radiofrequency coil for whole-body NMR imaging at 1.5 T[J]. Journal of Magnetic Resonance, 1985, 63(3): 622-628.

[2] Wang C, Shen G X. B1 field, SAR, and SNR comparisons for birdcage, TEM, and microstrip coils at 7T[J]. Journal of Magnetic Resonance Imaging, 2006, 24(2): 439-443.

[3] Chin C L, Collins C M, Li S, et al. Birdcage builder: Design of specified-geometry birdcage coils with desired current pattern and resonant frequency[J]. Concepts in Magnetic Resonance Part A, 2002, 15(2): 156-163.

[4] Jin J. Electromagnetic Analysis and Design in Magnetic Resonance Imaging[M]. Boca Raton: CRC press, 1998.

[5] Hayes C E. Birdcage Resonators: Highly Homogeneous Radiofrequency Coils for Magnetic Resonance[M]. Hoboken: John Wiley & Sons. 2007.

[6] Mispelter J, Lupu M. Homogeneous resonators for magnetic resonance: A review[J]. Comptes Rendus Chimie, 2008, 11(4-5): 340-355.

[7] Grover F W. Inductance Calculations: Working Formulas and Tables[M]. New York: Courier Corporation, 2004.

[8] 俎栋林. 核磁共振成像仪:构造原理和物理设计[M]. 北京:科学出版社,2015.

[9] Pascone R J, Garcia B J, Fitzgerald T M, et al. Generalized electrical analysis of low-pass and high-pass birdcage resonators[J]. Magnetic Resonance Imaging, 1991, 9(3): 395-408.

[10] Tropp J. The theory of the bird-cage resonator[J]. Journal of Magnetic Resonance, 1989, 82(1): 51-62.

[11] Joseph P M, Lu D F. A technique for double resonant operation of birdcage imaging coils[J]. IEEE Transactions on Medical Imaging, 1989, 8(3): 286-294.

第 7 章　横电磁模谐振器设计方法

第 6 章详细介绍了鸟笼线圈的设计理论，但是随着频率的增高，鸟笼线圈逐渐显现出其不足之处。当频率达到 128MHz(3T)时，鸟笼线圈端环尺寸和射频信号波长很接近，这时在线圈内部无法形成均匀场，而且人体中水的相对介电常数约为 80，介质中的波长更短，使得射频磁场很不均匀，为了适应高场下的核磁共振，便发展了横电磁模(TEM)谐振器[1]。TEM 谐振器，或者称为 TEM 射频线圈，与鸟笼线圈最主要的区别就是圆柱形屏蔽结构，TEM 谐振器中外屏蔽可以看成是一个有源器件，为内部导体提供电流回路[2]。在鸟笼线圈中，屏蔽是一个独立的实体，与内部的谐振单元没有连接，只是起到反射线圈产生的磁场，减小辐射损耗的作用。正是由于 TEM 谐振器的这种屏蔽结构，整个谐振器可以看成是一个多导体的传输线(MTL)模型。与鸟笼线圈不同的是，TEM 谐振器中内部导体相邻的导线之间并没有连接，而是通过电容与外屏蔽导体直接相连。谐振模式的区分是通过电感性的内部导体之间的耦合实现的。由于所有导体通过可调电容与外部屏蔽导体相连，可以通过调节电容大小得到最均匀的磁场分布。

最早提出 TEM 谐振器结构的是 Roschmann[3] 和 Bridges[4]，随后出现了一系列的 TEM 谐振器的模型[5-8]，这些模型通常是以传输线理论为基础的。Vaughan[5]通过将谐振器视为终端连接电容的同轴电缆传输线的横截面模型来估计整个谐振器的谐振频率。Tropp[6]将 TEM 谐振器以集中参数模型进行分析，将中间导体看成是电感性元件，终端通过电容元件相连。用这种模型估计的所有共振模与实际测量的结果非常吻合，但是这些测量是在相对比较低的频率(143MHz)下进行的。Röschmann[7] 以简化的耦合传输线方程为基础改进了 TEM 谐振器模型，尤其是对谐振频率的估计会比较准确，但是需要其终端元件和整体结构完全对称。

Baertlein 等[8] 以多导体传输线理论为基础改进了谐振器模型，包括精确计算单位长度的参数矩阵、谐振频率和线圈内部的磁场分布。这种 TEM 线圈可以在线性激励和正交激励下建立模型，谐振频率的推算结果与全波时域有限差分法结果比较吻合。这种传输线模型适合研究空载情况下的 TEM 谐振器，但是不能估计线圈的品质因数，不过这不是一个问题，因为空载谐振器损耗主要是辐射引起的，而负载损耗主要在负载线圈中。此外，这种方法没有提供在 TEM 谐振器内有不同介质的情况。

随后，Bogdanov 和 Ludwig[9] 采用多导体传输线模型分析 TEM 谐振器，并将这种模型扩展到所有的可能性,最终应用于检测特殊动物的线圈中,如老鼠、猴子等,频率范围为200~300MHz。这种新型线圈利用一个塑料模型为支撑壳体,以微带线作为内部导体,整个微带线谐振器的设计较传统的TEM谐振器要便宜,而且效率也不低。与管状谐振器[5]不同,在微带线TEM谐振器中插入负载后,品质因数降低不大,这表明线圈损耗在有负载后是非常值得注意的。为了改进其性能,需要利用准确的计算模型对线圈进行优化。对于完整的多导体传输线模型将在下面进行详细阐述,包括以均匀介质和多种不同介质(塑料模型)作为生物负载。

利用多导体传输线模型可以有效地设计不带负载和带负载(在均匀介质内)的线圈。对于由生物组织负载引起的微小电扰动的补偿主要通过调节匹配网络和调谐电容的微调实现。事实上,认为就算明显地扰乱线圈分布电容和电感参数也不会明显改变填充系数,而且在活体研究中,对于屏蔽的带有负载的线圈,模型忽略的辐射效应一般不是损耗的主要来源。

多导体传输线模型没有模拟高频情况下生物组织负载中的非TEM磁场分布和涡流损耗。对于这种情况,需要使用全波模型,如时域有限差分(FDTD)法[10,11]。与FDTD模型相比,虽然MLT模型有点受限制,但是计算需求量比较少,可以作为一个设计线圈的工具选择适当的电容范围、微带宽度、模型尺寸和材料。本章主要以多导体传输线理论分析不同结构的TEM谐振器的组成结构、原理以及设计方法。

7.1　多导体传输线理论

7.1.1　多导体传输线方程

图7.1.1为三种不同的TEM谐振器结构,从左到右依次为同轴谐振器、同轴电缆谐振器和耦合微带线谐振器。从结构上讲,这三种谐振器都可以等效成多导体传输线的形式[5]。

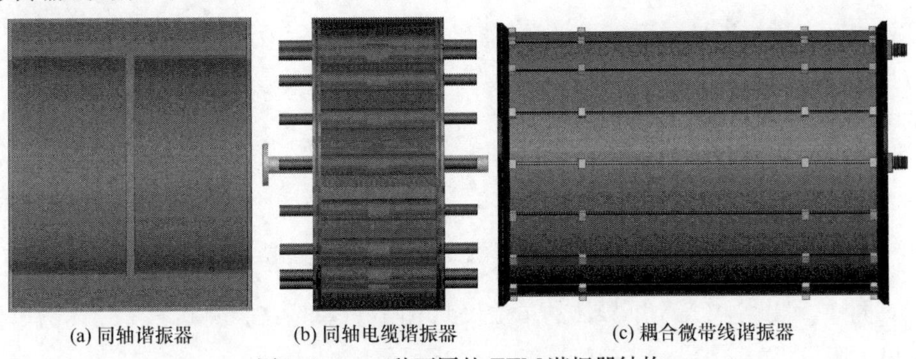

(a) 同轴谐振器　(b) 同轴电缆谐振器　(c) 耦合微带线谐振器

图7.1.1　三种不同的TEM谐振器结构

根据其对称性，实际上该多导体传输线模型为圆环形对称结构，不失一般性，先讨论任意情况分布的多导体传输线模型，假设传输线平行分布，由于所讨论的谐振线圈在目标区域内产生横电磁场，电场分量和磁场分量平行于 xoy 平面。因此，将导体轴向方向设为 z 轴，如图 7.1.2 所示，为 $n+1$ 个导体构成的传输线，其中 n 个导体为谐振单元导体，另一个为参考导体，或者说屏蔽导体[12]。

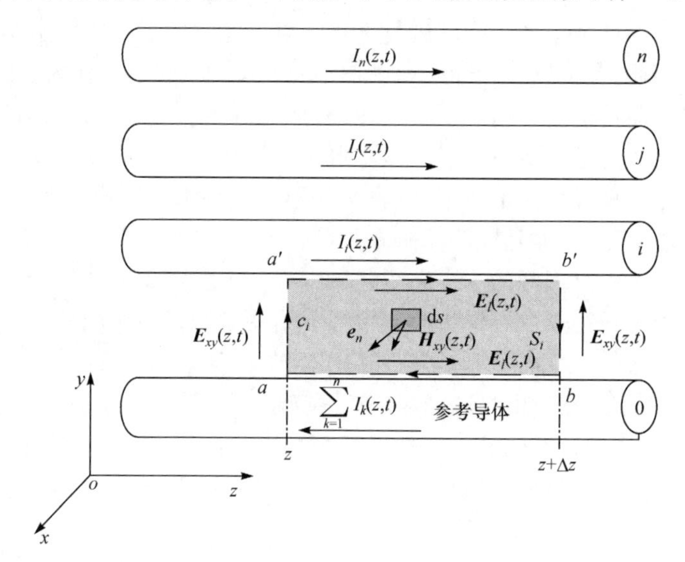

图 7.1.2　多导体传输线模型

根据图 7.1.2，在参考导体与第 i 个导体之间选取一段长度为 Δz 的微元，在这段微元内两导体围成的表面为 S_i，外围路径为 C_i，根据法拉第电磁感应定律，可得外围路径内产生的感应电动势：

$$\int_{a}^{a'} \boldsymbol{E}_{xy} \cdot \mathrm{d}\boldsymbol{l} + \int_{a'}^{b'} \boldsymbol{E}_{l} \cdot \mathrm{d}\boldsymbol{l} + \int_{b'}^{b} \boldsymbol{E}_{xy} \cdot \mathrm{d}\boldsymbol{l} + \int_{b}^{a} \boldsymbol{E}_{l} \cdot \mathrm{d}\boldsymbol{l} = \mu \frac{\mathrm{d}}{\mathrm{d}t} \int_{S_i} \boldsymbol{H}_{xy} \cdot \boldsymbol{e}_n \mathrm{d}s \tag{7.1.1}$$

式中，$\boldsymbol{E}_{xy}$ 表示位于平行于 xoy 平面的横向电场；$\boldsymbol{E}_l$ 表示沿着导体表面的电场，或 z 方向电场。根据 TEM 场结构的假设，可以唯一定义第 i 个导体与参考导体之间的电压：

$$V_i(z,t) = -\int_{a}^{a'} \boldsymbol{E}_{xy}(x,y,z,t) \cdot \mathrm{d}\boldsymbol{l} \tag{7.1.2}$$

$$V_i(z+\Delta z,t) = -\int_{b}^{b'} \boldsymbol{E}_{xy}(x,y,z+\Delta z,t) \cdot \mathrm{d}\boldsymbol{l} \tag{7.1.3}$$

同样，可以定义第 i 个导体的单位长度电阻 r_i（单位：Ω/m）和参考导体的单位长度电阻 r_0（单位：Ω/m）：

$$-\int_{a'}^{b'} \boldsymbol{E}_l \cdot \mathrm{d}\boldsymbol{l} = -r_i \Delta z I_i(z,t) \tag{7.1.4}$$

$$-\int_{b}^{a} \boldsymbol{E}_l \cdot \mathrm{d}\boldsymbol{l} = -r_0 \Delta z \sum_{k=1}^{n} I_k(z,t) \tag{7.1.5}$$

第 i 个导体的电流为

$$I_i(z,t) = \oint_{C_i'} \boldsymbol{H}_{xy} \cdot \mathrm{d}l' \tag{7.1.6}$$

其中，C_i'为围着第 i 个导体的路径。

将式(7.1.2)～式(7.1.5)代入式(7.1.1)中可得

$$-V_i(z,t) + r_i \Delta z I_i(z,t) + V_i(z+\Delta z,t) + r_0 \Delta z \sum_{k=1}^{n} I_k(z,t) = \mu \frac{\mathrm{d}}{\mathrm{d}t} \int_{S_i} \boldsymbol{H}_{xy} \cdot \boldsymbol{e}_n \mathrm{d}s \tag{7.1.7}$$

重新整理可得

$$\frac{V_i(z+\Delta z,t) - V_i(z,t)}{\Delta z} = r_i I_i(z,t) - r_0 \sum_{k=1}^{n} I_k(z,t) + \frac{\mu}{\Delta z} \frac{\mathrm{d}}{\mathrm{d}t} \int_{S_i} \boldsymbol{H}_{xy} \cdot \boldsymbol{e}_n \mathrm{d}s \tag{7.1.8}$$

那么穿过第 i 个导体与参考导体之间的表面 S_i 的单位长度磁通为

$$\boldsymbol{\Psi}_i = -\mu \lim_{\Delta z \to 0} \frac{1}{\Delta z} \int_{S_i} \boldsymbol{H}_{xy} \cdot \boldsymbol{e}_n \mathrm{d}s = \sum_{j=1}^{n} l_{ij} I_j \tag{7.1.9}$$

式中，l_{ij} 表示第 i 个导体和第 j 个导体单位长度的互感；l_{ii} 表示第 i 个导体的单位长度自感。

取式(7.1.8)中 $\Delta z \to 0$ 时的极限并结合式(7.1.9)可得

$$\frac{\partial V_i(z,t)}{\partial z} = r_i I_i(z,t) - r_0 \sum_{k=1}^{n} I_k(z,t) - \sum_{k=1}^{n} l_{ik} \frac{\partial I_k(z,t)}{\partial t} I \tag{7.1.10}$$

因此，每个导体的电压、电流均可写成上述形式，于是可以将其整合成矩阵形式：

$$\frac{\partial}{\partial z} \boldsymbol{V}(z,t) = -\boldsymbol{RI}(z,t) - \boldsymbol{L} \frac{\partial}{\partial t} \boldsymbol{I}(z,t) \tag{7.1.11}$$

式中，电压矩阵和电流矩阵定义为

$$\boldsymbol{V}(z,t) = \begin{bmatrix} V_1(z,t) \\ V_2(z,t) \\ \vdots \\ V_n(z,t) \end{bmatrix}, \quad \boldsymbol{I}(z,t) = \begin{bmatrix} I_1(z,t) \\ I_2(z,t) \\ \vdots \\ I_n(z,t) \end{bmatrix} \tag{7.1.12}$$

由式(7.1.9)可以定义单位长度的电感矩阵：

$$\boldsymbol{\Psi} = \boldsymbol{LI} \tag{7.1.13}$$

式中，$\boldsymbol{\Psi}$ 是一个 $n \times 1$ 的矩阵，它包含每个磁通 $\boldsymbol{\Psi}_i$（第 i 个导体与参考导体间表面 S_i 的磁通）：

$$\boldsymbol{\Psi}=\begin{bmatrix}\Psi_1\\ \Psi_2\\ \vdots\\ \Psi_n\end{bmatrix} \tag{7.1.14}$$

单位长度的电感 $\boldsymbol{L}$ 包含每个导体单位长度的自感和两个导体之间的单位长度互感，可以写成如下形式：

$$\boldsymbol{L}=\begin{bmatrix}l_{11} & l_{12} & \cdots & l_{1n}\\ l_{21} & l_{22} & \cdots & l_{2n}\\ \vdots & \vdots & & \vdots\\ l_{n1} & l_{n2} & \cdots & l_{nn}\end{bmatrix} \tag{7.1.15}$$

类似地，可以同样定义单位长度电阻矩阵：

$$\boldsymbol{R}=\begin{bmatrix}r_1+r_0 & r_0 & \cdots & r_0\\ r_0 & r_2+r_0 & \cdots & r_0\\ \vdots & \vdots & & \vdots\\ r_0 & r_0 & \cdots & r_n+r_0\end{bmatrix} \tag{7.1.16}$$

另外，如果在第 i 个导体周围选取一个闭合的表面 $\boldsymbol{S}'$，如图 7.1.3 所示，表面顶端记为 S_{e}'，侧面部分记为 S_{s}'，根据电流连续性方程可得

$$\iint_{S_{\mathrm{e}}'}\boldsymbol{J}_{\mathrm{c}}\cdot\mathrm{d}\boldsymbol{S}'=I_i(z+\Delta z,t)-I_i(z,t) \tag{7.1.17}$$

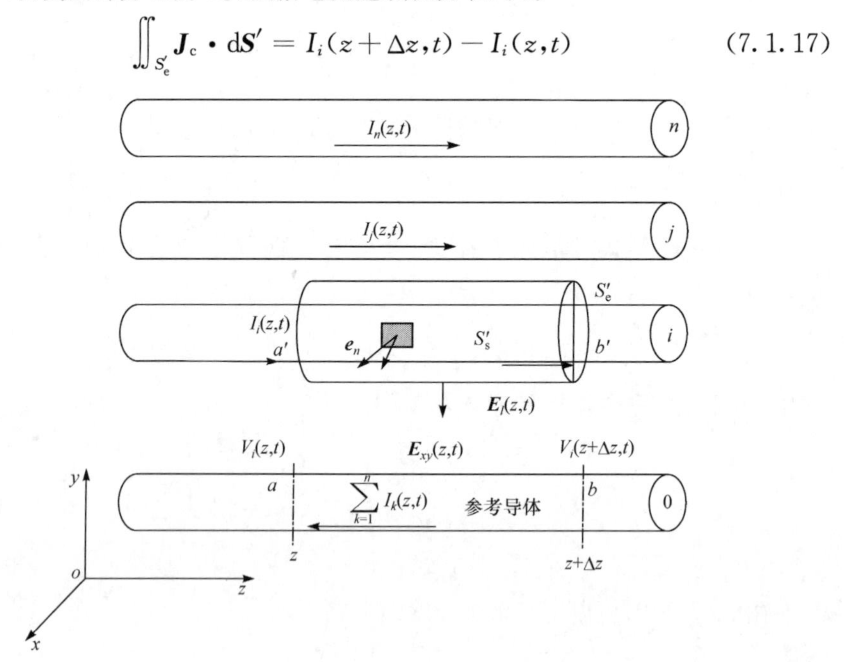

图 7.1.3　多导体传输线模型

简单起见,这里先讨论包围导体的介质为均匀介质的情况,关于不均匀介质可以通过类似的理论进行推广。假设均匀介质的电导率和介电常数分别为σ和ε,导体中的传导电流可以表示为

$$\iint_{S_s'} \boldsymbol{J}_c \cdot \mathrm{d}\boldsymbol{S}' = \sigma \iint_{S_s'} \boldsymbol{E}_{xy} \cdot \mathrm{d}\boldsymbol{S}' \tag{7.1.18}$$

设定第i个导体与第j个导体之间的电导为g_{ij}(单位:S/m),它表示横向平面上两个导体间流过的传导电流与导体间的电压之比:

$$\begin{aligned}\sigma \lim_{\Delta z\to 0}\frac{1}{\Delta z}\iint_{S_s'} \boldsymbol{E}_{xy}\cdot \mathrm{d}\boldsymbol{S}' &= g_{i1}(V_i - V_1) + \cdots + g_{ii}V_i + \cdots + g_{in}(V_i - V_n)\\ &= -\sum_{k=1,k\neq i}^{n} g_{ik}V_k(z,t) + \sum_{k=1}^{n} g_{ik}V_i(z,t)\end{aligned} \tag{7.1.19}$$

根据高斯定律,导体表面包围的电荷可以表示为

$$Q_{\mathrm{enc}} = \varepsilon \lim_{\Delta z\to 0}\frac{1}{\Delta z}\iint_{S_s'} \boldsymbol{E}_{xy}\,\mathrm{d}\boldsymbol{S}' \tag{7.1.20}$$

那么传输线单位长度的电荷可以根据每对导体间的单位长度电容c_{ij}定义:

$$\begin{aligned}\varepsilon \lim_{\Delta z\to 0}\frac{1}{\Delta z}\iint_{S_s'} \boldsymbol{E}_{xy}\cdot \mathrm{d}\boldsymbol{S}' &= c_{i1}(V_i - V_1) + \cdots + c_{ii}V_i + \cdots + c_{in}(V_i - V_n)\\ &= -\sum_{k=1,k\neq i}^{n} c_{ik}V_k(z,t) + \sum_{k=1}^{n} c_{ik}V_i(z,t)\end{aligned} \tag{7.1.21}$$

联立式(7.1.17)~式(7.1.21),并取$\Delta z\to 0$的极限,可得

$$\begin{aligned}\frac{\partial I_i(z,t)}{\partial z} &= g_{i1}(V_i - V_1) + \cdots + g_{ii}V_i + \cdots + g_{in}(V_i - V_n)\\ &\quad + c_{i1}\frac{\partial}{\partial t}(V_i - V_1) + \cdots + c_{ii}\frac{\partial}{\partial t}V_i + \cdots + c_{in}\frac{\partial}{\partial t}(V_i - V_n)\\ &= -\sum_{k=1,k\neq i}^{n} g_{ik}V_k(z,t) + \sum_{k=1}^{n} g_{ik}V_i(z,t) - \sum_{k=1,k\neq j}^{n} c_{ik}\frac{\partial}{\partial t}V_k(z,t)\\ &\quad + \sum_{k=1}^{n} c_{ik}\frac{\partial}{\partial t}V_i(z,t)\end{aligned} \tag{7.1.22}$$

与前文类似,将每个导体的电流方程按照式(7.1.22)列出,可以得到矩阵形式的方程:

$$\frac{\partial}{\partial z}\boldsymbol{I}(z,t) = -\boldsymbol{G}\boldsymbol{V}(z,t) - \boldsymbol{C}\frac{\partial}{\partial t}\boldsymbol{V}(z,t) \tag{7.1.23}$$

式中,电压矩阵和电流矩阵与式(7.1.12)相同,而单位长度的电导矩阵$\boldsymbol{G}$和电容矩阵$\boldsymbol{C}$可以根据式(7.1.19)和式(7.1.21)得到,分别表示为

$$\boldsymbol{G}=\begin{bmatrix}\sum_{k=1}^{n}g_{1k} & -g_{12} & \cdots & -g_{1n}\\ -g_{12} & \sum_{k=1}^{n}g_{2k} & \cdots & -g_{2n}\\ \vdots & \vdots & & \vdots\\ -g_{1n} & -g_{2n} & \cdots & \sum_{k=1}^{n}g_{nk}\end{bmatrix} \tag{7.1.24}$$

$$\boldsymbol{C}=\begin{bmatrix}\sum_{k=1}^{n}c_{1k} & -c_{12} & \cdots & -c_{1n}\\ -c_{12} & \sum_{k=1}^{n}c_{2k} & \cdots & -c_{2n}\\ \vdots & \vdots & & \vdots\\ -c_{1n} & -c_{2n} & \cdots & \sum_{k=1}^{n}c_{nk}\end{bmatrix} \tag{7.1.25}$$

如果将第 i 个导体上单位长度的总电荷表示为 q_i，则电容矩阵 $\boldsymbol{C}$ 满足

$$\boldsymbol{Q}=\boldsymbol{CV} \tag{7.1.26}$$

$\boldsymbol{Q}$ 为每个导体单位长度电荷组成的列向量。类似地，可以得到电导矩阵满足的表达式：

$$\boldsymbol{I}_{\mathrm{t}}=\boldsymbol{GV} \tag{7.1.27}$$

式中，$\boldsymbol{I}_{\mathrm{t}}$ 为全部导体单位长度上流过的横向传导电流。

为了能够在 TEM 谐振器的目标区域内获得所需要的磁场分布，必须控制每个谐振单元中的电流分布，因此如何求解传输线方程是关键。多导体传输线方程为式(7.1.11)和式(7.1.23)所表示的一阶偏微分方程组，该方程组中单位长度的电阻矩阵 $\boldsymbol{R}$、电感矩阵 $\boldsymbol{L}$、电容矩阵 $\boldsymbol{C}$ 和电导矩阵 $\boldsymbol{G}$ 是反映多导体传输线结构特性的参数，对于导体中的电压电流分布至关重要，而对于特定的传输线结构，可以通过计算得到各个参数矩阵，计算方法将在 7.1.2 小节进行详细阐述。

针对式(7.1.11)和式(7.1.23)所示的传输线方程特点，将其简化为矩阵形式：

$$\frac{\partial}{\partial z}\begin{bmatrix}\boldsymbol{V}(z,t)\\ \boldsymbol{I}(z,t)\end{bmatrix}=-\begin{bmatrix}\boldsymbol{0} & \boldsymbol{R}\\ \boldsymbol{G} & \boldsymbol{0}\end{bmatrix}\begin{bmatrix}\boldsymbol{V}(z,t)\\ \boldsymbol{I}(z,t)\end{bmatrix}-\begin{bmatrix}\boldsymbol{0} & \boldsymbol{L}\\ \boldsymbol{C} & \boldsymbol{0}\end{bmatrix}\frac{\partial}{\partial t}\begin{bmatrix}\boldsymbol{V}(z,t)\\ \boldsymbol{I}(z,t)\end{bmatrix} \tag{7.1.28}$$

从表达式上看，发现式(7.1.11)和式(7.1.23)表示的传输线方程组是具有非常强的耦合性的，为了将方程组解耦简化传输线方程的求解，分别对式(7.1.11)关于 z 求偏导，对式(7.1.23)关于 t 求偏导，得到新的方程组：

$$\begin{aligned}&\frac{\partial^2}{\partial z^2}\boldsymbol{V}(z,t)=-\boldsymbol{R}\frac{\partial}{\partial z}\boldsymbol{I}(z,t)-\boldsymbol{L}\frac{\partial}{\partial t\partial z}\boldsymbol{I}(z,t)\\&\frac{\partial}{\partial t\partial z}\boldsymbol{I}(z,t)=-\boldsymbol{G}\frac{\partial}{\partial t}\boldsymbol{V}(z,t)-\boldsymbol{C}\frac{\partial}{\partial^2 t}\boldsymbol{V}(z,t)\end{aligned}\tag{7.1.29}$$

结合式(7.1.11)、式(7.1.23)、式(7.1.28)和式(7.1.29)可以将整个传输线方程组解耦：

$$\begin{aligned}&\frac{\partial^2}{\partial z^2}\boldsymbol{V}(z,t)=[\boldsymbol{RG}]\boldsymbol{V}(z,t)+[\boldsymbol{RC}+\boldsymbol{LG}]\frac{\partial}{\partial z}\boldsymbol{V}(z,t)+\boldsymbol{LC}\frac{\partial^2}{\partial^2 t}\boldsymbol{V}(z,t)\\&\frac{\partial^2}{\partial z^2}\boldsymbol{I}(z,t)=[\boldsymbol{GR}]\boldsymbol{I}(z,t)+[\boldsymbol{CR}+\boldsymbol{GL}]\frac{\partial}{\partial t}\boldsymbol{I}(z,t)+\boldsymbol{CL}\frac{\partial^2}{\partial^2 t}\boldsymbol{V}(z,t)\end{aligned}\tag{7.1.30}$$

这时，如果给定传输线的结构特征，可以求得传输线的参数，代入式(7.1.30)便可以得到导体中的电流和电压分布，进而得到目标区域内的磁场分布情况。

7.1.2　多导体传输线单位长度参数

如果要确定传输线的电压和电流，单位长度电感、电阻、电容和电导等参数必不可少。对于所要研究的传输线，其单位长度的参数矩阵通常是和频率相关的，对于非理想导体，由于集肤效应的存在，随着频率的增加，电流将趋向于在导体表面流动，使导体的电阻增大了。另外，空间相近的导体间，邻近效应的存在使导体中的电流在横截面上分布不均匀。由于电流分布随着频率的改变而改变，因此同样会改变导体的电感矩阵，而且电介质中束缚电荷排列的不完整将产生损耗，使电导矩阵也会随着频率而变化。

前面介绍了单位长度参数矩阵的基本定义，这些单位长度参数矩阵是在静电场的横向平面上根据理想导体传输线的解来确定的，实际上对于多导体传输线而言，一般很少能够获得闭式解，通常采用的是以数值计算方法来近似计算参数矩阵的值。

单位长度电感矩阵 $\boldsymbol{L}$ 中的元素与穿过传输线第 i 个导体单位长度的总磁通和导体中电流关系表示为[12]

$$\begin{bmatrix}\Psi_1\\\Psi_2\\\vdots\\\Psi_n\end{bmatrix}=\boldsymbol{LI}=\begin{bmatrix}l_{11}&l_{12}&\cdots&l_{1n}\\l_{21}&l_{22}&\cdots&l_{2n}\\\vdots&\vdots&&\vdots\\l_{n1}&l_{n2}&\cdots&l_{nn}\end{bmatrix}\begin{bmatrix}I_1\\I_2\\\vdots\\I_n\end{bmatrix}\tag{7.1.31}$$

则对于矩阵 $\boldsymbol{L}$ 中的元素，可以得到如下关系：

$$
\begin{aligned}
l_{ii} &= \left.\frac{\Psi_i}{I_i}\right|_{I_1=\cdots=I_{i-1}=I_{i+1}=\cdots=I_n=0} \\
l_{ij} &= \left.\frac{\Psi_i}{I_j}\right|_{I_1=\cdots=I_{j-1}=I_{j+1}=\cdots=I_n=0}
\end{aligned}
\tag{7.1.32}
$$

式中，l_{ii} 为第 i 个导体的自感；l_{ij} 为第 i 个导体和第 j 个导体的互感。

单位长度电容矩阵 $\boldsymbol{C}$ 中的元素与第 i 个导体上单位长度的总电荷和所有产生该电荷的导体上的电压关系为

$$
\begin{bmatrix} q_1 \\ q_2 \\ \vdots \\ q_n \end{bmatrix} = \boldsymbol{CV} = \begin{bmatrix} \sum_{k=1}^{n} c_{1k} & -c_{12} & \cdots & -c_{1n} \\ -c_{12} & \sum_{k=1}^{n} c_{2k} & \cdots & -c_{2n} \\ \vdots & \vdots & & \vdots \\ -c_{1n} & -c_{2n} & \cdots & \sum_{k=1}^{n} c_{nk} \end{bmatrix} \begin{bmatrix} V_1 \\ V_2 \\ \vdots \\ V_n \end{bmatrix}
\tag{7.1.33}
$$

定义矩阵 $\boldsymbol{C}$ 中第 i 行第 j 列的元素为 C_{ij}，那么可以得到矩阵 $\boldsymbol{C}$ 的计算方式：

$$
\begin{aligned}
C_{ii} &= \left.\frac{q_i}{V_i}\right|_{V_1=\cdots=V_{i-1}=V_{i+1}=\cdots=V_n=0} \\
C_{ij} &= \left.\frac{q_i}{V_j}\right|_{V_1=\cdots=V_{j-1}=V_{j+1}=\cdots=V_n=0}
\end{aligned}
\tag{7.1.34}
$$

式(7.1.34)实际上是将式(7.1.33)视为 n 端口网络端口的参数关系，令所有电压除第 j 个导体的电压 V_j 均为0，通过计算第 i 个导体上的电荷 q_i，则可以得到电容矩阵的元素 C_{ij}。

另外，对于求解电容矩阵，也可以假设第 j 个导体上的单位长度电荷 q_j，其他导体上电荷为0，然后计算第 i 个导体上的电压，则

$$
\begin{bmatrix} V_1 \\ V_2 \\ \vdots \\ V_n \end{bmatrix} = \begin{bmatrix} p_{11} & p_{12} & \cdots & p_{1n} \\ p_{21} & p_{22} & \cdots & p_{2n} \\ \vdots & \vdots & & \vdots \\ p_{n1} & p_{n2} & \cdots & p_{nn} \end{bmatrix} \begin{bmatrix} q_1 \\ q_2 \\ \vdots \\ q_n \end{bmatrix}
\tag{7.1.35}
$$

那么 $\boldsymbol{C}=\boldsymbol{P}^{-1}$，矩阵 $\boldsymbol{P}$ 中各元素与电压电荷的关系为

$$
\begin{aligned}
p_{ii} &= \left.\frac{V_i}{q_i}\right|_{q_1=\cdots=q_{i-1}=q_{i+1}=\cdots=q_n=0} \\
p_{ij} &= \left.\frac{V_i}{q_j}\right|_{q_1=\cdots=q_{j-1}=q_{j+1}=\cdots=q_n=0}
\end{aligned}
\tag{7.1.36}
$$

与上述方法类似，可以获得单位长度电导矩阵与通过单位长度导体间的总横

向传导电流和所有产生该电流的导体上的电压关系为

$$\begin{bmatrix} I_{t1} \\ I_{t2} \\ \vdots \\ I_{tn} \end{bmatrix} = \boldsymbol{GV} = \begin{bmatrix} \sum_{k=1}^{n} g_{1k} & -g_{12} & \cdots & -g_{1n} \\ -g_{12} & \sum_{k=1}^{n} g_{2k} & \cdots & -g_{2n} \\ \vdots & \vdots & & \vdots \\ -g_{1n} & -g_{2n} & \cdots & \sum_{k=1}^{n} g_{nk} \end{bmatrix} \begin{bmatrix} V_1 \\ V_2 \\ \vdots \\ V_n \end{bmatrix} \tag{7.1.37}$$

电导矩阵 $\boldsymbol{G}$ 中个元素的求解过程为

$$\begin{aligned} G_{ii} &= \left.\frac{I_{ti}}{V_i}\right|_{V_1=\cdots=V_{i-1}=V_{i+1}=\cdots=V_n=0} \\ G_{ij} &= \left.\frac{I_{ti}}{V_j}\right|_{V_1=\cdots=V_{j-1}=V_{j+1}=\cdots=V_n=0} \end{aligned} \tag{7.1.38}$$

对于无损导线，均匀介质的情形，单位长度参数矩阵满足

$$\begin{aligned} \boldsymbol{LC} &= \boldsymbol{CL} = \mu\varepsilon \boldsymbol{1}_n \\ \boldsymbol{LG} &= \boldsymbol{GL} = \mu\sigma \boldsymbol{1}_n \end{aligned} \tag{7.1.39}$$

式中，$\boldsymbol{1}_n$ 为 n 阶单位方阵。

那么从式(7.1.39)可知，对于无损导线，均匀介质，要获得整个传输线的参数矩阵，只需要得到一个参数矩阵就可以，假设先获得了电容矩阵 $\boldsymbol{C}$，则其他参数矩阵为

$$\begin{aligned} \boldsymbol{L} &= \mu\varepsilon \boldsymbol{C}^{-1} \\ \boldsymbol{G} &= \frac{\sigma}{\varepsilon} \boldsymbol{C} \end{aligned} \tag{7.1.40}$$

得到传输线的参数矩阵后，根据传输线方程便可以求解出各个导体中的电流电压分布情况，再根据电流分布情况判断目标区域内的磁场分布规律，评估谐振器的性能。这里所讨论的是将谐振单元导体作为无损导体考虑的，而实际上导体具有电阻，关于有损导线的求解将会在后续谐振器的设计过程中穿插进行分析。

7.2　同轴空腔谐振器

7.2.1　同轴空腔谐振器的传输线模型

鉴于集中参数元件线圈电路中的电抗部分是离散的电感 L 和电容 C（图 7.2.1(a)，图 7.2.1(b)），分布参数线圈电路中的电抗部分是传输线单元 l

(图 7.2.1(c),7.2.1(d)),导体腔可以按照传输线形式建立模型[13](图 7.2.2)。因此,根据 R、L、C 和输入阻抗 Z_{in} 和输入导纳 Y_{in},则电流阻抗与导纳为

$$Z_{in}=R+i\left(\frac{\omega L-1}{\omega C}\right) \tag{7.2.1}$$

$$Y_{in}=i\omega C+\frac{1}{R+i\omega L} \tag{7.2.2}$$

每个电路的共振频率均为

$$f=\frac{\omega}{2\pi}=\frac{1}{2\pi\sqrt{LC}} \tag{7.2.3}$$

用传输线理论来列出 TEM 电路中类似的方程[14-16]。对于电压 V、电流 I、沿着传输线变化的角频率 ω,输入阻抗可表示为

$$Z_{in}=\frac{V}{I}=\frac{V_1 e^{-\gamma z}+V_2 e^{\gamma z}}{I_1 e^{-\gamma z}+I_2 e^{\gamma z}} \tag{7.2.4}$$

$$\gamma=\alpha+i\beta=\sqrt{(R+i\omega L)(G+i\omega C)} \tag{7.2.5}$$

参数 G 为电导,$1/\Omega$ 为传输线介电层。相量 V_1 和 I_1 传输方向沿着 z 正方向,V_2 和 I_2 的传输方向沿着 z 负方向。传播常数 γ 是由衰减常数 α(单位:Np/m)和相位常数 $\beta=2\pi/\lambda$(单位:rad/m)合成的复数。当没有反射波时,线路的特征阻抗为

$$Z_0=\frac{V_1}{I_1}=\frac{R+i\omega L}{\alpha+i\beta}=\sqrt{\frac{R+i\omega L}{G+i\omega C}}=R_0+iX_0 \tag{7.2.6}$$

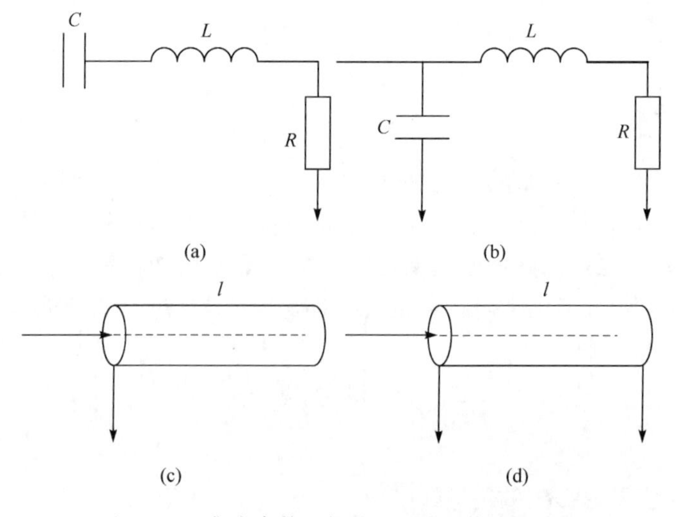

图 7.2.1 集中参数元件谐振电路和传输线比较

串联谐振(图 7.2.1(a))和并联谐振(图 7.2.1(b))的集中参数元件电路分别

类似于终端开路(图 7.2.1(c))和终端短路(图 7.2.1(d))的四分之一波长电路。在高频线圈电路中,可以用分布的导线单元代替离散的电感和电容,包括欧姆损耗 R。

同轴空腔谐振器类似于同轴电缆在端部短接,中间通过电容相连。谐振器尺寸为:外径 $2b_c$,内径 $2a_c$,长度 $2l$。图 7.2.2(b)是图 7.2.2(a)的轴向中心横截面。Z_{inc} 为从短路的同轴电缆中间看进去的输入阻抗。

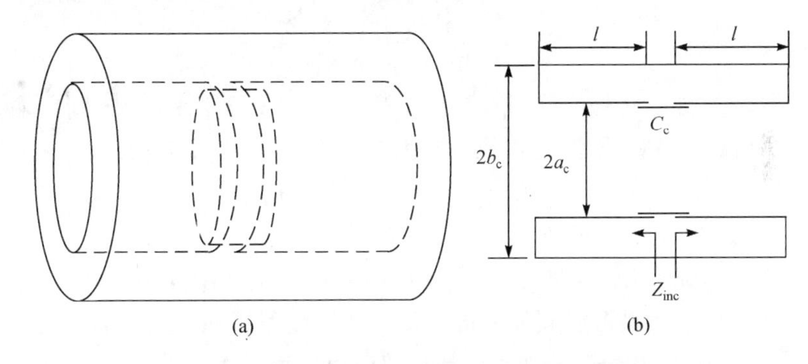

图 7.2.2　用于高频体线圈的同轴空腔谐振器

对于高频率、低损耗、谐振的导线,当 $\omega L \gg R$ 和 $\omega C \gg G$ 时,电抗 $X_0=0$

$$Z_0=\sqrt{\frac{L}{C}}, \quad \alpha \approx \frac{R}{2Z_0}+\frac{GZ_0}{2}, \quad v=\frac{\omega}{\beta}=\frac{1}{\sqrt{LC}} \tag{7.2.7}$$

在以空气为介质的传输线中,相速 $v=3.0\times10^8$ m/s,等于自由空间中的光速。无损同轴传输线的特征阻抗可以用外导体的内径 $2b$、内导体的外径 $2a$ 和两个导体间的材料的介电常数 ε 表示:

$$Z_0=\sqrt{\frac{L}{C}}=\frac{\eta}{2\pi}\ln\left(\frac{b}{a}\right), \quad \eta=\sqrt{\mu/\varepsilon} \tag{7.2.8}$$

同轴电缆的本征 TEM 波阻抗为 η,磁导率 μ 接近自由空间中的磁导率 $\mu_0=4\pi\times10^{-7}$(单位:H/m),介电常数 ε 等于空气的介电常数 $\varepsilon_0=8.854\times10^{-12}$(单位:F/m)。负载为 Z_L,长度为 l 的一般传输线的输入阻抗为

$$Z_{in}=\frac{Z_T+Z_0\tanh[(\alpha+i\beta)l]}{1+\dfrac{Z_T}{Z_0}\tanh[(\alpha+i\beta)l]} \tag{7.2.9}$$

当 $Z_T=\infty$ 时,一般开路传输线的输入阻抗变成:

$$Z_{in}=Z_0\coth[(\alpha+i\beta)l] \tag{7.2.10}$$

开路的四分之一波长的线路如图 7.2.1(c)所示,与串联谐振电路(图 7.2.1(a))类似。当 $\alpha=0$ 时,无损传输线开路的输入阻抗为

$$Z_{in}=-iZ_0\cot(\beta l) \tag{7.2.11}$$

当 $Z_T=0$ 时,传输线终端短路的输入阻抗为

$$Z_{in}=Z_0\tanh[(\alpha+i\beta)l] \tag{7.2.12}$$

短路的四分之一波长传输线如图 7.2.1(d)所示,与图 7.2.1(b)所示的并联谐振电路类似。当 $\alpha=0$ 时,无损传输线的短路输入阻抗为

$$Z_{in}=Z_0\tanh(i\beta l) \tag{7.2.13}$$

根据标准恒等式将式(7.2.12)展开为

$$Z_{in}=\frac{Z_0[\mathrm{sh}(2\alpha l)+i\sin(2\beta l)]}{\mathrm{ch}(2\alpha l)+\cos(2\beta l)} \tag{7.2.14}$$

假设 z_0 是实数,如果传输线在所有频率下满足 $\beta l=n\pi/2$,n 为整数,则传输线的输入阻抗为实数。短路或开路传输线的共振频率为

$$f_r=\frac{\omega_r}{2\pi}=\frac{\beta v}{2\pi}=\frac{nv}{4l}=\frac{n}{4l\sqrt{LC}},\quad n\text{ 为整数} \tag{7.2.15}$$

四分之一波长终端短路(开路)传输线($n=1$ 时)的共振频率降为式(7.2.3)所示的结果,其中 L 和 C 为谐振线圈的电抗参数。如果线路损耗完全由 R 产生($G=0$),低损耗线的谐振品质因数 Q_r 在开路或短路时可以表示为

$$Q_r=\frac{\beta}{2\alpha}=\frac{\omega_r L}{R} \tag{7.2.16}$$

7.2.2 同轴空腔谐振器的传输线参数

横电磁模空腔体线圈可以看成是凹形的空腔,类似于调速管和微波三极管[14]。利用传输线理论,可以得到空腔谐振器的分布式阻抗参数 R、L、C,TEM 模谐振基波频率和谐振品质因数 Q。该空腔谐振器与两端短路、中间连接电容的同轴电缆相似。每个无损、短路同轴空腔谐振器的输入阻抗可以由式(7.2.12)得出,这种同轴空腔谐振器的特征阻抗可由式(7.2.8)得到。对于一个同轴空腔谐振器,外径为 b_c,内径为 a_c,其特征阻抗为

$$Z_{0c}=\frac{\eta_0}{2\pi}\ln\frac{b_c}{a_c} \tag{7.2.17}$$

输入阻抗:

$$Z_{inc}=Z_{0c}\tanh[(\alpha_c+i\beta_c)l],\quad \alpha_c\approx\frac{R_c}{2Z_{0c}} \tag{7.2.18}$$

当 $\alpha=0$ 时,有

$$Z_{inc}=Z_{0c}\tan(\beta_c l) \tag{7.2.19}$$

如果 $Z_{inc}=X_{inc}$,空腔谐振器的分布式电感 L_c 为

$$L_c=\frac{2X_{inc}}{\omega}=2Z_{0c}\frac{\tanh[(\alpha_c+i\beta_c)l]}{\omega} \tag{7.2.20}$$

无损情况下，式(7.2.20)可以近似为

$$L_c = 2Z_{0c}\frac{\tanh[(\mathrm{i}\beta_c)l]}{\omega} \approx 2Z_{0c}\frac{l}{v_0} \tag{7.2.21}$$

与包围相同体积的集中参数线圈电路相比，同轴空腔谐振器的电感 L_c 大大减小了。中间间隙中串联电容使同轴空腔谐振器在设计频率下谐振，所需要的电容为

$$C_c = \frac{1}{2\omega X_{\mathrm{inc}}} = \frac{Z_0}{2\omega}\tanh[(\alpha_c + \mathrm{i}\beta_c)l] \tag{7.2.22}$$

无损情况下，近似为

$$C_c = \frac{1}{2\omega Z_0 \tan(\beta_0 l)} \tag{7.2.23}$$

中心导体间隙处的电容可以由集中参数电路求解或图 7.2.2 所示的电容性的环得到。同轴空腔谐振器内外导体间的杂散电容 C_s 会贡献一部分到 C_c 中，C_s 基本上限制了空腔谐振器的自谐振频率，自谐振频率大大高于同体积的集中参数元件线圈，例如，头部大小的同轴空腔谐振器线圈的谐振频率高于 500MHz。无损同轴空腔谐振器的杂散电容近似于

$$C_s = \frac{\pi\varepsilon l}{\ln(a/b)} \tag{7.2.24}$$

空腔谐振器的 TEM 模谐振基波频率 f_0 可由式(7.2.3)和式(7.2.15)得出：

$$f_0 = \frac{1}{2\pi\sqrt{L_c C_c}} \tag{7.2.25}$$

空腔谐振器的串联电阻 R_c 可以由与频率相关的表面电阻 R_s 表示：

$$R_c = \frac{R_s}{2\pi}\left(\frac{1}{a_c} + \frac{1}{b_c}\right) \cdot 2l \tag{7.2.26}$$

式中

$$R_s = \sqrt{\frac{\omega\mu_0}{2\delta}} = \frac{1}{\sigma\delta}, \quad \delta = \frac{1}{\sqrt{\pi f \mu\sigma}} \tag{7.2.27}$$

电流密度的集肤深度 δ 在良好导体(电导率 $\sigma = 6\times10^7$ S/m)下是非常小的，为了减小电阻，则需要空腔谐振器具有很大的表面积。例如，100MHz 下铜的集肤深度为 0.0066mm。由于高频下集肤深度小，因此可以使用很薄的或者表面镀层的金属，能够充分引导射频电流和磁场，但是，对于低频情况的涡流(如核磁共振成像应用中，梯度磁场切换时引起的涡流)，屏蔽效果减弱了。这种高谐振品质因数的特征根据式(7.2.16)可得

$$Q_{rc} = \frac{\beta_c}{2a_c} = \frac{2\pi f_0 L_c}{R_c} = \frac{2\pi f_0 Z_0}{R_c v_c} \tag{7.2.28}$$

理论上，当 b/a 为 3.6 时，TEM 模品质因数能够达到最佳，但是这种用于头部

和身体测量线圈结构不容易实现。按照实际要求制作的线圈，其空载品质因数能达到高于1000的水平。同轴空腔谐振器具有降低电感、减小电阻、提高频率、高品质因数、自屏蔽等优点。

7.3 同轴电缆谐振器

7.3.1 同轴电缆谐振器的传输线模型

为了使TEM模电磁场能够在同轴空腔谐振器中传播，空心导体(电容性圆柱凹型腔)必须开缝[17]。未屏蔽的集中参数元件电容或连接腔体中心导体的电容性平板大量存储于这些电容中的电场。未确定的杂散电场，对于线圈的调谐、匹配、相位稳定性和效率都有不利的影响，采用图7.3.1所示的管状屏蔽的同轴电缆元件可以有效解决这个问题[3]。由于TEM谐振器产生的电场很大程度上被束缚在介质区域内，介质区域位于同轴单元外导体与可插入的中心导体之间(图7.3.1(b))。同轴谐振单元与一对终端开路的同轴电缆相似，该同轴电缆通过外部导体相连。对于基本的TEM模谐振，每对镜像对称的同轴电缆单元与空腔谐振器是串联谐振的。电流波形的峰值集中于这些平衡单元中，产生横贯调谐空腔谐振器的虚拟接地平面。因此，在位于空腔谐振器中心的目标区域内产生最大横向的磁场和最小的电场。这种谐振器是通过调节每个线单元的电抗(L和C)使TEM谐振器的谐振频率达到目标给定的频率。粗调是调节每个单元和空腔谐振器的空间尺寸，微调则是通过调节中间导体的缝隙来完成的。这种传输线单元调谐的同轴空腔谐振器是用于核磁共振成像的高频率、大尺寸体线圈的基础，被称为“调谐TEM谐振器”。

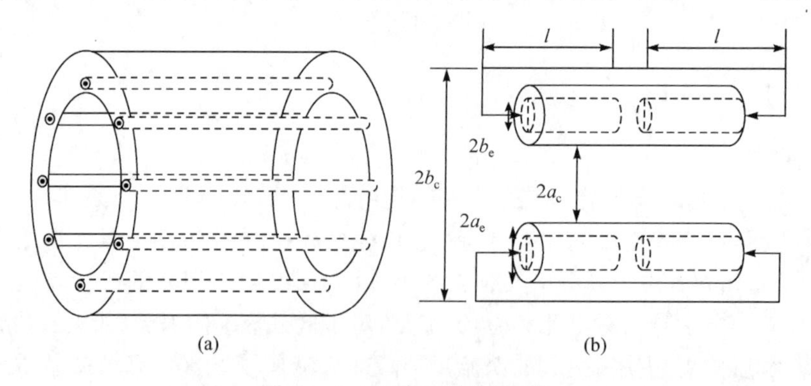

图7.3.1 调谐TEM谐振器

观察谐振器的边缘可以发现，开放的同轴半单元的阻抗可以根据式(7.2.10)得到，其特征阻抗可以由式(7.2.8)得到。当输入阻抗$Z_{in}=Z_{ine}$，特征阻抗$Z_0=Z_{0e}$

时，连接每对同轴调谐单元的分布式电容 C_e 为

$$C_e=\frac{1}{2\omega X_{ine}}=\frac{1}{2Z_{0e}\coth(\alpha_e+i\beta_e)l} \tag{7.3.1}$$

通过 N 个开放的长度为 $2l$ 的传输线单元实现同轴电缆谐振器的调谐。平分的中心导体通过空腔连接在一起，图 7.3.1(b)为其剖面图。调谐单元中，通过变化中心导体的插入深度可以实现空腔谐振器的调谐。

等式(7.3.1)中，系数 2 的出现是因为单元的几何结构是电容性串联的。每个谐振单元的分布电容可以根据式(7.2.11)计算得到：

$$C_e=\frac{\tan\beta_e l}{2\omega Z_{0e}}\approx\frac{l}{2Z_{0e}v}=\frac{\pi\varepsilon_e l}{\ln(b_e/a_e)} \tag{7.3.2}$$

通过选择适当的中心导体的半径 a_e、外导体半径 b_e 和同轴空腔谐振器调谐单元长度 $2l$，构造得到目标所需的电容 C_e。谐振单元中的介质材料不是空气，因此 $\varepsilon_e=\varepsilon_r\varepsilon_0$，其中，介质的相对介电常数 $\varepsilon_r=2$。从空腔谐振器的中心来看，每对同轴谐振单元的分布电感 L_e 可以类似地根据式(7.2.20)和式(7.2.21)得到：

$$L_e=\frac{2X_{ine}}{\omega}\approx\frac{2Z_{0e}l_e}{v}=2l_eZ_{0e}\sqrt{\mu_0\varepsilon_e} \tag{7.3.3}$$

根据式(7.2.26)，每个单元中的电阻为

$$R_e=\frac{1}{2\pi\delta\sigma}\left(\frac{1}{a_e}+\frac{1}{b_e}\right)2l \tag{7.3.4}$$

具有 N 个单元的调谐 TEM 谐振器的总体电感 L_t，电容 C_t 和电阻 R_t 分别为

$$L_t\approx L_c+\frac{L_e}{N} \tag{7.3.5}$$

$$C_t=NC_e \tag{7.3.6}$$

$$R_t\approx R_c+\frac{R_e}{N} \tag{7.3.7}$$

在上述近似的电感和电容中，并没有考虑 TEM 谐振器结构中少量的互感和杂散电容。通过式(7.2.3)、式(7.2.15)、式(7.3.5)、式(7.3.6)可以得到调谐 TEM 谐振器的 TEM 模谐振基频：

$$f_{0t}=\frac{1}{2\pi\sqrt{L_tC_t}} \tag{7.3.8}$$

TEM 谐振器的品质因数可以根据式(7.2.16)、式(7.3.5)、式(7.3.7)求得

$$Q_t\approx\frac{2\pi f_0L_t}{R_t} \tag{7.3.9}$$

当耦合电感或电容匹配到接收网络时，带负载的 TEM 谐振器的品质因数变为 $Q/2$。

7.3.2　同轴电缆谐振器模式

同轴电缆谐振器由于可以通过调节内芯导体之间的间隙来调节谐振频率，称为调谐谐振器，调谐的 TEM 谐振器是一个闭环周期性时延线路。在行波模式振荡中，模式 M 依赖于 N 个连续调谐单元的电振荡之间的相位差 ϕ_M，在调谐单元和腔体的相互作用空间内产生旋转交变场或周期为 τ_M 的行波[13]。

$$\phi_M=\frac{2\pi M}{N}=\beta_0\tau_M \tag{7.3.10}$$

行波沿着角度方向传播，模式 M 的基波角相速度为 ω_M，相位常数为 β_0，其中角相速度 ω_M 等于相应模式的谐振频率或本征频率：

$$\pm\omega_M=\pm\beta_0\ \frac{\mathrm{d}\phi}{\mathrm{d}t} \tag{7.3.11}$$

在谐振器的通频带内，$[\pm\phi_M]<\pi$，因此，从式(7.3.10)可得：$0\leqslant M\leqslant N/2$，$M$ 为整数。调谐 TEM 谐振器中有 $N/2+1$ 个基本共振模。

$$M=\frac{N\phi_M}{2\pi} \tag{7.3.12}$$

图 7.3.2 描绘了八单元调谐 TEM 谐振器的模式和相应的谐振频率。实线代表的频散曲线表示负的 ϕ 方向或慢波沿着闭环时延线反向旋转的分量，虚线代表的频散曲线表示正的 ϕ 方向，或正向旋转的分量。当 $0<M<N/2$ 时，模式频率退化成双频率，由固定模式直线和频散曲线的交点确定。

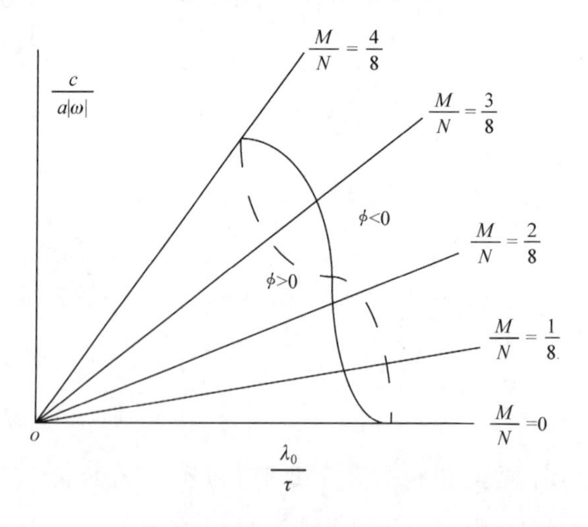

图 7.3.2　八单元调谐 TEM 谐振器模式及相应谐振频率

纵坐标 y 表示自由空间传播速度 c 和半径 a 的时延线谐振器的慢波角速度的比：

$$y=\frac{c}{a\omega}=\frac{M\lambda_0}{2\pi a}=\frac{M\lambda_0}{N\tau} \tag{7.3.13}$$

横坐标表示自由空间中波长 λ_0 与谐振器的模式周期 $\tau_M=2\pi a/M$ 之比。当 M/N 为常数时，曲线 $y=f(\lambda_0/\tau)$ 是穿过原点的直线。不同基本模式的频率由这些固定模式直线和色散(频散)曲线的交点决定：

$$\frac{c}{a\omega}=f\left(\frac{\lambda_0}{\tau}\right) \tag{7.3.14}$$

由于角速度 ω 有正负之分(行波沿着闭环谐振器的传播方向有两个)，区分色散(频散)曲线相位 ϕ 的正负使 TEM 谐振器存在更多可能的频率，总共有 N 个。对应 $M=0$ 模式(回旋频率模式)的最低频率是调谐 TEM 谐振器的自谐振频率，如式(7.3.8)所示。在这个频率下，所有调谐单元振荡相位为 $\phi=0°$。基本模式的最高频率和上边界对应 $M=N/2$，即 π 模式。在这种模式下，所有调谐单元的相位交替正负分布，$\phi=\pm180°$，在这种单一频率下会产生驻波。在 $M=0$ 和 $M=\pi$ 之间剩下的$(N/2-1)$谐振模式是不完全对称的 TEM 谐振器退化的双频率模式。在谐振器中，圆对称情况下轻微的偏差将导致正负频散曲线分离，并导致简并模式分离。角度方向的电流分布是谐振单元中 ϕ 的函数，可以推广到不完全对称的线圈中，利用行波中不同幅值和相位(正转表示相位为正，反转表示相位为负)的傅里叶级数可得

$$I=\sum_{M=1}^{\infty}A_M\cos(\omega t-M\phi+\iota)+B_M\cos(\omega t+M\phi+\zeta) \tag{7.3.15}$$

式中，ι 和 ζ 为任意的相位常数。当完全对称时，$A=B$ 且 $\iota=\zeta$，对于每个单独的模式，双频率集中到单一的频率。

随着调谐单元相互之间的电感耦合减小，模式的谐振频率逐渐向单一频率靠近。模式 $M=1$ 对应于 $\phi=2\pi/N$ 是临床核磁共振成像应用中的一个 TEM 模式。这种模式产生横向磁场 B_1，其最大的幅值和均匀度能够满足调谐 TEM 体线圈中间横向平面虚拟接地的要求。$2\pi/N$ 模式可以采用正交激励来提高发送与接收的效率。

另外，这种 TEM 谐振器可以分别通过调节奇数单元和偶数单元到不同的频率实现双调谐[2]。N 个单元的双调谐谐振器就像两个独立的 $N/2$ 单元谐振器，每个谐振器的谐振组数为 $N/4+1$。每个谐振组如图 7.3.2 所示，包括两个单一的谐振态和 $N/4-1$ 个退化的双谐振态。每组的第二个模式($M=1$ 模式)，产生核磁共振成像所需要的横向射频磁场。这种双调谐 TEM 谐振器与复腔磁控管振荡器类似。根据相同的方法可以构建多样的调谐方式，如三谐振模式或多谐振模式。

7.3.3　同轴电缆谐振器的射频磁场

自由空间中，八单元的 TEM 谐振器在三种模式下磁场分布矢量图如图 7.3.3

所示。很显然,模式 $M=1$ 能在中心区域产生有效的均匀磁场。自由空间中的交流场通常可以用直流场下的毕奥-萨伐尔定理分析,当频率高于 100MHz 时,射频磁场的静态场近似法在人体介质中将不再准确。同样地,简单的各向同性均匀的几何体(圆柱形和球形)也不适合作为人体负载的模型。需要将人体视为不均匀、有介质损耗、波长大小的组织,而且电磁波在传播过程中的折射、反射和衰减的边界效应必须考虑在内。

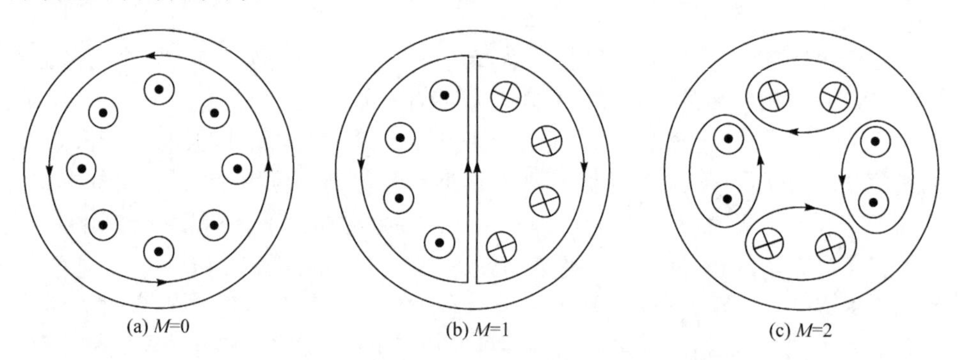

图 7.3.3　八单元调谐 TEM 谐振器在三种模式下的磁场分布

其中 $M=1$ 模式是核磁共振成像中需要调谐达到的模式。在高频下,人体组织中需要考虑大量的涡流屏蔽和正交的位移电流。需要采用全时域方程组和复数模型描述高频线圈在组织中产生的 $\boldsymbol{B}_1$ 场的分布情况。在有损耗的、各向异性的、不均匀的线圈-组织系统中的时谐电磁场 $\boldsymbol{B}_1/\mu$ 可以利用微分形式的 Maxwell-Ampere 定律描述[18]:

$$\nabla\times\frac{\boldsymbol{B}_1}{\mu}=\boldsymbol{J}_c+\frac{\partial\boldsymbol{D}}{\partial t}\tag{7.3.16}$$

根据欧姆定律可得电流密度 $\boldsymbol{J}_c=\sigma\boldsymbol{E}$,根据欧拉定理可知电位移矢量满足:$\partial\boldsymbol{D}/\partial t=\partial\varepsilon\boldsymbol{E}/\partial t=i\omega\varepsilon\boldsymbol{E}$,所以式(7.3.16)可以重新写为

$$\nabla\times\frac{\boldsymbol{B}_1}{\mu}=(\sigma+i\omega\varepsilon)\boldsymbol{E}\tag{7.3.17}$$

复数量 $\boldsymbol{E}$ 可以写成矢量磁位 $\boldsymbol{A}$ 和标量电位 φ 的形式:

$$\nabla\times\frac{\boldsymbol{B}_1}{\mu}=(\sigma+i\omega\varepsilon)(-i\omega\boldsymbol{A}-\nabla\varphi)\tag{7.3.18}$$

影响靠近线圈的人体组织中的磁场分布和损耗的有射频磁场感应的涡流 $\boldsymbol{J}_e=-i\omega\sigma\boldsymbol{A}$ 及伴随电场的位移电流密度 $\boldsymbol{J}_e=-i\omega\varepsilon\boldsymbol{E}=\omega^2\varepsilon\boldsymbol{A}$。矢量磁位 $\boldsymbol{A}$ 和人体头部中产生的磁场分布 $\boldsymbol{B}_1=\nabla\times\boldsymbol{A}$ 可以通过求解 $\boldsymbol{A}$ 和 φ 构成的方程得到:

$$\nabla\times\frac{1}{\mu}\nabla\times\boldsymbol{A}=(\sigma+i\omega\varepsilon)(-i\omega\boldsymbol{A}-\nabla\varphi)\tag{7.3.19}$$

模式 $M=1$ 下的矢量磁位根据方程(7.3.19)以数值方法计算得出。

7.3.4　同轴电缆谐振器结构

Vaughan 等[13]构建了频率从 45MHz 到 175MHz 的单调谐和双调谐 TEM 谐振器应用于临床核磁共振成像。下面对这些高频体线圈的设计方法和材料进行简要的描述。图 7.3.4 所示的 175MHz(4.1T)的头线圈是一个特例。该调谐 TEM 头线圈尺寸为：外径 34cm，内径 27cm(谐振单元)，长度 22cm。内径与长度取决于头部大小，而外径的选取要权衡整体的体积和品质因数，为了使结构紧凑，需要牺牲一部分品质因数。因为外径越大，电阻越小，品质因数则越大。空腔谐振器体表面的铜箔厚度小于 1mil(1mil＝0.0254mm)，覆于丙烯酸材料上。丙烯酸端环支撑凹形调谐单元，铜箔使各个谐振单元相连接。调谐单元 21cm，手工制作的同轴电缆，其外部铜导体的直径为 12.7mm，内部两段铜导体直径为 6.5mm。聚四氟乙烯衬垫作为两个导体之间的支撑与介质材料，在空腔谐振器两端还有厚度为 5mm 的聚四氟乙烯垫片作为谐振单元外导体和腔外导体的电绝缘。

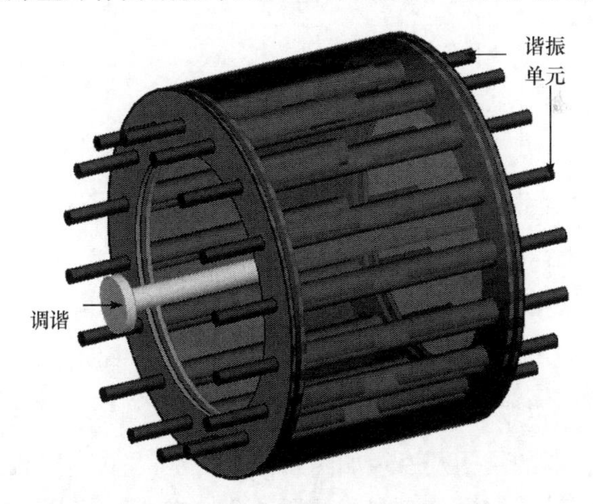

图 7.3.4　高频下的调谐 TEM 谐振线圈

调谐单元的直径和数量根据所需要的频率和线圈尺寸从式(7.3.8)开始倒推出 N、a_e、b_e。为了简化计算，假设空腔谐振器和导线是无损的。采用 $4N$ 个调谐单元容易正交激励，头线圈中典型的单元数为 8 和 16，身体线圈典型的单元数为 16 和 32。均匀性是与 N 成正比例的，但是频率与 N 是成反比的。为了防止介质击穿和高功率传输时出现的电弧，聚四氟乙烯的厚度(b_e-a_e)应该大于 3mm。调谐单元分开的导体中，一端通过弹簧筒夹与腔体连接，另一端通过铜弹簧垫片或铜带与腔体相连。弹簧筒夹用来固定中心导体的插入深度，通过改变中心导体的插入深度，同轴电缆谐振单元可以调节到需要的频率和运行模式。安装在腔体一端的垫圈由移动平面和螺旋杆连接，这样在调谐时就不会明显改变磁场的对称性。两个位置相差 90°的导线单元通过正交混频器施加一对相位差为 90°的正交激励信号，如图 7.3.5 所示。从正交混频器端口输出到一对正交线圈的相角要精确调节到 90°，其阻抗匹配通过调节串联电容和换衡电路实现。

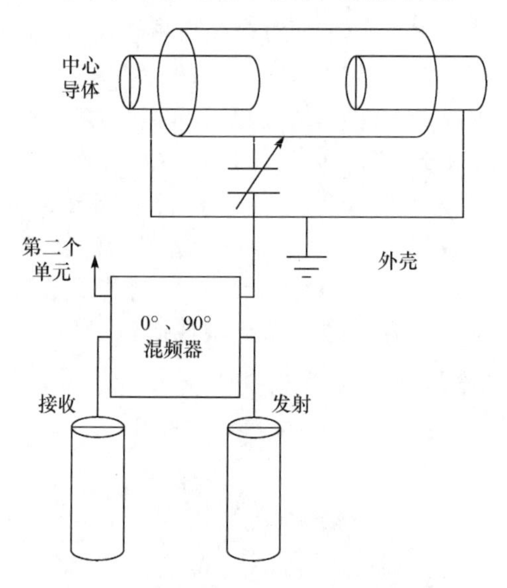

图 7.3.5　同轴电缆谐振单元的激励

7.4　耦合微带谐振器

7.4.1　耦合微带谐振器模型

耦合微带谐振器的结构及原理如图 7.4.1 所示，与传统的设计相似[5]，谐振器由多条轴向的导体按圆柱面分布和圆柱形屏蔽构成。但是，与之前不同的是，这里采用的是微带导体，而且内导体通过采用固定电容或可调电容与外屏蔽相连，取代了之前使用的开路同轴电缆。采用中空的圆柱形绝缘管作为整个 TEM 线圈的支撑结构。

为了讨论电磁场的横电磁模现象，采用波的传播模型，将微带线视为耦合传输线，电磁波在轴向上传播[19,20]。为了获得闭合形式的解，将模型近似为准横电磁模[12,21]。在这个假设前提下，电磁波在这种结构里没有轴向或 z 向的分量。当轴向上是理想导体、单一介质且电流横截面远小于导线长度时，横电磁模假设是比较有效的。已有科学家将这种基于准横电磁模近似的多导体传输线模型成功应用于 TEM 谐振器的设计中[7,8]。空载情况下不会出现横电模和横磁模，因为，即使在

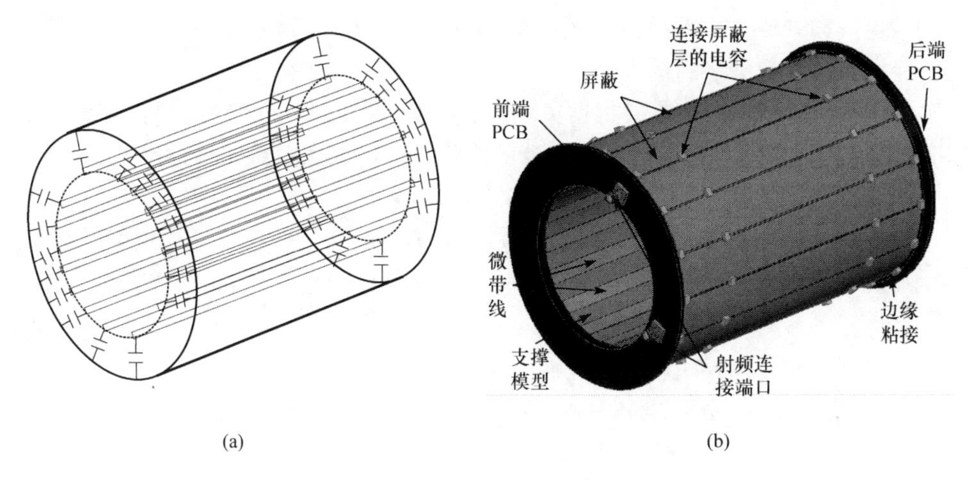

(a)　(b)

图 7.4.1　耦合微带谐振器

人体线圈中，其运行频率也低于这些模式的截止频率。下面将着重讨论用于任意 TEM 谐振器的全功能多导体传输线模型构造的基本步骤。

7.4.2　耦合微带谐振器的频域解

在频域中，一般的多导体传输线方程可以写成下述矩阵形式，包括电流与电压的空间变化[12,22]：

$$\frac{\mathrm{d}}{\mathrm{d}z}\begin{bmatrix}\boldsymbol{V}(z)\\ \boldsymbol{I}(z)\end{bmatrix}=\begin{bmatrix}0 & -\boldsymbol{Z}\\ -\boldsymbol{Y} & 0\end{bmatrix}\begin{bmatrix}\boldsymbol{V}(z)\\ \boldsymbol{I}(z)\end{bmatrix} \tag{7.4.1}$$

式中，$\boldsymbol{Z}=\boldsymbol{R}+\mathrm{i}\omega\boldsymbol{L}$，$\boldsymbol{Y}=\boldsymbol{G}+\mathrm{i}\omega\boldsymbol{C}$ 分别为单位长度的阻抗和导纳，可以描述 MTL 的结构特性，$\omega=2\pi f$ 是角频率。上述方程的解为

$$\begin{bmatrix}\boldsymbol{V}(z)\\ \boldsymbol{I}(z)\end{bmatrix}=\boldsymbol{\Phi}(z)\begin{bmatrix}\boldsymbol{V}(0)\\ \boldsymbol{I}(0)\end{bmatrix}=\begin{bmatrix}\Phi_{11}(z) & \Phi_{12}(z)\\ \Phi_{21}(z) & \Phi_{22}(z)\end{bmatrix}\begin{bmatrix}\boldsymbol{V}(0)\\ \boldsymbol{I}(0)\end{bmatrix} \tag{7.4.2}$$

式中，$\boldsymbol{\Phi}(z)$ 为参数矩阵，定义为

$$\boldsymbol{\Phi}(z)=\mathrm{e}^{z\boldsymbol{A}},\quad \boldsymbol{A}=\begin{bmatrix}0 & -\boldsymbol{Z}\\ -\boldsymbol{Y} & 0\end{bmatrix},\quad \mathrm{e}^{z\boldsymbol{A}}=\boldsymbol{E}+z\boldsymbol{A}+\frac{z^2\boldsymbol{A}^2}{2!}+\frac{z^3\boldsymbol{A}^3}{3!}+\cdots \tag{7.4.3}$$

式中，$\boldsymbol{E}$ 为单位矩阵，将式(7.4.3)展开可得

$$\boldsymbol{\Phi}(z)=\begin{bmatrix}\Phi_{11}(z) & \Phi_{12}(z)\\ \Phi_{21}(z) & \Phi_{22}(z)\end{bmatrix}$$
$$=\begin{bmatrix}\frac{1}{2}(\mathrm{e}^{z\sqrt{\boldsymbol{ZY}}}+\mathrm{e}^{-z\sqrt{\boldsymbol{ZY}}}) & -\frac{1}{2}(\mathrm{e}^{z\sqrt{\boldsymbol{ZY}}}-\mathrm{e}^{-z\sqrt{\boldsymbol{ZY}}})\sqrt{\boldsymbol{ZY}}\boldsymbol{Y}^{-1}\\ -\frac{1}{2}\boldsymbol{Z}^{-1}\sqrt{\boldsymbol{ZY}}(\mathrm{e}^{z\sqrt{\boldsymbol{ZY}}}-\mathrm{e}^{-z\sqrt{\boldsymbol{ZY}}}) & \frac{1}{2}\boldsymbol{Y}(\mathrm{e}^{z\sqrt{\boldsymbol{ZY}}}+\mathrm{e}^{-z\sqrt{\boldsymbol{ZY}}})\boldsymbol{Y}^{-1}\end{bmatrix} \tag{7.4.4}$$

式中，矩阵的开平方定义为 $\boldsymbol{A}=\sqrt{\boldsymbol{A}}\sqrt{\boldsymbol{A}}$。尽管这种定义不会产生唯一的矩阵平方根，但是不会影响最终的结果。

要获得频域解，首先需要根据负载端和电源端的边界条件确定位置矢量 $\boldsymbol{I}(0)$ 和 $\boldsymbol{V}(0)$。$z=0$ 处和 $z=L$ 处的谐振器的终端条件可以由戴维宁等效电路表示：

$$\begin{aligned}\boldsymbol{V}(0)&=\boldsymbol{V}_{\mathrm{s}}-\boldsymbol{Z}_{\mathrm{s}}\boldsymbol{I}(0)\\\boldsymbol{V}(L)&=\boldsymbol{V}_{\mathrm{L}}+\boldsymbol{Z}_{\mathrm{L}}\boldsymbol{I}(L)\end{aligned}\tag{7.4.5}$$

式中，$\boldsymbol{Z}_{\mathrm{s}}$ 和 $\boldsymbol{Z}_{\mathrm{L}}$ 分别为电源端和负载端的无源网络的阻抗矩阵；$\boldsymbol{V}_{\mathrm{s}}$ 和 $\boldsymbol{V}_{\mathrm{L}}$ 为戴维宁电压矢量。

将式(7.4.5)代入式(7.4.2)，则电源端的电流矢量为

$$\begin{aligned}\boldsymbol{I}(0)=&[\boldsymbol{\Phi}_{11}(L)\boldsymbol{Z}_{\mathrm{s}}-\boldsymbol{\Phi}_{12}(L)-\boldsymbol{Z}_{\mathrm{L}}\boldsymbol{\Phi}_{21}(L)\boldsymbol{Z}_{\mathrm{s}}+\boldsymbol{Z}_{\mathrm{L}}\boldsymbol{\Phi}_{22}(L)]^{-1}\\&\cdot[(\boldsymbol{\Phi}_{11}(L)-\boldsymbol{Z}_{\mathrm{L}}\boldsymbol{\Phi}_{21}(L))\boldsymbol{V}_{\mathrm{s}}-\boldsymbol{V}_{\mathrm{L}}]\end{aligned}\tag{7.4.6}$$

另外，电源端电压矢量 $\boldsymbol{V}(0)$ 可以根据式(7.4.5)得到，根据式(7.4.2)则可以得到完整的解。

MTL 系统的输入阻抗矩阵可以由已知的负载阻抗矩阵表示，另一种有效的方法可以根据方程(7.4.2)得到。如果假定负载端无源，可以得到边界条件：

$$\begin{aligned}\boldsymbol{V}(0)&=\boldsymbol{Z}_{\mathrm{in}}\boldsymbol{I}(0)\\\boldsymbol{V}(L)&=\boldsymbol{Z}_{\mathrm{L}}\boldsymbol{I}(L)\end{aligned}\tag{7.4.7}$$

式中，未知变量 $\boldsymbol{Z}_{\mathrm{in}}$ 为输入阻抗；L 为传输线长度；$\boldsymbol{Z}_{\mathrm{L}}$ 为负载阻抗。把式(7.4.7)代入式(7.4.2)中，对任意的 $\boldsymbol{I}(0)$ 都成立，则输入阻抗为

$$\boldsymbol{Z}_{\mathrm{in}}=[\boldsymbol{\Phi}_{11}(L)-\boldsymbol{Z}_{\mathrm{L}}\boldsymbol{\Phi}_{21}(L)]^{-1}\cdot[\boldsymbol{Z}_{\mathrm{L}}\boldsymbol{\Phi}_{21}(L)-\boldsymbol{\Phi}_{12}(L)]\tag{7.4.8}$$

式(7.4.8)的优势在于不需要知道电源侧。这就摆脱了需要对电源侧采用戴维宁等效电路或诺顿等效电路的情况，因此对于模拟复杂网络具有更好的灵活性。一旦计算出了输入电流 $\boldsymbol{I}(0)$，线路上任意地方的电流都可以根据式(7.4.2)和式(7.4.7)得到：

$$\boldsymbol{I}(z)=[\boldsymbol{\Phi}_{11}(L)+\boldsymbol{Z}_{\mathrm{L}}\boldsymbol{\Phi}_{12}(L)\boldsymbol{Z}_{\mathrm{in}}]\cdot\boldsymbol{I}(0)\tag{7.4.9}$$

如果传输线系统是对称的，$\boldsymbol{Z}$ 和 $\boldsymbol{Y}$ 则是轮换矩阵，即后一列元素可以根据前一列元素向下转动一个得到，这样便可以进一步地减少计算要求。由于 TEM 谐振器是一个圆环形的对称系统，那么其 $\boldsymbol{Z}$ 和 $\boldsymbol{Y}$ 是轮换矩阵。轮换矩阵的特征向量是固定不变的，因此可以显著提高计算效率，轮换矩阵的对角化变换矩阵中的元素 T_{mn} 可以写成下述离散傅里叶变换(DFT)的形式，再乘以 $1/\sqrt{N}$ 实现标准化：

$$T_{mn}=\frac{1}{\sqrt{N}}\mathrm{e}^{-\mathrm{i}\frac{2\pi}{N}(m-1)(n-1)}\tag{7.4.10}$$

此外，轮换矩阵的特征值可以更为直接地通过第一列(行)的离散傅里叶变换得到：

$$\hat{Z}_n = \sum_{m=1}^{N} Z_{m,1} \mathrm{e}^{-\mathrm{i}\frac{2\pi}{N}(m-1)(n-1)} \tag{7.4.11}$$

式中，$\hat{Z}_n$ 是矩阵 $\boldsymbol{Z}$ 的第 n 个特征值，$n=1,2,\cdots,N$，快速傅里叶变换(FFT)算法可以非常有效地计算轮换矩阵的特征值。则矩阵的平方根和指数运算简化为

$$\begin{aligned} \sqrt{\boldsymbol{M}} &= \boldsymbol{T}\sqrt{\boldsymbol{T}^{-1}\boldsymbol{M}\boldsymbol{T}}\boldsymbol{T}^{-1} \\ \mathrm{e}^{a\boldsymbol{M}} &= \boldsymbol{T}\mathrm{e}^{a\boldsymbol{T}^{-1}\boldsymbol{M}\boldsymbol{T}}\boldsymbol{T}^{-1} \end{aligned} \tag{7.4.12}$$

式中，$\boldsymbol{M}$ 是轮换矩阵；a 是任意比例因子；$\boldsymbol{T}$ 是式(7.4.10)定义的矩阵。从矩阵到其特征值的变换和从特征值到矩阵的变换都是通过快速傅里叶变换和快速傅里叶逆变换得到的。

7.4.3　耦合微带谐振器的传输线参数

典型的传输线系统，由平行于 z 轴均匀分布的导体组成，导体之间用电介质隔开。对这种系统，单位长度的参数 $\boldsymbol{Z}$ 和 $\boldsymbol{Y}$ 可以分解成电感 $\boldsymbol{L}$、电阻 $\boldsymbol{R}$、电容 $\boldsymbol{C}$ 和电导 $\boldsymbol{G}$ 的矩阵。这些矩阵的系数可以根据拉普拉斯方程通过求解二维静态场问题得到。

矩阵 $\boldsymbol{C}$ 说明了传输线系统中各金属导体之间的电容效应，描绘了多导体传输线模型中电场能量的存储特性。如果 $\widetilde{\boldsymbol{C}}_{i,j}$ 定义为系统中单位长度的导体 i 和 j 之间的电容，包括编号为 $i=0$ 的参考导体，则电容矩阵 $\boldsymbol{C}$ 可以表示为

$$C_{i,j} = \begin{cases} \sum\limits_{k=0,k\neq j}^{N} \widetilde{C}_{i,k}, & i=j \\ -\widetilde{C}_{i,j}, & i\neq j \end{cases} \tag{7.4.13}$$

对任意的 MTL 系统，该矩阵的第 i 行可以通过求解 x-y 平面上的二维拉普拉斯方程直接计算得到：

$$\begin{aligned} &\boldsymbol{\nabla}_t \cdot (\varepsilon \boldsymbol{\nabla}_t \Phi) = 0 \\ &\Phi = V_0, \quad \text{在第 } i \text{ 个导体表面} \\ &\Phi = 0, \quad \text{在其他导体上} \end{aligned} \tag{7.4.14}$$

式中，Φ 是电势，$\boldsymbol{\nabla}_t = \frac{\partial}{\partial x}\hat{x} + \frac{\partial}{\partial y}\hat{y}$ 是横向平面上的梯度算子，$\varepsilon=\varepsilon_r\varepsilon_0$ 为介电常数，V_0 是参考电压(通常设置为 1V)。如果遇到多重介质，在不同介质的边界面上需要加上合适的边界面衔接条件。

求解方程(7.4.14)后，可以根据每个导体的电荷变化求解矩阵 $\boldsymbol{C}$ 的第 i 行元素：

$$C_{i,j} = \frac{Q_j}{V_0} = \frac{1}{V_0}\oint_{l_j} q_s \mathrm{d}l \tag{7.4.15}$$

式中，l_j表示第 j 个导体，$q_s=D_n=\varepsilon E_n=-\varepsilon\partial\Phi/\partial n$ 为面电荷密度，D_n 和 E_n 分别为电通密度(电位移矢量)和电场强度。虽然很多方法都能用于求解方程(7.4.14)的数值解[15]，如果在几何结构没有施加限制条件，采用边界元法求解比较有利[15,16]，因为只有边界和介质分界面需要离散化，所以采用这种方法比较有效。采用边界元法得到的是电势及其在所有边界和分界面上的法向导数的近似值。法向导数可以直接应用于式(7.4.15)的数值积分。

电导矩阵 $\boldsymbol{G}$ 描述了电介质中的功率损耗特性，如与电场相关的损耗。如果损耗包含复介电常数(式(7.4.16)所示)，则电导矩阵 $\boldsymbol{G}$ 可以和电容矩阵 $\boldsymbol{C}$ 一块得到：

$$\varepsilon=\varepsilon_r\varepsilon_0(1-\mathrm{i}\tan\delta) \tag{7.4.16}$$

式中，ε_r 为相对介电常数；$\tan\delta$ 为介质损耗角正切。与无损情况不同的是，这种情况下的电容矩阵 $\boldsymbol{C}'$是一个复数矩阵，导致导纳矩阵为[11]

$$\boldsymbol{Y}=\mathrm{i}\omega\boldsymbol{C}',\quad \boldsymbol{C}=\mathrm{Re}\boldsymbol{C}',\quad \boldsymbol{G}=-\omega\mathrm{Im}\boldsymbol{C}' \tag{7.4.17}$$

电感矩阵 $\boldsymbol{L}$ 包括导体的自感和互感，自感是矩阵的对角元素，互感是矩阵的非对角元素，通常表示磁场的储能。在高频条件下，集肤深度非常小，使得电流密度仅仅分布在导体表面，电感矩阵可以利用式(7.4.14)和式(7.4.15)，将所有电介质设为自由空间(ε_0)，则从特定的电容矩阵 $\boldsymbol{C}''$可以推出电感矩阵的表达式[11]：

$$\boldsymbol{L}=\mu_0\varepsilon_0\boldsymbol{C}'' \tag{7.4.18}$$

式中，μ_0 为磁导率，在整个系统中始终不变。

电阻矩阵 $\boldsymbol{R}$ 描绘了导体中的电阻性损耗的特性，但是一般讲，任何损耗都与多导体传输线模型中的磁场有关。遗憾的是，在高频情况下，电阻性损耗不能添加到简单的 MTL 方程中，矩阵 $\boldsymbol{R}$ 需要满足方程：

$$\frac{\mathrm{d}}{\mathrm{d}z}\boldsymbol{V}(z)=-\mathrm{i}\omega\boldsymbol{L}\boldsymbol{I}(z)-\boldsymbol{R}\boldsymbol{I}(z) \tag{7.4.19}$$

功率损耗关系式为

$$P(z)=\frac{1}{2}\boldsymbol{I}(z)^{\mathrm{H}}\boldsymbol{R}\boldsymbol{I}(z) \tag{7.4.20}$$

式中，$P(z)$为多导体传输线沿着 z 方向的导体中单位长度的平均功率损耗；$\boldsymbol{I}(z)^{\mathrm{H}}$是 $\boldsymbol{I}(z)$的共轭转置矩阵。

可以发现，在高频条件下，矩阵 $\boldsymbol{R}$ 不能同时满足方程(7.4.19)和方程(7.4.20)。例如，如果 $\boldsymbol{R}$ 满足方程(7.4.19)，它可以写成

$$R_{i,j}=\begin{cases} r_i+r_0, & i=j \\ r_0, & i\neq j \end{cases} \tag{7.4.21}$$

式中，r_i 为第 i 个导体单位长度的电阻，$i=1,2,\cdots,N$，r_0 为参考导体的电阻。式(7.4.21)表示的 $\boldsymbol{R}$ 不满足方程(7.4.20)，因为涡流产生了额外的功率损耗。为

了解释这种现象，假设导体 1 中流过电流 I_1，导体 1 与参考导体形成回路，其他导体中的电流为 0。那么根据式(7.4.20)和式(7.4.21)可得单位长度的功率损耗应该是 $0.5|I_1|^2(r_1+r_0)$。然而，由于涡流的存在，其他所有导体中的电流密度不是 0，根据式(7.4.19)，这些电流沿着 z 轴方向不会改变电位分布。但是消耗的额外功率并没有包含在式(7.4.20)和式(7.4.21)中。当导体之间的距离相对导体尺寸而言比较近时，涡流效应非常明显，而且任何有损介质(非 0 电导率)都会产生涡流，从而使整体功率损耗增加了。

在选择让多导体传输线满足式(7.4.19)还是式(7.4.20)时，通常是选择后者。在高频下，$\boldsymbol{R}$ 矩阵中除了电阻性损耗之外，其他都可以忽略。如果只考虑了这种损耗，那么就默认了是在高频假设的前提下，则电阻矩阵满足方程(7.4.20)可以写成：

$$R_{i,j}=\frac{1}{|I_0|^2}\oint_l R_s[J_s]_i[J_s]_j\mathrm{d}l \tag{7.4.22}$$

式中，l 为 MTL 结构横截面的所有导体外轮廓长度和；$[J_s]_i$ 为第 i 个导体在电流 I_0 情况下，导体表面的面电流密度分布，与参考导体形成回路，其他导体中电流为零。式(7.4.22)中，R_s 为表面电阻，$R_s=(\delta\sigma)^{-1}=\sqrt{\pi\mu_0 f/\sigma}$，$\sigma$ 为电导率，$\delta=\sqrt{1/(\pi f\mu_0\sigma)}$为集肤深度。在特殊情况下，已知矩阵 $\boldsymbol{R}$ 的特征向量，则功率损耗关系式(7.4.20)可以用来计算特征值。在高频假设下，矩阵 $\boldsymbol{R}$ 的第 i 个特征值可以表示为

$$\hat{R}_i=\frac{1}{|I|^2}\oint_l R_s|J_s|^2\mathrm{d}l \tag{7.4.23}$$

式中，$I=\sqrt{\sum_{j=1}^{N}|I_j|^2}$ 为电流模(如果特征矢量为标准化的，I 则为 1A)；J_s 是表面电流密度，由第 i 个特征向量和所有导体的截面外轮廓线 l 决定。

式(7.4.22)和式(7.4.23)中的积分需要先建立导体中的电流密度分布，这和求解电容矩阵先建立电荷分布类似。在 TEM 传输线中，电场和磁场表现出很强的对偶性，因此可以考虑类似地采用二维方程进行求解。静态磁场强度可以根据矢量磁位表示成：

$$\boldsymbol{H}=\frac{1}{\mu_0}\nabla\times\boldsymbol{A} \tag{7.4.24}$$

在横电磁模情况下，只有矢量磁位的 z 向分量不为 0，在 x-y 平面上满足微分方程：

$$\nabla_t^2 A_z=0 \tag{7.4.25}$$

求解方程(7.4.25)可以得到电感矩阵，其边界条件可以写成下述形式：

$$A_z=\begin{cases}A_0, & \text{第 } i \text{ 个导体表面}\\ 0, & \text{其他导体表面}\end{cases} \tag{7.4.26}$$

式中，A_0 为参考磁位，通常设为 1。通过反复改变 i 的值，可以计算得到电流分布矩阵 $\tilde{\boldsymbol{I}}$，矩阵中每个元素分别为

$$\tilde{I}_{i,j}=\oint_{l_j}[J_s]_i\mathrm{d}l \tag{7.4.27}$$

式中，$J_s=H_t=-1/\mu\cdot\partial A_z/\partial n$ 为导体中电流密度 z 向分量；l_j 为第 j 个导体的横截面周长。电流分布矩阵 $\tilde{\boldsymbol{I}}$ 与特定的电容矩阵 $\boldsymbol{C}''$类似，唯一的不同点就是乘数因子。对于每个 i，所有导体中的电流密度分布$[J_s]_i$ 存储在矩阵中，以便后续处理。电流矩阵 $\boldsymbol{I}$ 和电感矩阵 $\boldsymbol{L}$ 有如下关系：

$$\boldsymbol{\psi}=\boldsymbol{LI} \tag{7.4.28}$$

式中，$\boldsymbol{\Psi}$ 为每个导体的磁通，假设在参考导体上为 0。根据矩阵 $\tilde{\boldsymbol{I}}$ 的计算结果，由式(7.4.26)可知导体磁势为 $\boldsymbol{\Psi}_0\boldsymbol{1}$，其中 $\boldsymbol{1}$ 为单位矩阵。因此，电感 $\boldsymbol{L}$ 为

$$\boldsymbol{L}=\boldsymbol{\Psi}_0\tilde{\boldsymbol{I}}^{-1} \tag{7.4.29}$$

式(7.4.29)与式(7.4.18)等价。

随着电感矩阵的获得，任何所需要的电流分布都可以通过磁位条件方程(7.4.26)求解得到。另一个更有效的方法则是对表面电流密度进行叠加求和：

$$[J_s]_{\text{desired}}=\frac{1}{\boldsymbol{\Psi}_0}\sum_{i=1}^{N}\boldsymbol{\Psi}_i[J_s]_i \tag{7.4.30}$$

式中，$\boldsymbol{\Psi}_i$ 为利用方程(7.4.28)中目标需要的电流分布计算得到的第 i 个导体磁位；$[J_s]_i$ 是导体的电流密度。

得到电流密度分布之后，则可以计算电阻矩阵 $\boldsymbol{R}$ 及其特征值。关于 $\boldsymbol{R}$ 的求解，可以根据已经求得的 $\boldsymbol{R}$ 的特征值，重新构建矩阵 $\boldsymbol{R}$，也可以根据表面电流密度利用式(7.4.22)积分得到。单位长度的功率损耗矩阵为

$$\bar{P}_{i,j}=\frac{1}{2}\oint_l R_s[J_s]_i[J_s]_j\mathrm{d}l \tag{7.4.31}$$

功率损耗矩阵同样满足

$$\bar{\boldsymbol{P}}=\frac{1}{2}\boldsymbol{I}^{\mathrm{T}}\boldsymbol{R}\bar{\boldsymbol{I}} \tag{7.4.32}$$

由式(7.4.32)可知 $\boldsymbol{R}$ 可以写成下述形式：

$$\boldsymbol{R}=2\ (\bar{\boldsymbol{I}}^{\mathrm{T}})^{-1}\bar{\boldsymbol{P}}\bar{\boldsymbol{I}}^{-1}=\frac{2}{\boldsymbol{\Psi}_0^2}\boldsymbol{L}^{\mathrm{T}}\bar{\boldsymbol{P}}\boldsymbol{L} \tag{7.4.33}$$

除了电阻性损耗之外，导体中的磁场还会产生电感。集肤层根据阻抗边界条件近似考虑：

$$\boldsymbol{E}_t=Z_s\boldsymbol{n}\times\boldsymbol{H} \tag{7.4.34}$$

式中，$Z_s=(1+\mathrm{i})R_s$ 是表面阻抗，$\boldsymbol{n}$ 是表面法向量，$\boldsymbol{E}_t=-\boldsymbol{n}\times(\boldsymbol{n}\times\boldsymbol{E})$是电场切向

量。根据这些可以得到多导体传输线的完整阻抗表达式：

$$\boldsymbol{Z}=\mathrm{i}\omega\boldsymbol{L}+(1+\mathrm{i})\boldsymbol{R} \tag{7.4.35}$$

式中，$\boldsymbol{L}$ 只包含了外电感(即理想导体的电感)。需要指出的是，如果将有限厚度的微带导体考虑在内，则根据式(7.4.33)求解得到的 $\boldsymbol{R}$ 需要进行修改。微带导体的边缘会明显影响电阻矩阵 $\boldsymbol{R}$。相比之下，矩阵 $\boldsymbol{C}$、$\boldsymbol{G}$ 和 $\boldsymbol{L}$ 的结果在微带线厚度很薄时具有很高的准确性。

另外，$\boldsymbol{R}$ 还可以采用下述方法得到：

$$\boldsymbol{R}=\omega\frac{\delta}{2}\frac{\partial\boldsymbol{L}}{\partial n} \tag{7.4.36}$$

7.4.4 耦合微带谐振器磁场求解

TEM谐振器多导体传输线模型如图7.4.2所示，其等效集中耦合电路如图7.4.3所示。TEM谐振器结构可以视为有源网络。电源端和铜条及屏蔽层视为分布参数模型，剩下的电路元件假设为集中参数元件，在这个假设前提下，负载端阻抗矩阵为

$$[\boldsymbol{Z}_\mathrm{L}]_{i,j}=\begin{cases}\dfrac{1}{\mathrm{i}\omega C_{\mathrm{L}\_i}}, & i=j\\ 0, & i\neq j\end{cases} \tag{7.4.37}$$

式中，C_{L_i} 为连接到负载端第 i 条导线的电容。

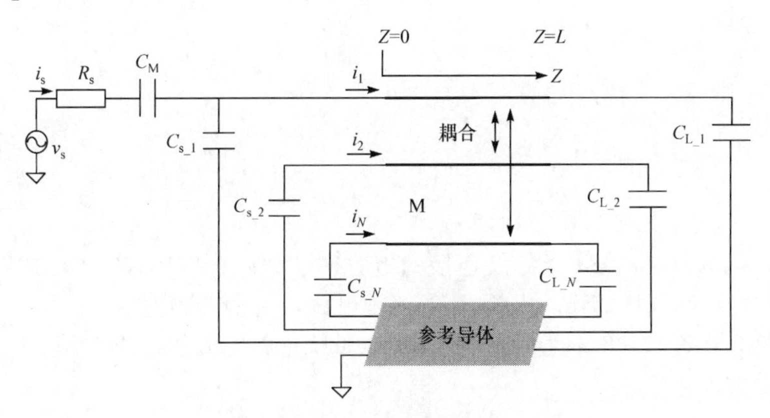

图7.4.2　多导体传输线模型原理图

给出了多导体传输线的单位长度的阻抗矩阵后，根据方程(7.4.8)可以计算传输线的输入阻抗。得到输入阻抗 $\boldsymbol{Z}_\mathrm{in}$ 后，TEM谐振器的电源端可以用集中参数电路来模拟。根据基尔霍夫电压定律(KVL)可得导体中电压、电流的关系：

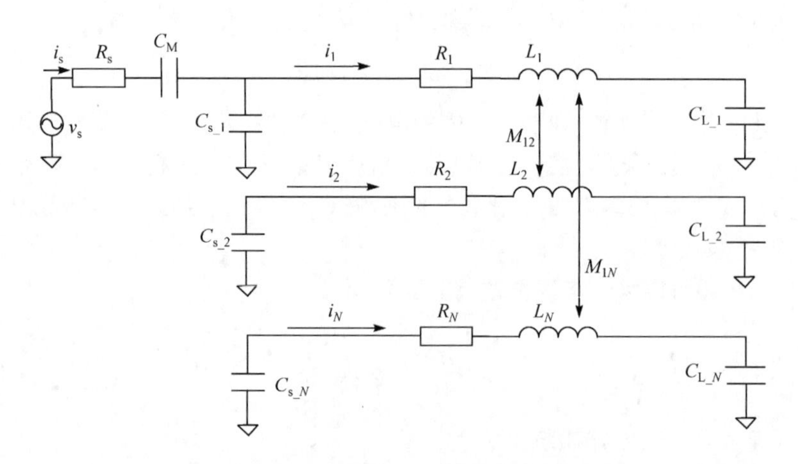

图 7.4.3 多导体传输线模型等效集中耦合电路

$$\begin{bmatrix} [Z_{in}]_{1,1}+\frac{1}{i\omega C_{s\_1}} & [Z_{in}]_{1,2} & \cdots & [Z_{in}]_{1,N} & -\frac{1}{i\omega C_{s\_1}} \\ [Z_{in}]_{2,1} & [Z_{in}]_{2,2}+\frac{1}{i\omega C_{s\_2}} & \cdots & [Z_{in}]_{2,N} & 0 \\ \vdots & \vdots & & \vdots & \vdots \\ [Z_{in}]_{N,1} & [Z_{in}]_{N,2} & \cdots & [Z_{in}]_{N,N}+\frac{1}{i\omega C_{s\_N}} & 0 \\ -\frac{1}{i\omega C_{s\_1}} & 0 & \cdots & 0 & R_s+\frac{1}{i\omega C_M}+\frac{1}{i\omega C_{s\_1}} \end{bmatrix} \begin{bmatrix} i_1 \\ i_2 \\ \vdots \\ i_N \\ i_s \end{bmatrix}$$

$$= \begin{bmatrix} 0 \\ 0 \\ \vdots \\ 0 \\ V_s \end{bmatrix} \tag{7.4.38}$$

式中，C_{s_i} 是电源端与第 i 条导线连接的电容；C_M 为匹配电容；R_s 为电源内阻；i_1，i_2，…，i_N 为传输线中的输入电流；i_s 为电源电流；V_s 为电源电压。

求解方程(7.4.38)，便可以得到每个微带线中的电流分布和电压分布，则空间中每点处的电势为

$$\Phi(x,y)=\frac{1}{V_0}\sum_{i=1}^{N}V_i(z)\Phi_i(x,y) \tag{7.4.39}$$

$\Phi_i(x,y)$ 为第 i 个导体的电位 V_0，其他导体电位为 0 时，在 (x,y) 处的电势，$V_i(z)$ 为第 i 个导体与参考导体间的电压。则空间中的电场为

$$\boldsymbol{E}(x,y)=-\nabla_{xy}\boldsymbol{\Phi}(x,y)=-\frac{\partial\Phi(x,y)}{\partial x}\boldsymbol{e}_x-\frac{\partial\Phi(x,y)}{\partial y}\boldsymbol{e}_y \tag{7.4.40}$$

空间中的磁矢量位

$$A_z(x,y)=\frac{1}{\Psi_0}\sum_{i=1}^{N}\Psi_i(z)[A_z(x,y)]_i \tag{7.4.41}$$

谐振器产生的磁场为

$$\boldsymbol{B}(x,y)=\nabla\times\mathbf{A}(x,y)=\frac{\partial A_z(x,y)}{\partial y}\boldsymbol{e}_x-\frac{\partial A_z(x,y)}{\partial x}\boldsymbol{e}_y \tag{7.4.42}$$

根据式(7.4.40)和式(7.4.42)计算得到的磁场和电场结果,则可以分析所设计的谐振器结构是否合理。

7.5　开放式谐振器

前面介绍了封闭式的谐振器,而出于对样品尺寸的考虑,有科学家提出采用开放式或半开放式的 TEM 谐振器[2,23-25],这样测试的样品尺寸将不受线圈尺寸的限制。采用开放式射频线圈结构可以适用于很多物体的测量,如一些体积受限的样品的成像等,或者只需要检测某一样品的局部区域,这时采用开放式射频线圈就体现出了较大的优势。将大线圈展开成开放式的线圈结构,使线圈能够更紧密地贴近测量物体,改善线圈结构的填充因子。同时,由于线圈的激励体积减小了,整个线圈的传输效率得到了提高,接收的灵敏度也得到了提升,虽然这种线圈产生的磁场均匀度比不上全包围的体线圈,但是在所需要的目标区域内还是能够提供相对比较均匀的射频磁场,能够满足射频发射的一般条件。对患者而言,这种开放式结构的线圈提高了患者的舒适度和能够接受的程度,尤其是在功能性成像中更显得重要,因为在线圈中需要频繁施加额外的激励。

为了提高线圈的信噪比,一种比较满意的方式就是采用正交线圈,在线圈中施加正交激励,以这种方式可以将信噪比提高到原来的$\sqrt{2}$倍。在高场强的核磁共振系统中,采用正交线圈的另一个优点就是能够减小由射频激励透入金属中产生涡流而造成的伪影[25,26]。这种涡流效应会使射频磁场产生畸变,导致图像失真、亮度不够等,而且这种现象在线性激励中非常明显。

在全体积的射频线圈中,能够比较容易地获得正交线圈,而对开放式射频线圈(TEM 线圈或鸟笼线圈)而言,由于没有频率简并模型,为了能够获得正交线圈,需要采用两组正交的模型,并同时施加独立的激励,这就增加了激励电路的复杂程度。前面已介绍,在高场核磁共振中,TEM 线圈成了一种替代适用于较低场强下的鸟笼线圈,这种结构也是高场成像中的一种固定的选择方式。不同的 TEM 线圈取决于微带[28]、同轴电缆单元[29,30]和其他的结构因素[31]。由于 TEM 线圈单元的电感要比传统鸟笼线圈的电感大,因此在匹配到共振频率所需要的电容要小。TEM 线圈的缩放大小更简单,因为组成 TEM 线圈的谐振单元的面积可以由线圈单元支柱和屏蔽结构的距离确定。另一个优点就是 TEM 线圈的端部不存在电流,不会对整个系统产生额外的影响。

关于开放式的 TEM 线圈最初是由 Adriany 等[32]及 Vaughan 等[33]提出的,由 Peshkovsky 等[23]对之进行了改进,之后 Nikolai 等又讨论了用于头部接收/发射的半体积式的 TEM 线圈的结构设计[2],与全体积的线圈相比,具有更优越的灵敏度和传输效率,可以用于限定区域内的成像。关于这种结构的线圈将在下面进行详细阐述。

7.5.1 全体积线圈与开放式线圈

开放的半体积线圈和封闭式的全体积线圈相比,具有更高的能量传输效率,因为其激励体积为原来的一半,单位输入功率下的射频磁感应强度为

$$\frac{B_1}{\sqrt{P}} \sim \sqrt{\frac{Q\eta}{\omega V_s}} \tag{7.5.1}$$

$$\eta = \frac{\int_S B_1^2 \mathrm{d}V}{\int_C B_1^2 \mathrm{d}V} \tag{7.5.2}$$

式中,P 是输入功率;Q 是线圈的品质因数;ω 是共振频率;η 是磁场的填充系数;S 和 C 分别为样品体积和线圈包围的体积。所以从式(7.5.1)和式(7.5.2)可知,样品体积的减小提高了传输效率。此外,由于线圈是开放的,在测量样品时可以更贴近样品,所以射频磁场的填充系数会更高,从而射频磁场的强度会增加。因此,整个系统的噪声减小,接收的有效信号增大,本质上就是增大了信噪比。根据电磁场互易定理,不难理解接收线圈的信号强度也增强了。

开放式的 TEM 体线圈可以由整个封闭式的 TEM 体线圈移除一个或多个谐振单元得到,但是移除一个谐振单元,剩下的部分依然具有很强的空间电感耦合。与此相比,鸟笼线圈在移除一个单元之后,首尾端的耦合几乎没有了[6]。因此,这种只移除一个谐振单元结构的线圈运行方式和完整的 TEM 线圈基本一致,只是由于移除一个谐振单元而产生一定的畸变。但是当移除两个或更多的谐振单元后,首尾两端的耦合就越来越小,不仅会显著改变边界条件,而且会改变最终形成的共振模式,因此需要其他的分析方法对此结构进行分析。

与传统的封闭式线圈类似,开放的 TEM 线圈同样可以视为在径向方向产生驻波的谐振器,但是谐振单元中的电流分布模式不一样。在完整的 TEM 线圈中,电流分布是正弦调制的,其完整的周期数刚好是线圈的一圈,而在开放的 TEM 线圈中,由于第一个单元与最后一个单元之间没有耦合,则要求从第一个单元到最后一个单元刚好是整数个半周期,在不同频率下,根据半周期数目形成不同的谐振模

式。因此,最低频率相当于 0 个半个周期,第二低频率相当于一个半个周期,第三低频率相当于两个半个周期,或者说一个完整的周期。图 7.5.1 为两种频率模式下的电流分布规律和射频磁场的分布状态。图(a)为每一个谐振单元中的电流分布情况,虚线所示为频率第二低的情况,即第一个单元中电流和第七个单元中电流相差 180°,其磁场分布为图(c)的表面模式。实线所示为频率第三低的情况,即第一个单元中电流和第七个单元中电流相差 360°,其磁场分布为图(b)的蝶形模式。

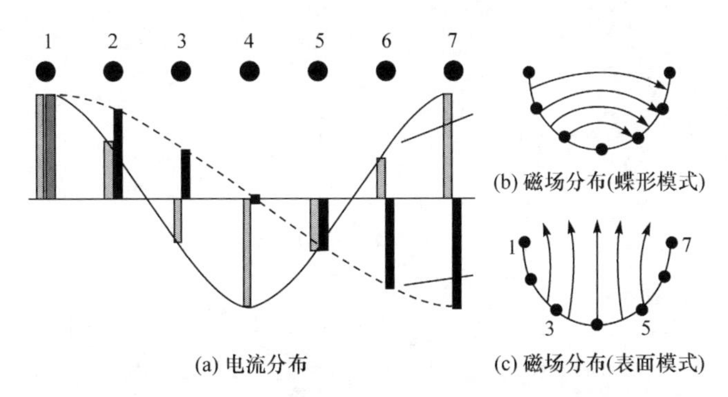

图 7.5.1　不同运行模式及其电流分布和射频磁场分布

在半体积的 TEM 线圈中,因为没有自然存在的频率简并模式,所以为了获得正交运行的线圈,则必须采用相邻频率模式下正交的两个模式,并在每个模式中施加独立的正交激励。

7.5.2　开放式横电磁模线圈结构

在开放式 TEM 线圈中,表面模式中最中间的谐振单元中没有电流,而蝶形模式中,中间单元的电流最大。因此,当调谐过程中只对某个谐振单元进行调整,会改变蝶形模式的频率,而不会改变表面模式的频率。当左右两边的对称单元同时调节时,两种模式的频率都会受到影响。不过,当保持这两种模式非耦合时,利用这种方法则可以让这两种模式的运行频率简并。换句话说,施加在中心单元的射频激励元只会激励蝶形模式,而对表面模式没有影响。表面模式可以采用下述方法进行激励:将射频信号分解成相位差 180°的信号,分别接到对称的单元上(1 号和 7 号,2 号和 5 号,3 号和 6 号)。连接 1 号单元和 7 号单元的电流是最大的,因为这样可以产生最强的耦合。另外,这种激励方式只能激励表面模式,对蝶形模式没有影响,为了保证两个对称单元中的电路相位差 180°,通常利用 $\lambda/4$ 换衡器在连接 1 号和 7 号单元的中心点处构建虚拟接地。Peshkovsky 等讨论的半体积开放式的 TEM 射频线圈[23],如图 7.5.2 所示,为线圈的结构图。这里所谓的“半体积”指的是谐振单元连接形成的弧度刚好是 180°,图 7.5.3 为线圈施加激励原理图。

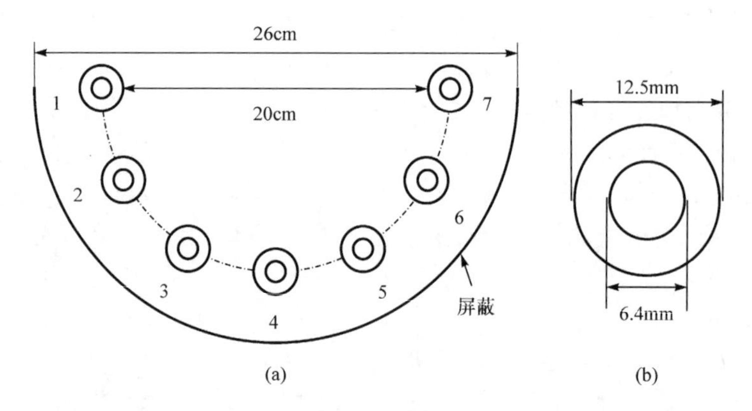

图 7.5.2　半体积开放式 TEM 线圈结构

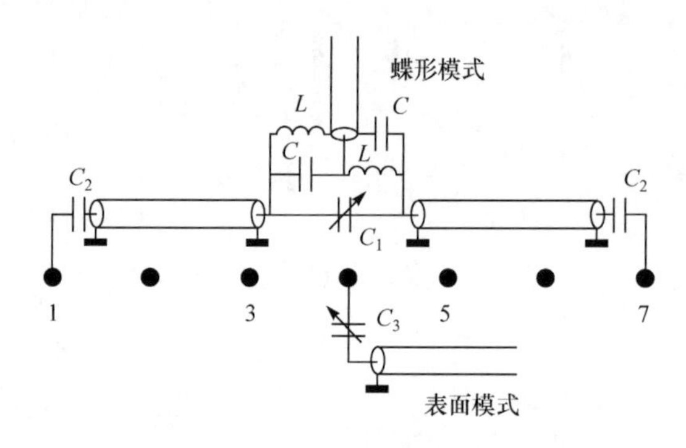

图 7.5.3　开放式线圈结构原理图

图 7.5.2(a)为整体结构，(b)为谐振单元导体结构，如 Vaughan 所描述的同轴电缆谐振单元构建的开放式谐振线圈，每个单元由外径 12.5mm、内径 6.4mm、厚度 0.6mm 的铜管构成。采用的是在 50μm 聚酰胺薄膜上覆一层 5μm 厚度的铜作为整个线圈的屏蔽导体。

首先，将所有表面模式的调谐单元都调成频率相同(170MHz)，然后通过增加中心单元的连接电容将蝶形模式频率也调成一致，如果谐振单元的固有电容不足以使谐振单元在目标频率下产生谐振，则需要在谐振单元的一端或者两端增加电容。

由于两种模式的隔离是依赖于对称单元的相对电容，这是通过不对称调节单元 1 号和 7 号、2 号和 6 号、5 号和 3 号优化得到的。这种方式和阶段性测量 TEM 谐振单元中的电流分布相结合，是谐振单元在调节过程中产生的畸变最小化，通过将实际测量得到的结果与理论期望的结果进行对比。图 7.5.4 为 Avdievich 在实际调节过程中实测与理论的电流分布图。

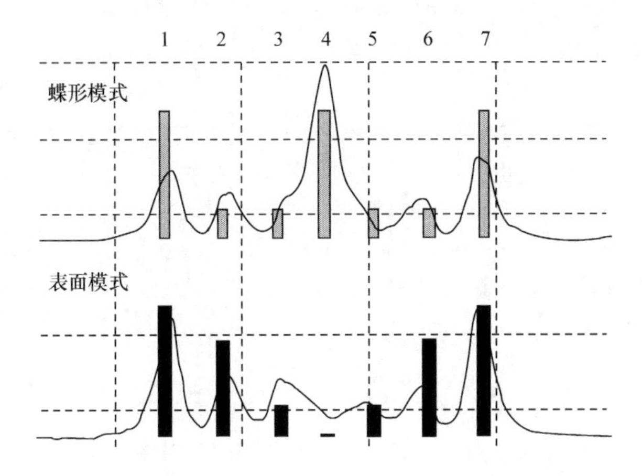

图 7.5.4　调谐过程中谐振单元内实测电流分布与理论电流分布

实际测量的电流分布会在频率调节过程中受到扰动，当蝶形模式中心导体中的电流相对放大后，表面模式中的电流分布就会比较粗糙。因此，整个线圈的调谐包含了多次重复调节的过程：①匹配两个共振频率；②调节模式间的隔离；③调整每个模式中的电流分布。

参考文献

[1] 俎栋林. 核磁共振成像仪——构造原理和物理设计[M]. 北京：科学出版社，2015：27.

[2] Vaughan J T，Griffiths J R. RF Coils for MRI[J]. New York：Wiley，2012.

[3] Roschmann P K H. High-frequency coil system for a magnetic resonance imaging apparatus：US，US4746866[P]. 1988-05-24.

[4] Bridges J F. Cavity resonator with improved magnetic field uniformity for high frequency operation and reduced dielectric heating in NMR imaging devices：US，US4751464[P]. 1988-06-14.

[5] Vaughan J T. Radio frequency volume coils for imaging and spectroscopy：US，US5886596[P]. 1999-03-23.

[6] Tropp J. Mutual inductance in the bird-cage resonator[J]. Journal of Magnetic Resonance，1997，126(1)：9-17.

[7] Röschmann P. Analysis of mode spectra in n-conductor transmissionline resonators with expansion to low-，high-，and band-pass birdcage resonators[C]. Third SMR 1995，Nice，1995.

[8] Baertlein B A，Ozbay O，Ibrahim T，et al. Theoretical model for an MRI radio frequency resonator[J]. IEEE Engineering in Medicine and Biology Society，2000，47(4)：535-546.

[9] Bogdanov G，Ludwig R. Coupled microstrip line transverse electromagnetic resonator model for high-field magnetic resonance imaging[J]. Magnetic Resonance in Medicine，2002，47(3)：579-593.

[10] Chen J,Feng Z,Jin J M. Numerical simulation of SAR and B1-field inhomogeneity of shielded RF coils loaded with the human head[J]. IEEE Transactions on Bio-medical Engineering,1998,45(5):650-659.

[11] Collins C M,Smith M B. Signal-to-noise ratio and absorbed power as functions of main magnetic field strength,and definition of "90°" RF pulse for the head in the birdcage coil[J]. Magnetic Resonance in Medicine,2001,45(4):684-691.

[12] Paul C R. Analysis of Multiconductor Transmission lines[M]. New York:Wiley,2007.

[13] Vaughan J T,Hetherington H P,Otu J O,et al. High frequency volume coils for clinical NMR imaging and spectroscopy[J]. Magnetic Resonance in Medicine, 1994, 32(2): 206-218.

[14] 汪泉弟,张淮清. 电磁场[M]. 北京:科学出版社,2013:215-220.

[15] Liao S Y. Microwave Devices and Circuits[M]. Hoboken:Prentice-Hall,1985:61-97.

[16] Vittoria C. Elements of Microwave Networks:Basics of Microwave Engineering[M]. Singapore:World Scientific,1998:160-195.

[17] Barfuss H,Fischer H,Hentschel D,et al. In vivo magnetic resonance imaging and spectroscopy of humans with a 4T whole-body magnet[J]. NMR in Biomedicine,1990,3(1):31-45.

[18] Jackson J D. Classical Electrodynamics[M]. New York:Wiley,1997.

[19] Nobakht R A,Ardalan S H,Shuey K. An algorithm for computer modeling of coupled multiconductor transmission line networks[C]. IEEE International Conference on Communications,Boston,1989.

[20] Fache N,Olyslager F,Zutter D D. Electromagnetic and Circuit Modeling of Multiconductor Transmission Lines[M]. Oxford:Clarendon Press,1993.

[21] Benabdallah N,Benahmed N,Bendimerad F T,et al. Analysis and design of a 12-element-coupled-microstrip-line TEM resonator for MRI[J]. International Journal of Microwaves Applications,2012,1(1):1-4.

[22] Bogdanov G ,Ludwig R. Coupled microstrip line transverse electromagnetic resonator model for high-field magnetic resonance imaging[J]. Magnetic Resonance in Medicine, 2002, 47(3):579-593.

[23] Peshkovsky A S,Kennan R P,Fabry M E ,et al. Open half-volume quadrature transverse electromagnetic coil for high-field magnetic resonance imaging[J]. Magnetic Resonance in Medicine,2005,53(4):937-943.

[24] Metzger G J,Snyder C,Akgun C,et al. Local B1+ shimming for prostate imaging with transceiver arrays at 7t based on subject-dependent transmit phase measurements[J]. Magnetic Resonance in Medicine,2008,59(2):396-409.

[25] Snyder C J,DelaBarre L,Moeller S,et al. Comparison between eight- and sixteen-channel TEM transceive arrays for body imaging at 7 Tesla[J]. Magnetic Resonance in Medicine, 2012,67(4):954-964.

[26] Hoult D I. The principle of reciprocity in signal strength calculations—A mathematical

guide[J]. Concepts in Magnetic Resonance,2000,12(4):173-187.

[27] Collins C M,Yang Q X,Wang J. et al. Different excitation and reception distributions with a single-loop transmit-receive surface coil near a head-sized spherical phantom at 300MHz[J]. Magnetic Resonance in Medicine,2002,47(5):1026-1027.

[28] Zhang X L,Ugurbil K,Chen W. A microstrip transmission line volume coil for human head MR imaging at 4T[J]. Journal of Magnetic Resonance,2003,161(2):242-251.

[29] Avdievich N I,Hetherington H P. 4 T actively detunable transmit/receive transverse electromagnetic coil and 4-channel receive-only phased array for (1)H human brain studies[J]. Magnetic Resonance in Medicine,2004,52(6):1459-1464.

[30] Vaughan J T,Adriany G,Snyder C J,et al. Efficient high-frequency body coil for high-field MRI[J]. Magnetic Resonance in Medicine,2004,52(4):851-859.

[31] Wen H,Chesnick A S,Balaban R S. The design and test of a new volume coil for high field imaging[J]. Magnetic Resonance in Medicine,1994,32(4):492-497.

[32] Adriany G,Yacoub E,Tkac I,et al. Shielded surface coils and halfvolume cavity resonators for imaging and spectroscopy applications at 7 Tesla[C]. Proceedings of the 8th Annual Meeting of ISMRM,Denver,2000:41.

[33] Vaughan J T,Adriany G,Garwood M,et al. The head cradle:An open faced,high performance TEM coil[C]. Proceedings of the 9th Annual Meeting of ISMRM,Glasgow,2001:15.

附录 A　偏导数的求解

T_n^m 对 x、y、z 偏导的求解过程如下。

T_n^m 中的 r、θ、φ 是 x、y、z 的复合函数，因此在求偏导数时要用复合函数求导规则，首先对 $\partial T_n^m/\partial x$ 进行求解，由复合函数求导定理得

$$\frac{\partial T_n^m}{\partial x}=\frac{\partial T_n^m}{\partial r}\frac{\partial r}{\partial x}+\frac{\partial T_n^m}{\partial \theta}\frac{\partial \theta}{\partial x}+\frac{\partial T_n^m}{\partial \varphi}\frac{\partial \varphi}{\partial x} \tag{A. 1}$$

球坐标系下的三个变量 r、θ、φ 与直角坐标系下的三个变量 x、y、z 的关系为

$$r=\sqrt{x^2+y^2+z^2}$$

$$\theta=\arccos\frac{z}{r}$$

$$\varphi=\tan\frac{y}{x}$$

则有

$$\frac{\partial r}{\partial x}=\frac{2z}{2\sqrt{x^2+y^2+z^2}}=\frac{2r\sin\theta\cos\varphi}{2r}=\sin\theta\cos\varphi$$

$$\frac{\partial \theta}{\partial x}=-\frac{1}{\sqrt{1-\left(\frac{z}{r}\right)^2}}\cdot\frac{-xz}{r^3}=\frac{1}{\sqrt{1-\left(\frac{z}{r}\right)^2}}\cdot\frac{r\sin\theta\cos\varphi\cdot r\cos\theta}{r^3}$$

$$=\frac{1}{\sqrt{r^2-z^2}}\cdot\sin\theta\cos\varphi\cos\theta=\frac{\cos\varphi\cos\theta}{r}$$

$$\frac{\partial \varphi}{\partial x}=\frac{1}{1+\left(\frac{y}{x}\right)^2}\cdot\frac{-y}{x^2}=\frac{-y}{x^2+y^2}=-\frac{r\sin\theta\sin\varphi}{(r\sin\theta)^2}=-\frac{\sin\varphi}{r\sin\theta}$$

代入式(A. 1)中得

$$\frac{\partial T_n^m}{\partial x}=\frac{\partial T_n^m}{\partial r}\sin\theta\cos\varphi+\frac{\partial T_n^m}{\partial \theta}\frac{\cos\varphi\cos\theta}{r}-\frac{\partial T_n^m}{\partial \varphi}\frac{\sin\varphi}{r\sin\theta} \tag{A. 2}$$

由于

$$T_n^m=r^n\cos[m(\varphi-\psi)]P_n^m(\cos\theta)$$

因此

$$\frac{\partial T_n^m}{\partial r}=nr^{n-1}\cos[m(\varphi-\psi)]P_n^m(\cos\theta) \tag{A. 3}$$

$$\frac{\partial \mathrm{T}_n^m}{\partial \varphi}=-mr^n\sin[m(\varphi-\psi)]\mathrm{P}_n^m(\cos\theta) \tag{A. 4}$$

$$\frac{\partial \mathrm{T}_n^m}{\partial \theta}=r^n\cos[m(\varphi-\psi)]\frac{\partial \mathrm{P}_n^m(\cos\theta)}{\partial \theta} \tag{A. 5}$$

连带勒让德函数的微分形式：

$$\mathrm{P}_n^m(x)=(1-x^2)^{\frac{m}{2}}\frac{\mathrm{d}^m}{\mathrm{d}x^m}\mathrm{P}_n(x)$$

令上式中 $x=\cos\theta$，则

$$\begin{aligned}
\frac{\partial \mathrm{P}_n^m(x)}{\partial \theta}&=(1-x^2)^{\frac{m}{2}}\frac{\partial^{m+1}}{\partial x^{m+1}}\mathrm{P}_n(x)\frac{\mathrm{d}x}{\mathrm{d}\theta}+\frac{m}{2}(1-x^2)^{\frac{m}{2}-1}(-2x)\frac{\partial^m}{\partial x^m}\mathrm{P}_n(x)\frac{\mathrm{d}x}{\mathrm{d}\theta}\\
&=\frac{(1-x^2)^{\frac{m+1}{2}}}{\sqrt{1-x^2}}\frac{\partial^{m+1}}{\partial x^{m+1}}\mathrm{P}_n(x)\frac{\mathrm{d}x}{\mathrm{d}\theta}-\frac{mx}{1-x^2}(1-x^2)^{\frac{m}{2}}\frac{\partial^m}{\partial x^m}\mathrm{P}_n(x)\frac{\mathrm{d}x}{\mathrm{d}\theta}\\
&=\frac{1}{\sqrt{1-\cos^2\theta}}\mathrm{P}_n^{m+1}(\cos\theta)(-\sin\theta)-\frac{m\cos\theta}{1-\cos^2\theta}\mathrm{P}_n^m(\cos\theta)(-\sin\theta)\\
&=m\cot\theta\mathrm{P}_n^m(\cos\theta)-\mathrm{P}_n^{m+1}(\cos\theta)
\end{aligned} \tag{A. 6}$$

将式(A. 3)～式(A. 6)四个等式代入等式(A. 2)中得

$$\begin{aligned}
\frac{\partial \mathrm{T}_n^m}{\partial x}=&nr^{n-1}\mathrm{P}_n^m(\cos\theta)\cos[m(\varphi-\psi)]\sin\theta\cos\varphi\\
&+mr^n\sin[m(\varphi-\psi)]\mathrm{P}_n^m(\cos\theta)\frac{\sin\varphi}{r\sin\theta}\\
&+r^n\cos[m(\varphi-\psi)][m\cot\theta\mathrm{P}_n^m(\cos\theta)-\mathrm{P}_n^{m+1}(\cos\theta)]\frac{\cos\theta\cos\varphi}{r}
\end{aligned}$$

合并同类项：

$$\begin{aligned}
\frac{\partial \mathrm{T}_n^m}{\partial x}=&(n-m)r^{n-1}\mathrm{P}_n^m(\cos\theta)\cos[m(\varphi-\psi)]\sin\theta\cos\varphi\\
&-r^{n-1}\mathrm{P}_n^{m+1}(\cos\theta)\cos[m(\varphi-\psi)]\cos\theta\cos\varphi+mr^{n-1}\mathrm{P}_n^m(\cos\theta)\sin m(\varphi-\psi)\frac{\sin\varphi}{\sin\theta}\\
&+mr^{n-1}\mathrm{P}_n^m(\cos\theta)\cos[m(\varphi-\psi)]\frac{\cos\varphi}{\sin\theta}
\end{aligned}$$

利用积化和差公式，将上式化为

$$\begin{aligned}
\frac{\partial \mathrm{T}_n^m}{\partial x}=&(n-m)\frac{r^{n-1}}{2}\mathrm{P}_n^m(\cos\theta)\{\cos[(m+1)\varphi-m\psi]+\cos[(m-1)\varphi-m\psi]\}\sin\theta\\
&-\frac{r^{n-1}}{2}\mathrm{P}_n^{m+1}(\cos\theta)\{\cos[(m+1)\varphi-m\psi]+\cos[(m-1)\varphi-m\psi]\}\cos\theta\\
&+mr^{n-1}\mathrm{P}_n^m(\cos\theta)\cos[(m-1)\varphi-m\psi]\frac{1}{\sin\theta}
\end{aligned}$$

于是进一步化为

$$\frac{\partial \mathrm{T}_n^m}{\partial x}=\frac{r^{n-1}}{2}\{\cos[(m+1)\varphi-m\psi][(n-m)\mathrm{P}_n^m(\cos\theta)\sin\theta-\mathrm{P}_n^{m+1}(\cos\theta)\cos\theta]$$
$$+\cos[(m-1)\varphi-m\psi][(n-m)\mathrm{P}_n^m(\cos\theta)\sin\theta-\mathrm{P}_n^{m+1}(\cos\theta)\cos\theta$$
$$+2m\mathrm{P}_n^m(\cos\theta)\arcsin\theta]\} \tag{A.7}$$

在式(A.7)中,令

$$A=(n-m)\mathrm{P}_n^m(\cos\theta)\sin\theta-\mathrm{P}_n^{m+1}(\cos\theta)\cos\theta$$
$$Q=(n-m)\mathrm{P}_n^m(\cos\theta)\sin\theta-\mathrm{P}_n^{m+1}(\cos\theta)\cos\theta+2m\mathrm{P}_n^m(\cos\theta)\arcsin\theta$$

由连带勒让德递推公式:

$$(2n+1)\sin\theta\mathrm{P}_n^m(\cos\theta)=\mathrm{P}_{n+1}^{m+1}(\cos\theta)-\mathrm{P}_{n-1}^{m+1}(\cos\theta) \tag{A.8}$$
$$(2n+1)\cos\theta\mathrm{P}_n^m(\cos\theta)=(n-m+1)\mathrm{P}_{n+1}^m(\cos\theta)+\mathrm{P}_{n-1}^m(\cos\theta) \tag{A.9}$$
$$(2n+1)\sin\theta\mathrm{P}_n^{m+1}(\cos\theta)=(n+m)(n+m-1)\mathrm{P}_{n-1}^{m-1}(\cos\theta)$$
$$-(n-m+2)(n+m-1)\mathrm{P}_{n+1}^{m-1}(\cos\theta) \tag{A.10}$$

将式(A.8)～式(A.10)代入式 A、Q 中得

$$A=\frac{(n-m)}{2n+1}[\mathrm{P}_{n+1}^{m+1}(\cos\theta)-\mathrm{P}_{n-1}^{m+1}(\cos\theta)]$$
$$-\frac{1}{2n+1}[(n-m)\mathrm{P}_{n+1}^{m+1}(\cos\theta)-(n+m+1)\mathrm{P}_{n-1}^{m+1}(\cos\theta)]$$
$$=-\mathrm{P}_{n-1}^{m+1}(\cos\theta) \tag{A.11}$$
$$Q=2m\mathrm{P}_n^m(\cos\theta)\arcsin\theta-\mathrm{P}_{n-1}^{m+1}(\cos\theta) \tag{A.12}$$

为了计算方便,需要将式(A.12)中的连带勒让德级数化为同一阶,因此需要对此进一步求解,将连带勒让德级数写为微分形式,则式(A.12)改写为

$$Q=\frac{m}{2^{n-1}n!}\sin^{m-1}\theta\frac{\mathrm{d}^{n+m}}{\mathrm{d}\sigma^{n+m}}(\sigma^2-1)^n-\frac{1}{2^{n-1}(n-1)!}\sin^{m+1}\theta\frac{\mathrm{d}^{n+m}}{\mathrm{d}\sigma^{n+m}}(\sigma^2-1)^{n-1} \tag{A.13}$$

式中,$\sigma=\cos\theta$。

由莱布尼茨求导公式:

$$(uv)^{(n)}=\sum_{k=0}^{n}C_n^k u^{(n-k)}v^{(k)}$$

式中,$u^{(n)}$ 表示对函数 u 求 n 阶导数,$C_n^k=n!/[k!\cdot(n-k)!]$。那么 $(\sigma^2-1)^n$ 可以写成:$(\sigma^2-1)^n=(\sigma^2-1)^{n-1}\cdot(\sigma^2-1)$,利用莱布尼茨公式可得

$$\frac{\mathrm{d}^{n+m}(\sigma^2-1)^n}{\mathrm{d}\sigma^{n+m}}=\frac{\mathrm{d}^{n+m}(\sigma^2-1)^{n-1}}{\mathrm{d}\sigma^{n+m}}\cdot(\sigma^2-1)+(n+m)\frac{\mathrm{d}^{n+m-1}(\sigma^2-1)^{n-1}}{\mathrm{d}\sigma^{n+m-1}}\cdot 2\sigma$$
$$+(n+m)(n+m-1)\frac{\mathrm{d}^{n+m-2}(\sigma^2-1)^{n-1}}{\mathrm{d}\sigma^{n+m-2}}$$

代入式(A.13)并化简得

$$Q=\frac{n+m}{2^{n-1}n!}\sin^{m-1}\theta\left[-\sin^2\theta\frac{\mathrm{d}^2}{\mathrm{d}\sigma^2}+2m\sigma\frac{\mathrm{d}}{\mathrm{d}\sigma}+m(n+m-1)\right]\frac{\mathrm{d}^{n+m-2}}{\mathrm{d}\sigma^{n+m-2}}(\sigma^2-1)^{n-1} \tag{A.14}$$

令 $D=\frac{\mathrm{d}}{\mathrm{d}\sigma}$，$\gamma=D^{n+m-2}(\sigma^2-1)^{n-1}$，$\varepsilon=D^{n-1}(\sigma^2-1)^{n-1}$，则 $\gamma=D^{m-1}\varepsilon$。根据勒让德方程：

$$(1-x^2)P''-2xP'+n(n+1)P=0$$

于是

$$[(1-\sigma^2)D^2-2\sigma D+n(n-1)]\varepsilon=0$$

对其求导 $m-1$ 次得

$$[(1-\sigma^2)D^2-2m\sigma D+n(n-1)-m(m-1)]D^{m-1}\varepsilon=0$$

那么

$$[(1-\sigma^2)D^2-2m\sigma D+(n-m)(n+m-1)]D^{m-1}\varepsilon=0$$

于是有

$$[(1-\sigma^2)D^2-2m\sigma D]D^{m-1}\varepsilon=-(n-m)(n+m-1)D^{m-1}\varepsilon$$

将其代入式(A.14)中得

$$Q=\frac{n+m}{2^{n-1}n!}\sin^{m-1}\theta[(n-m)(n+m-1)+m(n+m-1)]\frac{\mathrm{d}^{n+m-2}}{\mathrm{d}\sigma^{n+m-2}}(\sigma^2-1)^{n-1}$$

$$=\frac{(n+m)(n+m-1)}{2^{n-1}n!}\sin^{m-1}\theta\frac{\mathrm{d}^{n+m-2}}{\mathrm{d}\sigma^{n+m-2}}(\sigma^2-1)^{n-1}=(n+m)(n+m-1)\mathrm{P}_{n-1}^{m-1}(\cos\theta)$$

将上式及式(A.11)代入式(A.7)中得

$$\frac{\partial \mathrm{T}_n^m}{\partial x}=\frac{r^{n-1}}{2}\{-\mathrm{P}_{n-1}^{m+1}(\cos\theta)\cos[(m+1)\varphi-m\psi]$$
$$+(n+m)(n+m-1)\mathrm{P}_{n-1}^{m-1}(\cos\theta)\cos[(m-1)\varphi-m\psi]\} \tag{A.15}$$

同理可得

$$\frac{\partial \mathrm{T}_n^m}{\partial y}=\frac{r^{n-1}}{2}\{-\mathrm{P}_{n-1}^{m+1}(\cos\theta)\sin[(m+1)\varphi-m\psi]$$
$$-(n+m)(n+m-1)\mathrm{P}_{n-1}^{m-1}(\cos\theta)\sin[(m-1)\varphi-m\psi]\} \tag{A.16}$$

对于$\frac{\partial \mathrm{T}_n^m}{\partial z}$的求解相对较为简单，同样有

$$\frac{\partial r}{\partial z}=\frac{z}{\sqrt{x^2+y^2+z^2}}=\cos\theta,\quad \frac{\partial\theta}{\partial z}=-\frac{1}{\sqrt{1-(z/r)^2}}\frac{x^2+y^2}{r^3}=-\frac{\sin\theta}{r},\quad \frac{\partial\varphi}{\partial z}=0$$

将上式以及式(A.3)、式(A.5)、式(A.6)代入$\frac{\partial \mathrm{T}_n^m}{\partial z}=\frac{\partial \mathrm{T}_n^m}{\partial r}\frac{\partial r}{\partial z}+\frac{\partial \mathrm{T}_n^m}{\partial \theta}\frac{\partial \theta}{\partial z}+\frac{\partial \mathrm{T}_n^m}{\partial \varphi}\frac{\partial \varphi}{\partial z}$得

$$\frac{\partial \mathrm{T}_n^m}{\partial z}=r^{n-1}\cos[m(\varphi-\psi)][(n-m)\mathrm{P}_n^m(\cos\theta)\cos\theta+\mathrm{P}_n^{m+1}(\cos\theta)\sin\theta]$$

将式(A. 9)、式(A. 10)代入上式可得

$$\frac{\partial \mathrm{T}_n^m}{\partial z}=r^{n-1}\cos m(\varphi-\psi)\left\{(n-m)\frac{(n-m+1)\mathrm{P}_{n+1}^m(\cos\theta)+(n+m)\mathrm{P}_{n-1}^m(\cos\theta)}{2n+1}\right.$$
$$\left.+\frac{[n+(m+1)][n+(m+1)-1]\mathrm{P}_{n-1}^m(\cos\theta)-[n-(m+1)+1][n-(m+1)+2]\mathrm{P}_{n+1}^m(\cos\theta)}{2n+1}\right\}$$

简化上式得

$$\frac{\partial \mathrm{T}_n^m}{\partial z}=r^{n-1}(n+m)\cos[m(\varphi-\psi)]\mathrm{P}_{n-1}^m(\cos\theta) \tag{A. 17}$$

这样 T_n^m 对三个坐标量 x、y、z 偏导函数的求解已经完成，即式(A. 15)、式(A. 16)以及式(A. 17)所表示的结果。

附录 B　泰勒级数展开式系数的求解

由于正文中已经求出了 $n=0,m=0,l=0;n=0,m=0,l=1$ 的两个系数，因此这里从 $l=2$ 开始求解，求解的具体过程如下。

首先考虑 $n=0,m=0$ 的情况，这时对 z 的偏导数与 x、y 无关，所以可以将 $x=0,y=0$ 先代入 B_z 表达式中，则

$$B_z\big|_{(0,0,z)}=\frac{\mu_0 I}{4\pi}\int_{\theta_1}^{\theta_2}\frac{a^2}{[a^2+(z-z_0)^2]^{\frac{3}{2}}}\mathrm{d}\theta$$

由于求导与积分的顺序可以互换，那么

$$\frac{\partial B_z\big|_{(0,0,z)}}{\partial z}=\frac{\mu_0 I}{4\pi}\int_{\theta_1}^{\theta_2}\frac{\partial}{\partial z}\frac{a^2}{[a^2+(z-z_0)^2]^{\frac{3}{2}}}\mathrm{d}\theta$$

求解上式得

$$\frac{\partial B_z\big|_{(0,0,z)}}{\partial z}=\frac{\mu_0 I}{4\pi}\frac{-3a^2(z-z_0)(\theta_2-\theta_1)}{[a^2+(z-z_0)^2]^{\frac{5}{2}}}\tag{B. 1}$$

则其二阶偏导数为

$$\begin{aligned}\frac{\partial^2 B_z\big|_{(0,0,z)}}{\partial z^2}&=\frac{\mu_0 I}{4\pi}\frac{\partial}{\partial z}\frac{-3a^2(z-z_0)(\theta_2-\theta_1)}{[a^2+(z-z_0)^2]^{\frac{5}{2}}}\\&=\frac{-3a^2\mu_0 I}{4\pi}\frac{[a^2+(z-z_0)^2]^{\frac{5}{2}}-5(z-z_0)^2[a^2+(z-z_0)^2]^{\frac{3}{2}}}{[a^2+(z-z_0)^2]^5}(\theta_2-\theta_1)\\&=\frac{3a^2\mu_0 I}{4\pi}\frac{4(z-z_0)^2-a^2}{[a^2+(z-z_0)^2]^{\frac{7}{2}}}(\theta_2-\theta_1)\end{aligned}$$

于是将 $z=0$ 代入上式可得 $n=0,m=0,l=0$ 时的系数 $b_{0,0,2}$ 为

$$b_{0,0,2}=\frac{3a^2\mu_0 I}{4\pi}\frac{4z_0^2-a^2}{(a^2+z_0^2)^{\frac{7}{2}}}(\theta_2-\theta_1)\tag{B. 2}$$

当 $l=3$ 时，$B_z\big|_{(0,0,z)}$ 的三阶偏导数为

$$\begin{aligned}&\frac{\partial^3 B_z\big|_{(0,0,z)}}{\partial z^3}\\&=\frac{3a^2\mu_0 I}{4\pi}\frac{\partial}{\partial z}\frac{4(z-z_0)^2-a^2}{[a^2+(z-z_0)^2]^{\frac{7}{2}}}(\theta_2-\theta_1)=\frac{3a^2\mu_0 I}{4\pi}\\&\quad\times\frac{8(z-z_0)[a^2+(z-z_0)^2]^{\frac{7}{2}}-7[4(z-z_0)^2-a^2](z-z_0)[a^2+(z-z_0)^2]^{\frac{5}{2}}}{[a^2+(z-z_0)^2]^{14}}(\theta_2-\theta_1)\end{aligned}$$

$$=\frac{3a^2\mu_0 I}{4\pi}\frac{8(z-z_0)[a^2+(z-z_0)^2]-7[4(z-z_0)^2-a^2](z-z_0)}{[a^2+(z-z_0)^2]^{\frac{9}{2}}}$$

将其化简得

$$\frac{\partial^3 B_z|_{(0,0,z)}}{\partial z^3}=\frac{15a^2\mu_0 I}{4\pi}\frac{4(z-z_0)^2-3a^2}{[a^2+(z-z_0)^2]^{\frac{9}{2}}}(\theta_2-\theta_1)$$

那么当 $n=0,m=0,l=3$ 时的系数 $b_{0,0,3}$ 为

$$b_{0,0,3}=\frac{15a^2\mu_0 I}{4\pi}\frac{4z_0^2-3a^2}{(a^2+z_0^2)^{\frac{9}{2}}}(\theta_2-\theta_1) \tag{B. 3}$$

当 $n=0,m=0$ 时,$B_z|_{(0,0,z)}$ 的一阶偏导数则按上述逐阶方法求解,由于更高阶数的求解比较复杂,而且本书只考虑三阶,因此 $l\geqslant 4$ 的偏导数求解就不再列出。

接下来求解当 $n=1,m=0,l=0$ 时的系数 $b_{1,0,0}$:

$$\frac{\partial B_z\ |_{(x,0,0)}}{\partial x}=\frac{\mu_0 I}{4\pi}\int_{\theta_1}^{\theta_2}\frac{\partial}{\partial x}\frac{a^2-ax\cos\theta}{(a^2+x^2+z_0^2-2ax\cos\theta)^{\frac{3}{2}}}\mathrm{d}\theta$$

$$=\frac{\mu_0 I}{4\pi}\int_{\theta_1}^{\theta_2}\frac{-3a^2x+2ax^2\cos\theta+2a^3\cos\theta-a^2x\cos\theta-az_0\cos\theta}{(a^2+x^2+z_0^2-2ax\cos\theta)^{\frac{5}{2}}}\mathrm{d}\theta$$

则当 $x=0$ 时,上式化简为

$$\frac{\partial B_z\ |_{(x,0,0)}}{\partial x}=\frac{\mu_0 I}{4\pi}\int_{\theta_1}^{\theta_2}\frac{2a^3\cos\theta-az_0^2\cos\theta}{(a^2+z_0^2)^{\frac{5}{2}}}\mathrm{d}\theta$$

$$=\frac{\mu_0 I}{4\pi}\frac{2a^3-az_0^2}{(a^2+z_0^2)^{\frac{5}{2}}}\int_{\theta_1}^{\theta_2}\cos\theta\mathrm{d}\theta$$

$$=\frac{\mu_0 I}{4\pi}\frac{2a^3-az_0^2}{(a^2+z_0^2)^{\frac{5}{2}}}(\sin\theta_2-\sin\theta_1) \tag{B. 4}$$

即

$$b_{1,0,0}=\frac{\mu_0 I}{4\pi}\frac{2a^3-az_0}{(a^2+z_0^2)^{\frac{5}{2}}}(\sin\theta_2-\sin\theta_1) \tag{B. 5}$$

由式(B. 4)可知

$$\frac{\partial B_z|_{(0,0,z)}}{\partial z}=\frac{\mu_0 Ia}{4\pi}\frac{2a^2-(z-z_0)^2}{[a^2+(z-z_0)^2]^{\frac{5}{2}}}(\sin\theta_2-\sin\theta_1)$$

于是再将其对 z 求一阶偏导可得

$$\frac{\partial}{\partial z}\frac{\partial B_z|_{(0,0,z)}}{\partial z}=\frac{\mu_0 Ia}{4\pi}\frac{\partial}{\partial z}\frac{2a^2-(z-z_0)^2}{[a^2+(z-z_0)^2]^{\frac{5}{2}}}(\sin\theta_2-\sin\theta_1)$$

$$=\frac{\mu_0 Ia}{4\pi}(\sin\theta_2-\sin\theta_1)$$

$$\frac{-2(z-z_0)[a^2+(z-z_0)^2]-5[2a^2-(z-z_0)^2](z-z_0)}{[a^2+(z-z_0)^2]^{\frac{7}{2}}}$$

进一步化简得

$$\frac{\partial}{\partial z}\frac{\partial B_z|_{(0,0,z)}}{\partial x}=\frac{\mu_0 Ia}{4\pi}(\sin\theta_2-\sin\theta_1)\frac{3(z-z_0)[(z-z_0)^2-4a^2]}{[a^2+(z-z_0)^2]^{\frac{7}{2}}} \tag{B. 6}$$

由式(B. 6)可知 $b_{1,0,1}$ 为

$$b_{1,0,1}=\frac{\mu_0 Ia}{4\pi}(\sin\theta_2-\sin\theta_1)\frac{3z_0(4a^2-z_0^2)}{(a^2+z_0^2)^{\frac{7}{2}}} \tag{B. 7}$$

当 $n=1, m=0, l=2$ 时，有

$$\frac{\partial^2}{\partial z^2}\frac{\partial B_z|_{(0,0,z)}}{\partial x}=\frac{\mu_0 Ia}{4\pi}(\sin\theta_2-\sin\theta_1)\frac{\partial}{\partial z}\frac{3(z-z_0)[(z-z_0)^2-4a^2]}{[a^2+(z-z_0)^2]^{\frac{7}{2}}}$$

式中

$$\begin{aligned}&\frac{\partial}{\partial z}\frac{3(z-z_0)[(z-z_0)^2-4a^2]}{[a^2+(z-z_0)^2]^{\frac{7}{2}}}\\&=\frac{3[3(z-z_0)^2-4a^2][a^2+(z-z_0)^2]-21(z-z_0)^2[(z-z_0)^2-4a^2]}{[a^2+(z-z_0)^2]^{\frac{9}{2}}}\\&=\frac{3[27a^2(z-z_0)^2-12(z-z_0)^4-12a^4]}{[a^2+(z-z_0)^2]^{\frac{9}{2}}}\end{aligned}$$

那么

$$b_{1,0,2}=\frac{\mu_0 Ia}{4\pi}\frac{3(27a^2z_0^2-12z_0^4-12a^4)}{(a^2+z^2)^{\frac{9}{2}}} \tag{B. 8}$$

同理：

$$\frac{\partial^3}{\partial z^3}\frac{\partial}{\partial x}B_z|_{(0,0,z)}=\frac{\mu_0 Ia}{4\pi}\frac{\partial}{\partial z}\frac{3[27a^2(z-z_0)^2-12(z-z_0)^4-12a^4]}{[a^2+(z-z_0)^2]^{\frac{9}{2}}}$$

上式化简为

$$\begin{aligned}\frac{\partial^3}{\partial z^3}\frac{\partial}{\partial x}B_z|_{(0,0,z)}&=\frac{\mu_0 Ia}{4\pi}\frac{270a^4(z-z_0)-615a^2(z-z_0)^3+60(z-z_0)^5}{[a^2+(z-z_0)^2]^{\frac{9}{2}}}\\&=\frac{15\mu_0 Ia}{4\pi}\frac{18a^4(z-z_0)-41a^2(z-z_0)^3+4(z-z_0)^5}{[a^2+(z-z_0)^2]^{\frac{9}{2}}}\end{aligned}$$

把 $z=0$ 代入上式得

$$b_{1,0,3}=\frac{15z_0\mu_0 Ia}{4\pi}\frac{41a^2z_0^2-4z_0^4-18a^4}{(a^2+z_0^2)^{\frac{9}{2}}} \tag{B. 9}$$

按照上述方法同样可以求出各项泰勒级数展开式的系数，由于其求解过程与

上面所述相同，这里直接给出前几项的结果，并列于附表 B1 中。令泰勒级数展开式系数：$b_{m,n,l}=\frac{\mu_0 Ia}{4\pi}\frac{1}{(a^2+z_0^2)^{(n+m+l+1.5)}}\cdot k_{n,m,l}$，并将 $k_{n,m,l}$列于附表 B1 中。

附表 B1　$k_{n,m,l}$的前几项表达式

序号	n	m	l	$k_{n,m,l}$
1	0	0	0	$a(\theta_2-\theta_1)$
	0	0	1	$3a^2z_0(\theta_2-\theta_1)$
	0	0	2	$3a^2(4z_0^2-a^2)(\theta_2-\theta_1)$
	0	0	3	$15a^2(4z_0^2-3a^2)(\theta_2-\theta_1)$
2	1	0	0	$(2a^2-z_0^2)(\sin\theta_2-\sin\theta_1)$
	1	0	1	$3(4a^2-z_0^2)z_0(\sin\theta_2-\sin\theta_1)$
	1	0	2	$3(27a^2z_0^2-4a^4-4z_0^4)(\sin\theta_2-\sin\theta_1)$
	1	0	3	$15(41a^2z_0^2-18a^4-4z_0^2)z_0(\sin\theta_2-\sin\theta_1)$
	3	0	0	$3(3z_0^4+8a^4-24a^2z_0^2)(\sin\theta_2-\sin\theta_1)-5a^2(4a^2-3z_0^2)(\sin^3\theta_2-\sin^3\theta_1)$
3	0	1	0	$(2a^2-z_0^2)(\cos\theta_2-\cos\theta_1)$
	0	1	1	$3(4a^2-z_0^2)z_0(\cos\theta_2-\cos\theta_1)$
	0	1	2	$3(27a^2z_0^2-4a^4-4z_0^4)(\cos\theta_2-\cos\theta_1)$
	0	1	3	$15(41a^2z_0^2-18a^4-4z_0^2)z_0(\cos\theta_2-\cos\theta_1)$
	0	3	0	$3(3z_0^4+8a^4-24a^2z_0^2)(\cos\theta_2-\cos\theta_1)-5a^2(4a^2-3z_0^2)(\cos^3\theta_2-\cos^3\theta_1)$
4	1	1	0	$1.5(3a^2-2z_0^2)z_0(\sin^2\theta_2-\sin^2\theta_1)$
5	2	0	1	$3a(3a^2-2z_0^2)\{0.25[\sin(2\theta_2)-\sin(2\theta_1)]+0.5(\theta_2-\theta_1)\}-3a(\theta_2-\theta_1)$
	0	2	2	$3a(3a^2-2z_0^2)\{0.5(\theta_2-\theta_1)-0.25[\sin(2\theta_2)-\sin(2\theta_1)]\}-3a(\theta_2-\theta_1)$
	2	0	3	$15a(5a^2-2z_0^2)\{0.25[\sin(2\theta_2)-\sin(2\theta_1)]+0.5(\theta_2-\theta_1)\}-15a(a^2+z_0^2)(\theta_2-\theta_1)$
	0	2	0	$15a(5a^2-2z_0^2)\{0.5(\theta_2-\theta_1)-0.25[\sin(2\theta_2)-\sin(2\theta_1)]\}-15a(a^2+z_0^2)(\theta_2-\theta_1)$